Bo Hanus

Planungs- und Installationsanleitungen für Photovoltaikanlagen

Bo Hanus

FRANZIS
ENERGIETECHNIK

Planungs- und Installations-anleitungen

für Photovoltaikanlagen

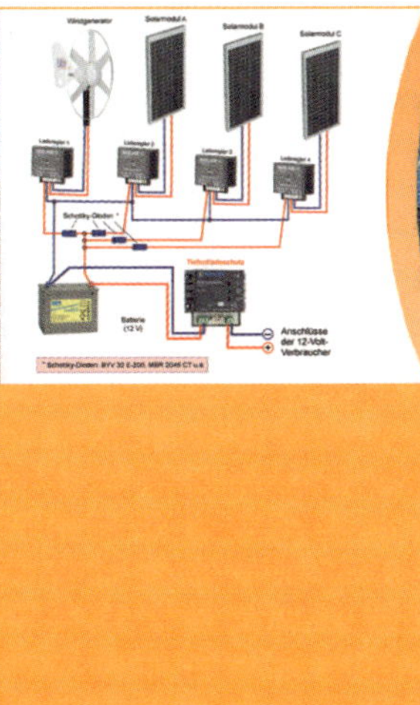

140 Abbildungen

Bibliografische Information der Deutschen Bibliothek
Die Deutsche Bibliothek verzeichnet diese Publikation in der Deutschen Nationalbibliografie; detaillierte Daten sind im Internet über **http://dnb.ddb.de** abrufbar.

Wichtiger Hinweis

Alle Angaben in diesem Buch wurden vom Autor mit größter Sorgfalt erarbeitet bzw. zusammengestellt und unter Einschaltung wirksamer Kontrollmaßnahmen reproduziert. Trotzdem sind Fehler nicht ganz auszuschließen. Der Verlag und der Autor sehen sich deshalb gezwungen, darauf hinzuweisen, dass sie weder eine Garantie noch die juristische Verantwortung oder irgendeine Haftung für Folgen, die auf fehlerhafte Angaben zurückgehen, übernehmen können. Für die Mitteilung etwaiger Fehler sind Verlag und Autor jederzeit dankbar.
Internetadressen oder Versionsnummern stellen den bei Redaktionsschluss verfügbaren Informationsstand dar. Verlag und Autor übernehmen keinerlei Verantwortung oder Haftung für Veränderungen, die sich aus nicht von ihnen zu vertretenden Umständen ergeben.
Evtl. beigefügte oder zum Download angebotene Dateien und Informationen dienen ausschließlich der nicht gewerblichen Nutzung. Eine gewerbliche Nutzung ist nur mit Zustimmung des Lizenzinhabers möglich.

Satz & Layout: G&U Language & Publishing Services GmbH, Flensburg
art & design: www.ideehoch2.de
Druck: Neografia, a.s.
Printed in Slovakia

ISBN 978-3-7723-**4218-9**

Inhaltsverzeichnis

Technische Hinweise

Vorwort

In diesem Buch finden Sie eine große Vielfalt an Schaltungen, die Ihnen sowohl prinzipielle Lösungsmöglichkeiten als auch praktische Entwurfsbeispiele mit Erläuterungen zur Wahl der technischen Parameter einzelner Bausteine von solarelektrischen Systemen zeigen.

In professionellen elektrotechnischen und elektronischen Zeichnungen werden für die zeichnerische Darstellung der einzelnen Komponenten traditionell elektronische Schaltzeichen (Schaltsymbole) verwendet, die vor allem bei komplexeren Schaltungen einem Techniker die Übersicht erleichtern oder diese bei komplexeren Schaltungen erst ermöglichen. Ohne diese Schaltzeichen ließe sich so manche Schaltung zeichnerisch gar nicht so darstellen, dass sie „lesbar" wäre.

In der Photovoltaik kann jedoch die Verwendung einheitlicher Schaltzeichen zu einer gewissen Verwirrung führen, denn eine Solarzelle, ein Solarmodul, ein Solarmodulstrang oder sogar eine PV-Anlage, die aus vielen Modulsträngen besteht, haben das gleiche Schaltzeichen. Das Gleiche gilt z. B. auch für Wechselrichter. Aus diesem Grund werden daher auch in professionellen Zeichnungen die einzelnen Bausteine der Photovoltaik mit den „sparsam genormten" einheitlichen Schaltzeichen nur dann zeichnerisch dargestellt, wenn dadurch die Übersicht erleichtert und nicht erschwert wird. Ansonsten wird einer bildlichen Darstellung oder einer Kombination von Schaltzeichen und detaillierten zeichnerisch hervorgehobenen Abbildungen einiger Bausteine und ihrer Anordnung Vorrang eingeräumt – was wir in diesem Buch ebenfalls überall dort machen, wo es der leichteren Übersicht dienlich ist.

Dieses Buch ist vor allem für professionelle Planer und Errichter von Photovoltaik-Anlagen vorgesehen und klärt über konkrete Lösungsmöglichkeiten auf. Daher werden bei den zeichnerischen Darstellungen auch Farben oder Abbildungen verwendet, wenn es einer schnelleren Übersicht dient.

Wir hoffen, dass dieses Buch Ihre Planungsüberlegungen und Konzeptlösungen erleichtert. Es zeigt viele interessante Wege, wie die Photovoltaik gewerblich auch bei kleineren Projekten angewendet werden kann.

Das Fachgebiet Photovoltaik fängt bekanntlich nicht erst bei Solardachanlagen an und hört nicht bei großen PV-Wiesenanlagen auf. Es gibt auch viele kleinere Anwendungsmöglichkeiten, von denen Architekten, Bauträger und Elektroinstallateure noch zu wenig Gebrauch machen. Das könnte sich in den nächsten Jahren ändern, denn die Preise für solarelektrische Bausteine werden sinken, der Preis des elektrischen Stroms aus dem öffentlichen Netz wird dagegen (u. a. durch den wachsenden Anteil regenerativer Energien) steigen.

Die großen Leerräume in der solarelektrischen Stromversorgung, die momentan noch zwischen Solartaschenrechnern, launisch leuchtenden Solargartenlampen und PV-Dachanlagen bestehen, werden daher an Attraktivität gewinnen. Dazu wird sicher auch die Tatsache beitragen, dass diverse Solarkleinanlagen und Fertigprodukte in großen Serien viel kostengünstiger hergestellt und in Betrieb genommen werden können als individuell entworfene und in mühsamer Handarbeit errichtete PV-Anlagen.
Die eigentliche „Spielfläche" ist zwar schon da, aber sie wird noch zu wenig genutzt. Eines steht aber außer Zweifel fest: Geräten und Vorrichtungen, die weder einen Netzanschluss noch teure Wegwerfbatterien benötigen, gehört die Zukunft. Die Photovoltaik ist eine sympathische und ausbaufähige Energiequelle. Sie muss nur noch wesentlich kostengünstiger werden – und sie kann es, wie Solartaschenrechner oder andere solarelektrisch betriebene Kleingeräte beweisen.

Bo Hanus und seine Co-Autorin (& Ehefrau)
Hannelore Hanus-Walther

1 Einführung

In professionellen elektrotechnischen und elektronischen Zeichnungen werden in diesem Buch für die zeichnerische Darstellung der einzelnen Komponenten traditionelle elektronische Schaltzeichen (Schaltsymbole) verwendet. Sie ermöglichen bei komplexeren Schaltungen eine schnelle Übersicht und die Zusammenhänge einzelner Funktionsteile können dabei besser hervorgehoben werden. Ohne diese Schaltzeichen ließe sich so manche Schaltung zeichnerisch gar nicht so darstellen, dass sie nachvollziehbar wäre.

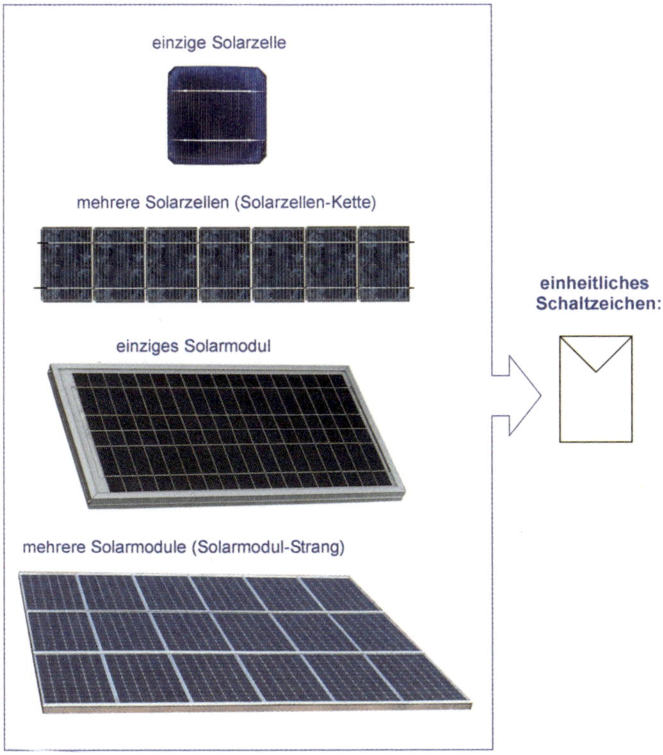

Abb. 1.1: Für alle Arten von Solargeneratoren gibt es nur ein einziges einheitliches Schaltzeichen, dem nicht entnommen werden kann, ob es sich dabei um eine einzige oder mehrere Solarzellen, um ein Solarmodul oder um eine beliebig lange Modulkette oder Modulfläche handelt.

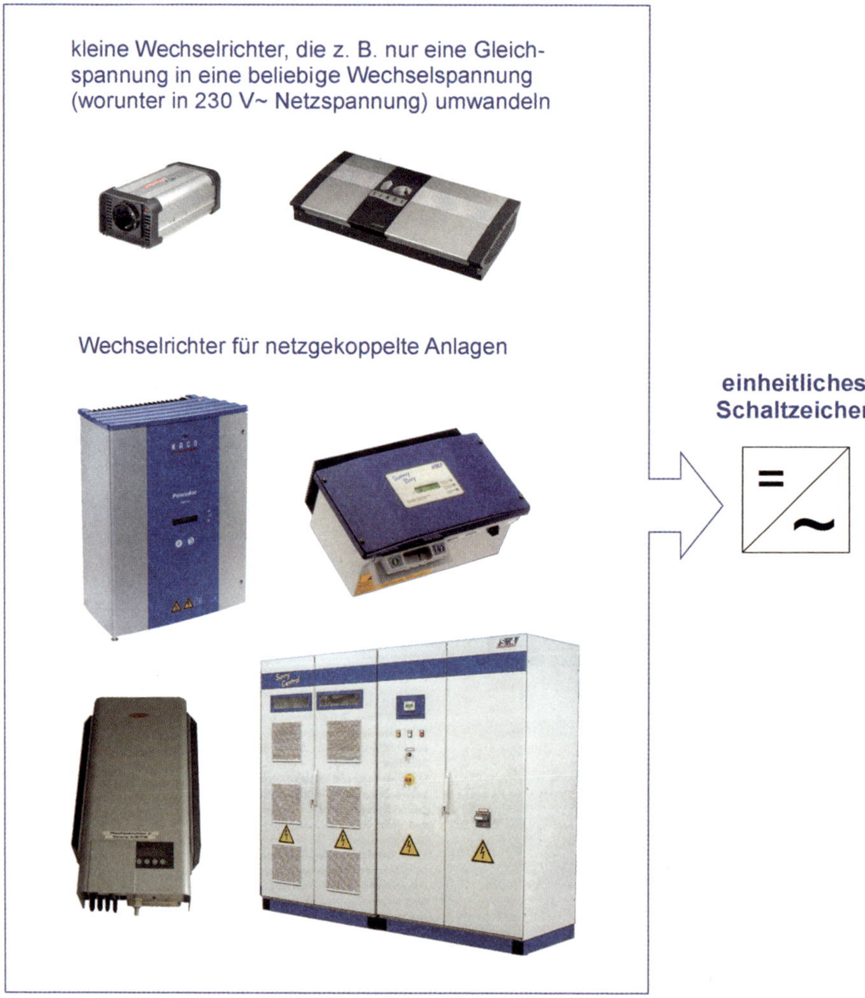

Abb. 1.2: Auch aus dem Schaltzeichen für Wechselrichter geht nicht hervor, um welche Art von Wechselrichter es sich handelt.

In der Photovoltaik kann jedoch die Verwendung einheitlicher Schaltzeichen zu Verwirrung führen, denn eine Solarzelle, ein Solarmodul, ein Solarmodulstrang oder sogar eine PV-Anlage, die aus vielen Modulsträngen besteht, haben dasselbe Schaltzeichen *(Abb. 1.1)*. Das Gleiche gilt z. B. auch für Wechselrichter *(Abb. 1.2)*.

Aus diesem Grund werden auch in professionellen Zeichnungen die einzelnen Bausteine der Photovoltaik mit den „sparsam genormten“ einheitlichen Schaltzeichen nur dann zeichnerisch dargestellt, wenn dadurch die Übersicht erleichtert und nicht erschwert wird. Ansonsten wird einer bildlichen Darstellung oder einer Kombination von Schaltzeichen und detaillierten zeichnerisch hervorgehobenen Details einiger Bausteine und ihrer Anordnung Vorrang eingeräumt. In den Schaltplänen werden gezielt Farben verwendet, mit deren Hilfe sich einzelne Funktionen besser hervorheben lassen. Wir orientieren uns dabei an den Herstellerzeichnungen, die in den technischen Unterlagen von Solarmodulen, Wechselrichtern und anderen Bausteinen der Photovoltaik-Systeme verwendet werden und somit den professionellen Anwendern bereits geläufig sind.
In diesem Buch gilt die Aufmerksamkeit auch kleineren PV-Anlagen und Anwendungen der Photovoltaik, mit denen gewerbliche Planer und Errichter in der Zukunft zunehmend konfrontiert werden.

Abb. 1.3: Eine echte Augenweide für einen Solartechniker! (Foto SMA)

Abb. 1.4: Eine automatische Nachführung der Solarmodule steigert zwar den Ertrag, eignet sich jedoch aus Kostengründen meist nur für größere Solarkraftwerke. (Foto SMA)

2 Netzgekoppelte PV-Anlagen mit Netzeinspeisung

Die technischen Parameter der Solarmodule, die in den folgenden Schaltungen aufgeführt sind, beruhen auf marktüblichen Modulen mit kristallinen (mono- oder polykristallinen) Solarzellen und ihren Datenblättern. Das erleichtert einen konkreten Vergleich von eigenen Konzeptlösungen, die bei Bedarf auch nur als leicht modifizierte Entwürfe erstellt werden können.

Werden nach diesen Beispielen PV-Anlagen mit Dünnschichtmodulen entworfen, ändert sich an dem eigentlichen Prinzip der Zusammenstellung der Solarmodulstränge nichts. Nur die Wechselrichter sind in dem Fall jeweils auf die Dünnschicht-Solarmodule entsprechend technisch abzustimmen, denn die meisten Dünnschichtmodule ermüden (degradieren) während der ersten Monate nach Inbetriebnahme. Diese Ermüdung wirkt sich als Leistungsrückgang um etwa 1/3 aus und sowohl das MPP-Tracking als auch der Wirkungsgrad des verwendeten Wechselrichters müssen in der Lage sein, diese Verlagerung des Arbeitsbereichs gut zu bewältigen. Erhöhte Aufmerksamkeit verdient dabei der Wechselrichter-Wirkungsgrad, denn dieser ist bei den meisten Wechselrichtern nur in einem engen Leistungsbereich optimal und sinkt bei Dünnschicht-Solarmodulen nach der Anlaufphase tief unterhalb seines Optimums (siehe hierzu auch Abschnitt C in den technischen Hinweisen).

Für die in diesem Buch aufgeführten Beispiele wurde als Planungsgrundlage eine Datenbank mit etwa 1.200 Solarmodulen und 650 Wechselrichtern erstellt, von der wir uns bei den Entwürfen so bedient haben, dass die Vielfalt der leicht nachzubauenden Beispiele auch angemessen transparent bleibt. Die Markenzugehörigkeit sowie auch die Toleranzklasse und der Modulwirkungsgrad der aufgeführten Solarmodule wurden gezielt außer Acht gelassen, denn das wären nur Momentaufnahmen, die ständigen Veränderungen unterliegen.

Die meisten handelsüblichen Wechselrichter weisen – im Gegensatz zu den meisten handelsüblichen Solarmodulen – leider noch keinen vergleichbar ausgereiften technischen Standard auf. Auf diesem Gebiet wird noch experimentiert und das Preis-Leistungs-Verhältnis ist noch nicht so ausgewogen wie bei den Solarmodulen. Die Entwicklung und die Herstellung eines guten Wechselrichters stellen viel höhere Anforderungen an das Know-how und sind mit größerem Kostenaufwand verbunden. Aus diesem Grund werden bei vielen Wechselrichtern für PV-Anlagen Zugeständnisse in Kauf genommen, die sich auf die optimale Einspeisung der jeweils zur Verfügung stehenden Solarenergie kontraproduktiv auswirken: Manche Wechselrichter haben einen zu niedrigen Wirkungsgrad, andere haben einen zu hohen Stand-by-Verbrauch, bei manchen Wechselrichtern erfolgt die Einspeisung bereits ab 1 W, bei anderen erst ab 30 W usw.
Daher wurden bei den Wechselrichtern der Planungsbeispiele oft einige der Daten mit dem Hinweis „bevorzugt“ versehen, denn es wird in der Praxis noch eine Zeit lang nicht klappen, einen Wechselrichter zu finden, der allen Ansprüchen optimal gerecht wird.
Viele der Wechselrichter, die bereits auf dem Markt sind, können ihre Aufgabe gewissermaßen nur annähernd bewältigen und werden voraussichtlich erst im Lauf der Zeit so funktionieren, wie es technisch optimal erforderlich und beim heutigen Stand der Technik auch möglich wäre.
In den Planungsbeispielen werden die aufgeführten technischen Parameter nur auf wenige der gegenwärtig handelsüblichen Wechselrichter vollständig zutreffen. Das wird sich sicher gleitend ändern. Bislang konnten die Anbieter dieser Geräte davon ausgehen, dass es dem Endkunden genügt, wenn seine PV-Anlage überhaupt funktioniert – egal, wie. Inzwischen sind die Betreiber aber aufgeklärter und geben sich nicht automatisch damit zufrieden, dass sich an sonnigen Tagen der Einspeisezähler „dreht“. Wie weit man mit der Perfektion eines Wechselrichters gehen sollte, ist natürlich auch eine Preisfrage. Der Aufpreis für ein solches Produkt muss durch die Ertragserhöhung gerechtfertigt sein. Tipps zur Suche nach einem optimalen Wechselrichter finden Sie in den technischen Hinweisen in Kapitel C.

2.1 Netzgekoppelte PV-Anlagen mit nur einem Solarmodulstrang

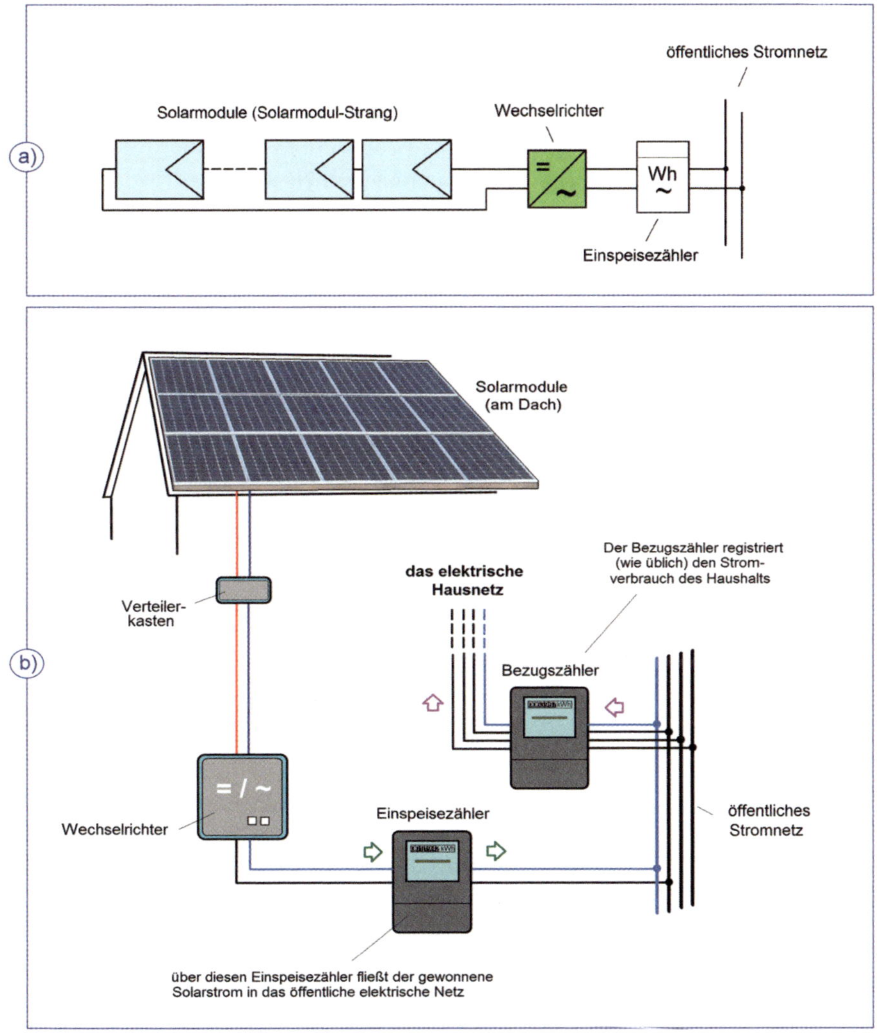

Abb. 2.1: Konfiguration einer netzgekoppelten PV-Anlage mit nur einem Solarmodulstrang: a) Darstellung des eigentlichen PV-Teils mittels Schaltzeichen; b) bildlich dargestellte Anordnung einer PV-Dachanlage eines Wohnhauses

Netzgekoppelte PV-Anlagen mit nur einem Modulstrang haben den Vorteil, dass sie nur einen einzigen Wechselrichter benötigen und dass bei ihnen eine bessere Leistungsausgewogenheit erzielbar ist als z. B. bei PV-Anlagen, bei denen mehrere Solarmodulstränge an einen gemeinsamen Wechselrichter angeschlossen werden. Bei Systemen mit längeren Solarmodulsträngen oder mit längeren Verbindungskabeln ist darauf zu achten, dass die Leiterquerschnitte ausreichend großzügig dimensioniert werden, um unnötige Verluste in den Leitungen zu vermeiden. Diese Anforderung ist kein besonderer finanzieller Aufwand, denn im Vergleich mit allen anderen Komponenten einer PV-Anlage sind die Preise der eigentlichen Leiter (Kabel) sehr niedrig.
Um unerwünschte Einspeiseverluste zu vermeiden, sollte die Nennspannung des Modulstrangs möglichst nah an der Obergrenze der maximal zulässigen Eingangsspannung (des Eingangsspannungs-MPP-Bereichs) des verwendeten Wechselrichters liegen. Zu berücksichtigen ist dabei die maximal zulässige Leerlaufspannung des Wechselrichters, die manche Wechselrichterhersteller in ihren Datenblättern nur als Leerlaufspannung bei 25 °C, andere als Leerlaufspannung bei -10 °C definieren. Wenn aus den technischen Unterlagen der verwendeten (oder vorgesehenen) Solarmodule die Höhe ihrer Leerlaufspannung bei -10 °C nicht hervorgeht, kann sie annähernd ausgerechnet werden: Sie ist um etwa 13 % höher als die Leerlaufspannung, die sich in den technischen Daten auf eine Temperatur von 25 °C bezieht (siehe technische Hinweise, Kapitel B).

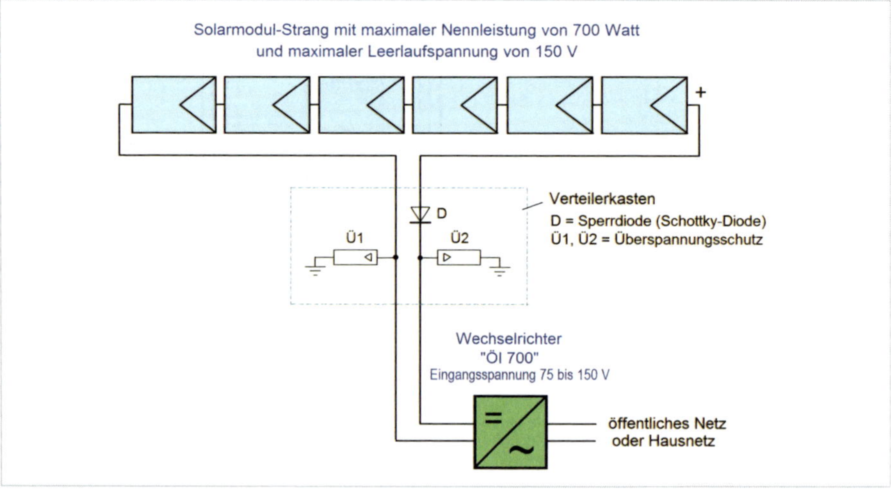

Abb. 2.2: Schaltung einer PV-Anlage mit einer Nennleistung von max. 700 W mit einem AEG-Wechselrichter

Die Schaltung einer kleinen PV-Anlage aus *Abb. 2.2* ist mit einem AEG-Wechselrichter (Öko Inverter, Nennleistung max. 700 W) ausgelegt und kann wahlweise entweder netzgekoppelt oder nur als zusätzliche, alternative Stromversorgung für das eigene Hausnetz genutzt werden. Diese Lösung (herkömmlicher Art) ist für einen Solarmodulstrang mit einer relativ niedrigen Nennspannung oder Leerlaufspannung vorgesehen.

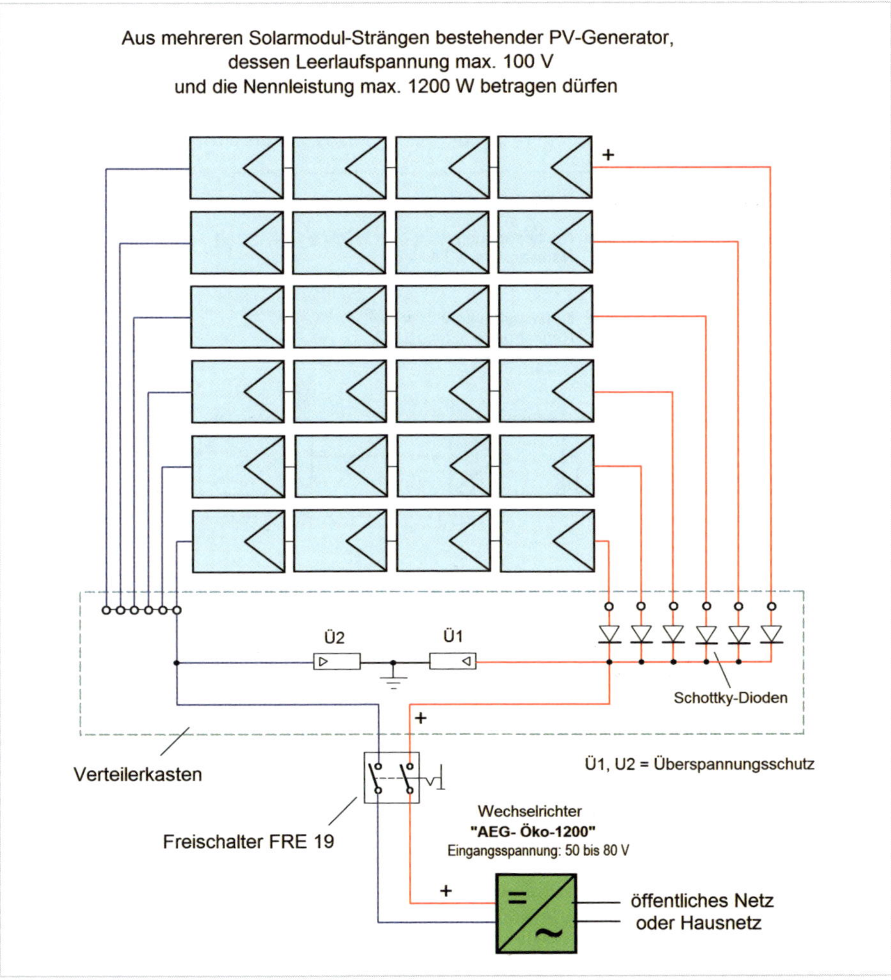

Abb. 2.3: Vor vielen Jahren von AEG empfohlenes Anwendungsbeispiel des AEG-Wechselrichters Öko 1200. Diese Schaltung ist nicht als Entwurfsbeispiel, sondern nur für Wartungszwecke einer Anlage gedacht, die nach diesem Beispiel errichtet wurde.

Die Schaltung aus *Abb. 2.3* bezieht sich auf einen Wechselrichter älterer Bauweise und verwendet Solarmodule, deren Leerlaufspannung max. ca. 25 V pro Modul betragen dürfte. Der Eingangsspannungsbereich dieses „ältlichen" Wechselrichters ist viel zu eng und beruht auf einer Technik aus den Anfangsjahren der Photovoltaik-Anwendungen im privaten Bereich. Inzwischen werden netzgekoppelte PV-Anlagen meist nach den Beispielen aus Abb. 2.4 bis 2.25 konzipiert.

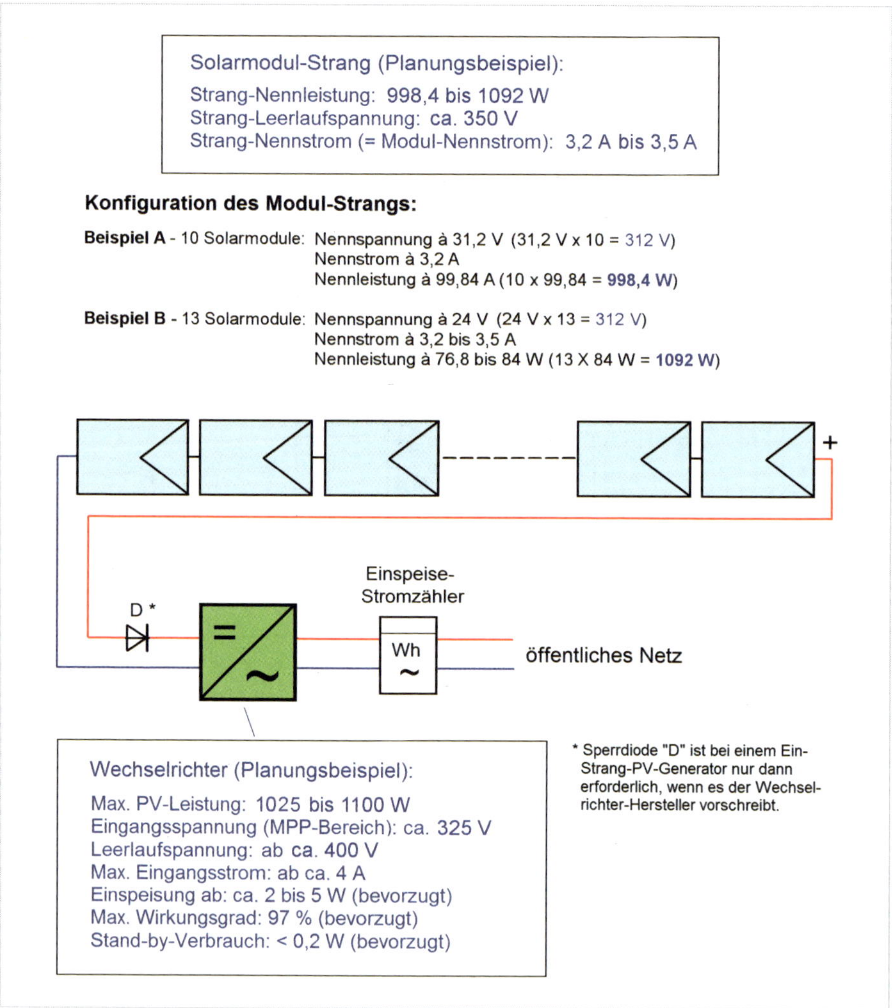

Abb. 2.4: Ein-Strang-PV-Anlagen mit Nennleistungen von 998,4 und 1.092 Watt (Wp)

Hinweis

Die technischen Daten bei den Wechselrichter-Planungsbeispielen in Abb. 2.4 bis 2.25 sind nur als informative Richtwerte zu betrachten, die bei konkreten Planungsvorhaben noch exakter darauf abgestimmt werden sollten, ob der Wechselrichter-Anbieter z. B. unter der im Datenblatt angegebenen maximalen PV. Nennleistung die maximale tabellarische Nennleistung des PV-Generators oder die eigentliche max. Nennleistung „seines“ Wechselrichters versteht (siehe hierzu auch Kap. C der technischen Hinweise)

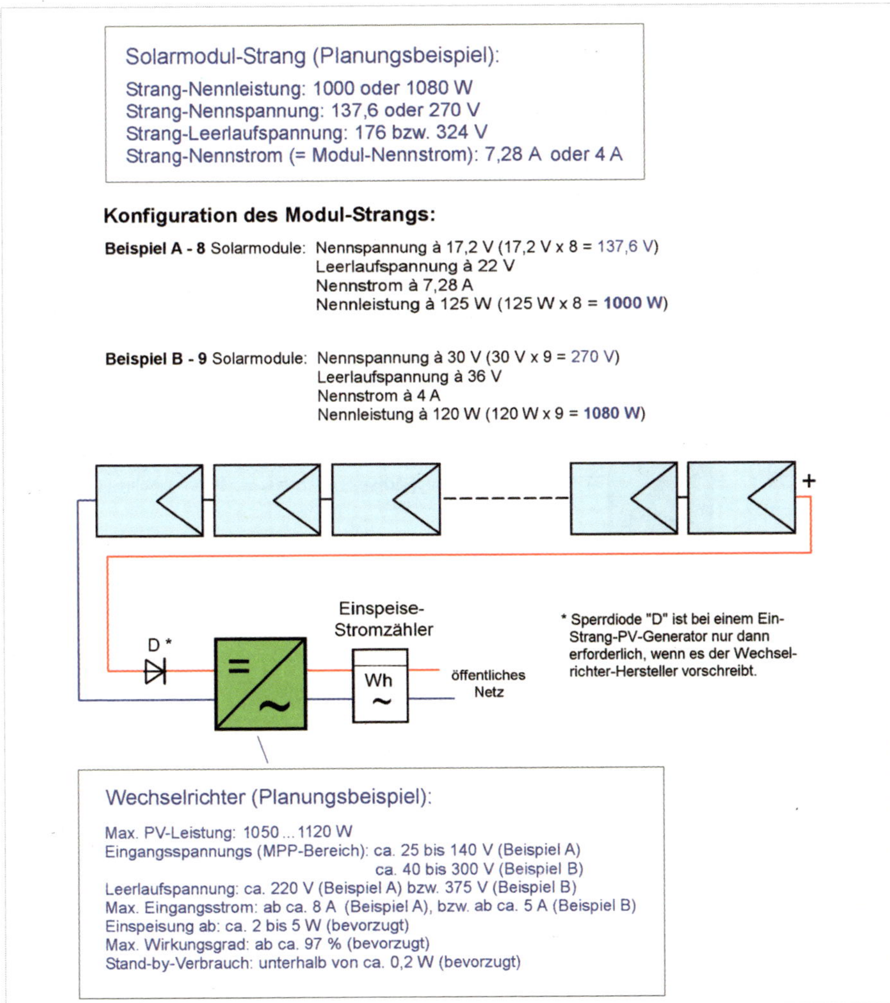

Abb. 2.5: Ein-Strang-PV-Anlagen mit Nennleistungen von 1.000 und 1.080 Watt (Wp)

Solarmodul-Strang (Planungsbeispiel):

Strang-Nennleistung: 1100 W oder 1200 W
Strang-Nennspannung: 140,5 V oder 300 V
Strang-Leerlaufspannung: 181 V oder 360 V
Strang-Nennstrom (= Modul-Nennstrom): 7,82 A oder 4 A

Konfiguration des Modul-Strangs:

Beispiel A - 5 Solarmodule: Nennspannung à 28,1 V (28,1 V x 5 = 140,5 V)
Leerlaufspannung à 36,2 V
Nennstrom à 7,82 A
Nennleistung à 220 W (220 W x 5 = **1100 W**)

Beispiel B - 10 Solarmodule: Nennspannung à 30 V (30 V x 10 = 300 V)
Leerlaufspannung à 36 V
Nennstrom à 4 A
Nennleistung à 120 W (120 W x 10 = **1200 W**)

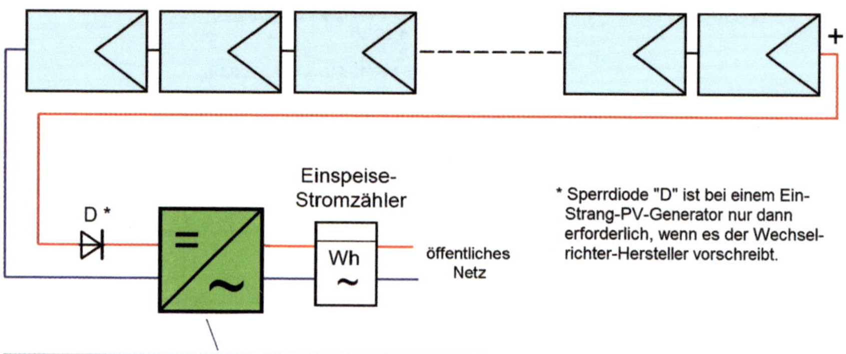

* Sperrdiode "D" ist bei einem Ein-Strang-PV-Generator nur dann erforderlich, wenn es der Wechselrichter-Hersteller vorschreibt.

Wechselrichter (Planungsbeispiel):

Max. PV-Leistung: ca. 1150 W (Beispiel A), 1250 W (Beispiel B)
Eingangsspannungs (MPP-Bereich): ca. 25 bis 150 V (Beispiel A)
ca. 45 bis 320 V (Beispiel B)
Leerlaufspannung: ca. 210 V (Beispiel A) bzw. 410 V (Beispiel B)
Max. Eingangsstrom: ab ca. 9 A (Beispiel A), ab ca. 5 A (Beispiel B)
Einspeisung ab: ca. 2 bis 5 W (bevorzugt)
Max. Wirkungsgrad: ab ca. 97 % (bevorzugt)
Stand-by-Verbrauch: unterhalb von ca. 0,2 W (bevorzugt)

Abb. 2.6: Ein-Strang-PV-Anlagen mit Nennleistungen von 1.100 und 1.200 Watt (Wp)

Solarmodul-Strang (Planungsbeispiel):

Strang-Nennleistung: 1200 W oder 1267 W
Strang-Nennspannung: 160 V oder 175,7 V
Strang-Leerlaufspannung: 196,8 V oder 211,4 V
Strang-Nennstrom (= Modul-Nennstrom): 7,5 A oder 7,2 A

Konfiguration des Modul-Strangs:

Beispiel A - 8 Solarmodule: Nennspannung à 20 V (20 V x 8 = 160 V)
Leerlaufspannung à 24,6 V (24,6 x 8 = 196,8 V)
Nennstrom à 7,5 A
Nennleistung à 150 W (150 W x 8 = **1200 W**)

Beispiel B - 7 Solarmodule: Nennspannung à 25,1 V (25,1 V x 7 = 175,7 V)
Leerlaufspannung à 30,2 V (30,2 x 7 = 211,4 V)
Nennstrom à 7,2 A
Nennleistung à 181 W (181 W x 7 = **1267 W**)

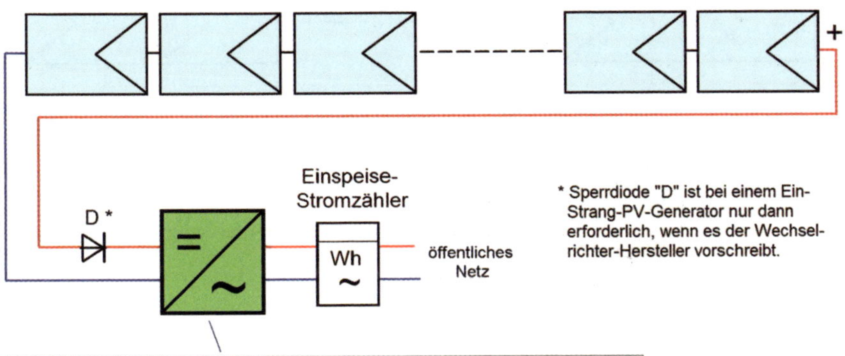

Wechselrichter (Planungsbeispiel):

Max. PV-Leistung: ca. 1250 W (Beispiel A), 1300 W (Beispiel B)
Eingangsspannungs (MPP-Bereich): ca. 25 bis 170 V (Beispiel A)
ca. 30 bis 180 V (Beispiel B)
Leerlaufspannung: ca. 220 V (Beispiel A) bzw. 240 V (Beispiel B)
Max. Eingangsstrom: ab ca. 9 A (Beispiel A), ab ca. 8,5 A (Beispiel B)
Einspeisung ab: ca. 2 bis 5 W (bevorzugt)
Max. Wirkungsgrad: ab ca. 97 % (bevorzugt)
Stand-by-Verbrauch: unterhalb von ca. 0,2 W (bevorzugt)

Abb. 2.7: Ein-Strang-PV-Anlagen mit Nennleistungen von 1.200 und 1.260 Watt (Wp)

Solarmodul-Strang (Planungsbeispiel):

Strang-Nennleistung: 1296 bis 1324,8 W
Strang-Nennspannung: 405 bis 414 V
Strang-Nennstrom (= Modul-Nennstrom): ca. 3,2 A bis 3,25 A

Konfiguration des Modul-Strangs:

Beispiel A - 12 Solarmodule: Nennspannung à 34,5 V (34,5 V x 12 = 414 V)
Nennstrom à 3,2 A
Nennleistung à 110,4 W (110,4 W x 12 = **1324,8 W**)

Beispiel B - 15 Solarmodule: Nennspannung à 27 V (27 V x 15 = 405 V)
Nennstrom à 3,2 bis 3,25 A
Nennleistung à 86,4 bis 87,75 W (86,4 W x 15 = **1296 W**)
(87,75 W x 15 = **1316,25 W**)

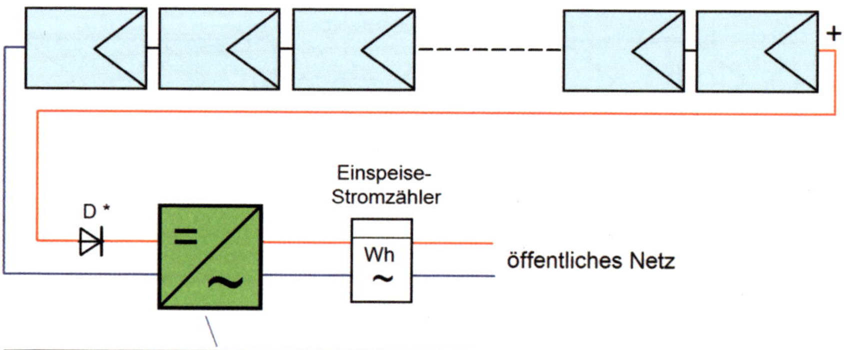

Wechselrichter (Planungsbeispiel):

Max. PV-Leistung: 1350 W
Eingangsspannung (MPP-Bereich): 90 bis 420 V
Leerlaufspannung: bis 650 V
Max. Eingangsstrom: ab ca. 4 A
Einspeisung ab: ca. 2 bis 5 W (bevorzugt)
Max. Wirkungsgrad: 97 % (bevorzugt)
Stand-by-Verbrauch: < 0,2 W (bevorzugt)

* Sperrdiode "D" ist bei einem Ein-Strang-PV-Generator nur dann erforderlich, wenn es der Wechselrichter-Hersteller vorschreibt.

Abb. 2.8: Ein-Strang-PV-Anlagen mit Nennleistungen von 1.296 und 1.324,8 Watt (Wp)

Solarmodul-Strang (Planungsbeispiel):

Strang-Nennleistung: 1360 W oder 1400 W
Strang-Nennspannung: 189,6 V oder 283,2 V
Strang-Leerlaufspannung: 239,2 V oder 355,2,4 V
Strang-Nennstrom (= Modul-Nennstrom): 7,19 A oder 4,95 A

Konfiguration des Modul-Strangs:

Beispiel A - 8 Solarmodule: Nennspannung à 23,7 V (23,7 V x 8 = 189,6 V)
Leerlaufspannung à 29,9 V (29,9 V x 8 = 239,2 V)
Nennstrom à 7,19 A
Nennleistung à 170 W (170 W x 8 = **1360 W**)

Beispiel B - 8 Solarmodule: Nennspannung à 35,4 V (35,4 V x 8 = 283,2 V)
Leerlaufspannung à 44,4 V (44,4 V x 8 = 355,2 V)
Nennstrom à 4,95 A
Nennleistung à 175 W (175 W x 8 = **1400 W**)

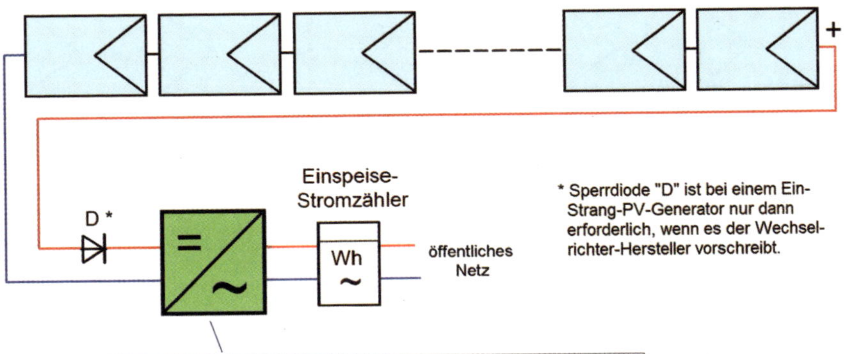

Wechselrichter (Planungsbeispiel):

Max. PV-Leistung: ca. 1400 W (Beispiel A), 1450 W (Beispiel B)
Eingangsspannungs (MPP-Bereich): ca. 30 bis 200 V (Beispiel A)
ca. 45 bis 300 V (Beispiel B)
Leerlaufspannung: ca. 275 V (Beispiel A) bzw. 405 V (Beispiel B)
Max. Eingangsstrom: ab ca. 8 A (Beispiel A), ab ca. 6 A (Beispiel B)
Einspeisung ab: ca. 2 bis 5 W (bevorzugt)
Max. Wirkungsgrad: ab ca. 97 % (bevorzugt)
Stand-by-Verbrauch: unterhalb von ca. 0,2 W (bevorzugt)

Abb. 2.9: Ein-Strang-PV-Anlagen mit Nennleistungen von 1.360 und 1.400 Watt (Wp)

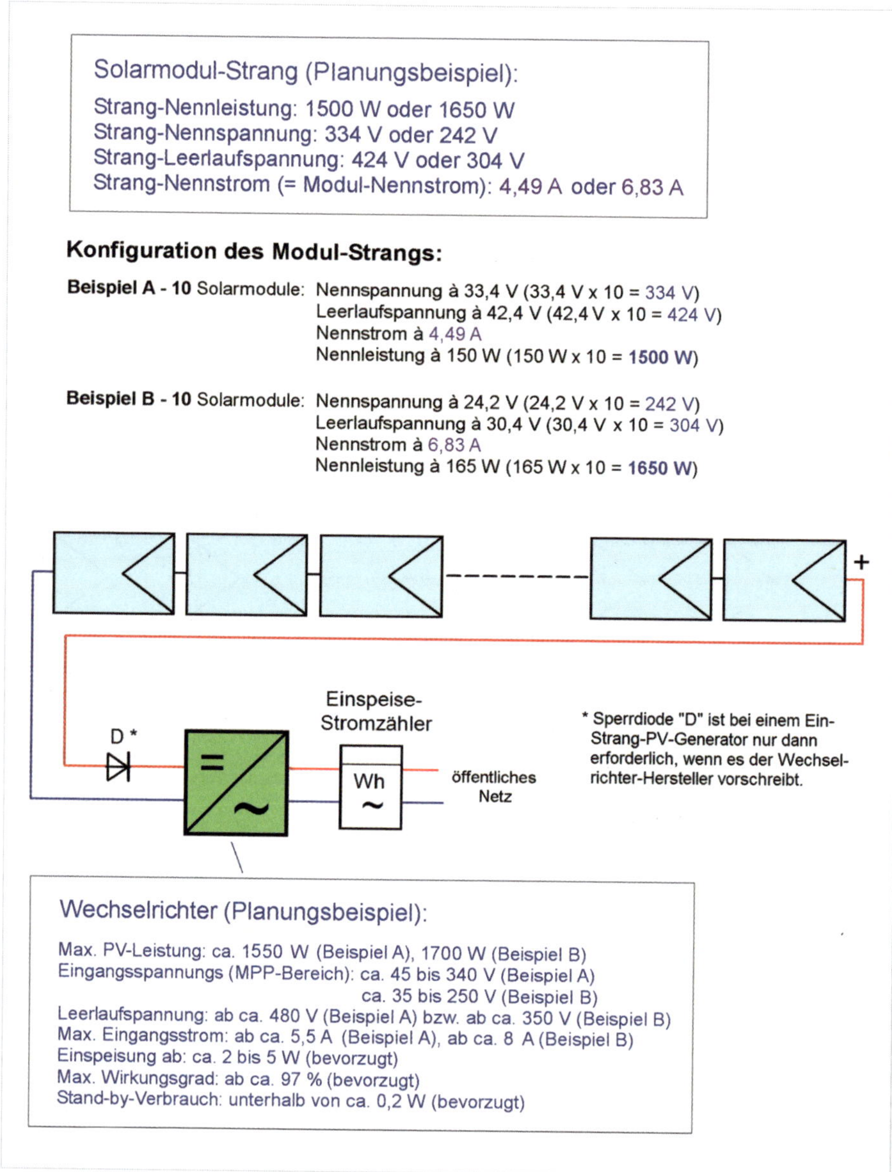

Abb. 2.10: Ein-Strang-PV-Anlagen mit Nennleistungen von 1.500 und 1.650 Watt (Wp)

Solarmodul-Strang (Planungsbeispiel):

Strang-Nennleistung: 1750 W oder 1855 W
Strang-Nennspannung: 239 V oder 396,9 V
Strang-Leerlaufspannung: 302 V oder 211,4 V
Strang-Nennstrom (= Modul-Nennstrom): 7,32 A oder 4,68 A

Konfiguration des Modul-Strangs:

Beispiel A - 10 Solarmodule: Nennspannung à 23,9 V (23,9 V x 10 = 239 V)
Leerlaufspannung à 30,2 V (30,2 V x 10 = 302 V)
Nennstrom à 7,32 A
Nennleistung à 175 W (175 W x 10 = **1750 W**)

Beispiel B - 7 Solarmodule: Nennspannung à 56,7 V (56,72 V x 7 = 396,9 V)
Leerlaufspannung à 30,2 V (30,2 V x 7 = 211,4 V)
Nennstrom à 4,68 A
Nennleistung à 265 W (265 W x 7 = **1855 W**)

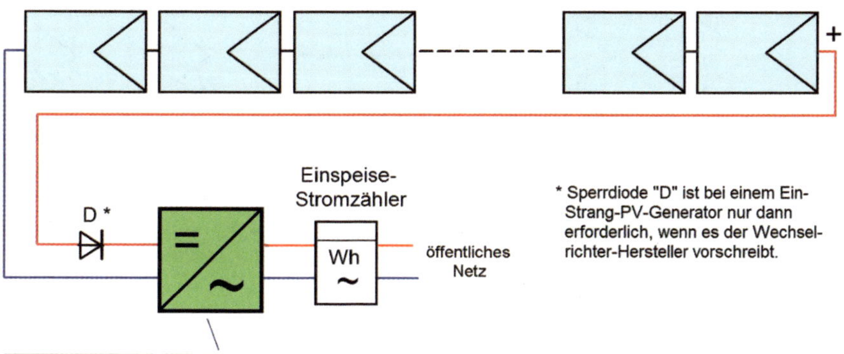

Wechselrichter (Planungsbeispiel):

Max. PV-Leistung: ca. 1800 W (Beispiel A), 1900 W (Beispiel B)
Eingangsspannungs (MPP-Bereich): ca. 30 bis 245 V (Beispiel A)
ca. 45 bis 400 V (Beispiel B)
Leerlaufspannung: ab ca. 350 V (Beispiel A) bzw. ab ca. 250 V (Beispiel B)
Max. Eingangsstrom: ab ca. 8,5 A (Beispiel A), ab ca. 6 A (Beispiel B)
Einspeisung ab: ca. 2 bis 5 W (bevorzugt)
Max. Wirkungsgrad: ab ca. 97 % (bevorzugt)
Stand-by-Verbrauch: unterhalb von ca. 0,2 W (bevorzugt)

Abb. 2.11: Ein-Strang-PV-Anlagen mit Nennleistungen von 1.750 und 1.855 Watt (Wp)

Solarmodul-Strang (Planungsbeispiel):

Strang-Nennleistung: 2000 W oder 2100 W
Strang-Nennspannung: 282 V oder 286,8 V
Strang-Leerlaufspannung: 359 V oder 362,4 V
Strang-Nennstrom (= Modul-Nennstrom): 7,1 A oder 7,32 A

Konfiguration des Modul-Strangs:

Beispiel A - 10 Solarmodule: Nennspannung à 28,2 V (28,2 V x 10 = 282 V)
Leerlaufspannung à 35,9 V (35,9 V x 10 = 359 V)
Nennstrom à 7,1 A
Nennleistung à 200 W (200 W x 10 = **2000 W**)

Beispiel B - 12 Solarmodule: Nennspannung à 23,9 V (23,9 V x 12 = 286,8 V)
Leerlaufspannung à 30,2 V (30,2 V x 12 = 362,4 V)
Nennstrom à 7,32 A
Nennleistung à 175 W (175 W x 12 = **2100 W**)

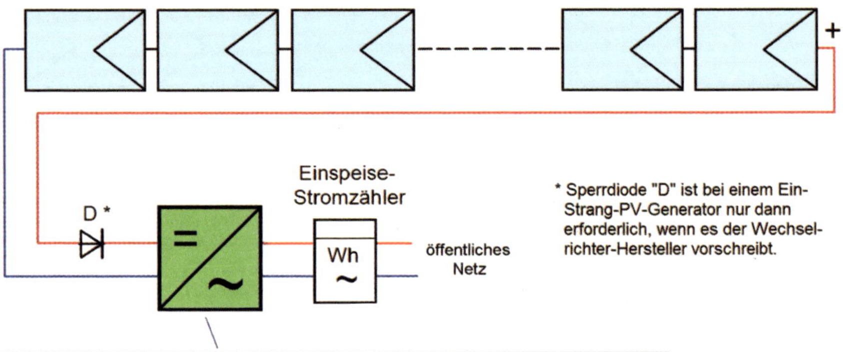

Wechselrichter (Planungsbeispiel):

Max. PV-Leistung: ca. 2050 W (Beispiel A), 2150 W (Beispiel B)
Eingangsspannungs (MPP-Bereich): ca. 42 bis 285 V (Beispiel A)
ca. 45 bis 290 V (Beispiel B)
Leerlaufspannung: ab ca. 410 V (Beispiel A) bzw. ab ca. 415 V (Beispiel B)
Max. Eingangsstrom: ab ca. 7,5 A (Beispiel A), ab ca. 8 A (Beispiel B)
Einspeisung ab: ca. 2 bis 5 W (bevorzugt)
Max. Wirkungsgrad: ab ca. 97 % (bevorzugt)
Stand-by-Verbrauch: unterhalb von ca. 0,2 W (bevorzugt)

Abb. 2.12: Ein-Strang-PV-Anlagen mit Nennleistungen von 2.000 und 2.100 Watt (Wp)

Solarmodul-Strang (Planungsbeispiel):

Strang-Nennleistung: 2250 W oder 2350 W
Strang-Nennspannung: 295 V oder 290 V
Strang-Leerlaufspannung: 368 V oder 369 V
Strang-Nennstrom (= Modul-Nennstrom): 7,6 A oder 8,1 A

Konfiguration des Modul-Strangs:

Beispiel A - 10 Solarmodule: Nennspannung à 29,5 V (29,5 V x 10 = 295 V)
Leerlaufspannung à 36,8 V (36,8 V x 10 = 368 V)
Nennstrom à 7,6 A
Nennleistung à 225 W (225 W x 10 = **2250 W**)

Beispiel B - 10 Solarmodule: Nennspannung à 29 V (29 V x 10 = 290 V)
Leerlaufspannung à 36,9 V (36,9 V x 10 = 369 V)
Nennstrom à 8,1 A
Nennleistung à 235 W (235 W x 10 = **2350 W**)

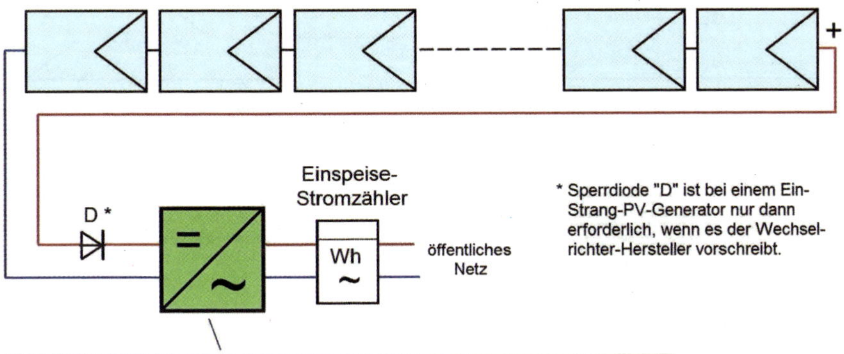

Wechselrichter (Planungsbeispiel):

Max. PV-Leistung: ab ca. 2300 W (Beispiel A), ab ca. 2400 W (Beispiel B)
Eingangsspannung (MPP-Bereich): ca. 45 bis 300 V (für beide Beispiele)
Leerlaufspannung: ab ca. 420 V (für beide Beispiele)
Max. Eingangsstrom: ab ca. 8 A (Beispiel A), ab ca. 8,5 A (Beispiel B)
Einspeisung ab: ca. 2 bis 5 W (bevorzugt)
Max. Wirkungsgrad: ab ca. 97 % (bevorzugt)
Stand-by-Verbrauch: unterhalb von ca. 0,2 W (bevorzugt)

Abb. 2.13: Ein-Strang-PV-Anlagen mit Nennleistungen von 2.250 und 2.350 Watt (Wp)

Solarmodul-Strang (Planungsbeispiel):

Strang-Nennleistung: 2400 W
Strang-Nennspannung: 289 V oder 302 V
Strang-Leerlaufspannung: 369 V oder 366 V
Strang-Nennstrom (= Modul-Nennstrom): 8,3 A oder 7,95 A

Konfiguration des Modul-Strangs:

Beispiel A - 10 Solarmodule: Nennspannung à 28,9 V (28,9 V x 10 = 289 V)
Leerlaufspannung à 36,9 V (36,9 V x 10 = 369 V)
Nennstrom à 8,3 A
Nennleistung à 240 W (240 W x 10 = **2400 W**)

Beispiel B - 10 Solarmodule: Nennspannung à 30,2 V (30,2 V x 10 = 302 V)
Leerlaufspannung à 36,6 V (36,6 V x 10 = 366 V)
Nennstrom à 7,95 A
Nennleistung à 240 W (240 W x 10 = **2400 W**)

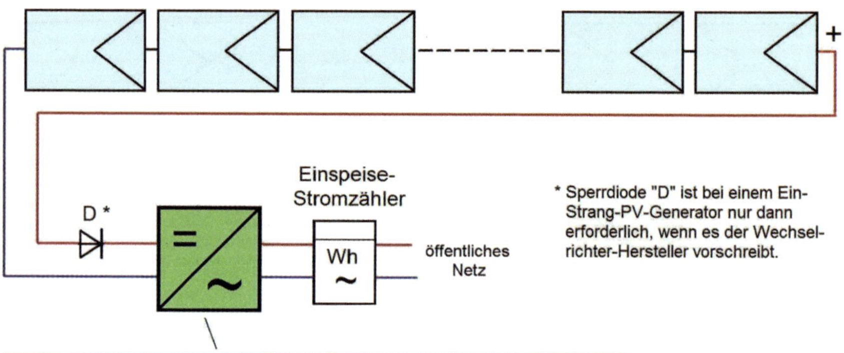

Wechselrichter (Planungsbeispiel):

Max. PV-Leistung: ab ca. 2450 W (für beide Beispiele)
Eingangsspannung (MPP-Bereich): ca. 45 bis 300 V (Beispiel A)
ca. 45 bis 310 V (Beispiel B)
Leerlaufspannung: ab ca. 420 V (für beide Beispiele)
Max. Eingangsstrom: ab ca. 9 A (Beispiel A), ab ca. 8,5 A (Beispiel B)
Einspeisung ab: ca. 2 bis 5 W (bevorzugt)
Max. Wirkungsgrad: bevorzugt oberhalb von ca. 96,5 bis 97 %
Stand-by-Verbrauch: bevorzugt unterhalb von ca. 0,5 W

Abb. 2.14: Ein-Strang-PV-Anlagen mit Nennleistungen von 2.400 Watt (Wp)

Solarmodul-Strang (Planungsbeispiel):

Strang-Nennleistung: 2500 W oder 2750 W
Strang-Nennspannung: 571 V oder 628,1 V
Strang-Leerlaufspannung: 740 V oder 774,4 V
Strang-Nennstrom (= Modul-Nennstrom): 4,37 A

Konfiguration des Modul-Strangs:

Beispiel A - 10 Solarmodule: Nennspannung à 57,1 V (57,1 V x 10 = 571 V)
Leerlaufspannung à 70,4 V (70,4 V x 10 = 740 V)
Nennstrom à 4,37 A
Nennleistung à 250 W (250 W x 10 = **2500 W**)

Beispiel B - 11 Solarmodule: Nennspannung à 57,1 V (57,1 V x 11 = 628,1 V)
Leerlaufspannung à 70,4 V (70,4 V x 11 = 774,4 V)
Nennstrom à 4,37 A
Nennleistung à 250 W (250 W x 11 = **2750 W**)

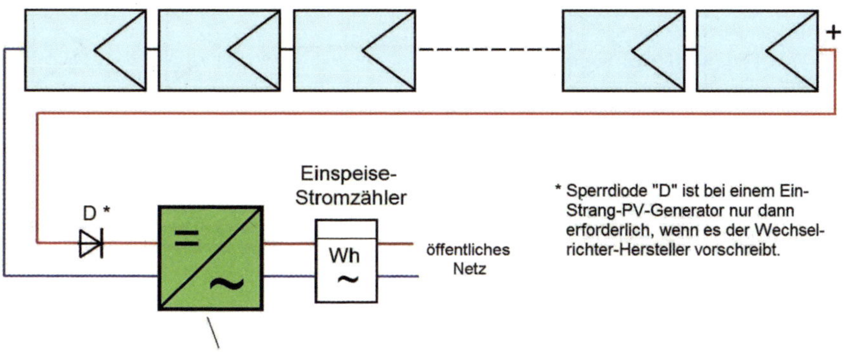

Wechselrichter (Planungsbeispiel):

Max. PV-Leistung: ab ca. 2550 W (Beispiel A), ab ca. 2800 W (Beispiel B)
Eingangsspannung (MPP-Bereich): bevorzugt ca. 90 bis 575 V (Beispiel A)
und ca. 95 bis 640 V (Beispiel B)
Leerlaufspannung: ab ca. 840 V (Beispiel A), ab ca. 875 V (Beispiel B)
Max. Eingangsstrom: ab ca. 5 A (für beide Beispiele)
Einspeisung ab: ca. 2 bis 5 W (bevorzugt)
Max. Wirkungsgrad: bevorzugt oberhalb von ca. 96,5 bis 97 %
Stand-by-Verbrauch: bevorzugt unterhalb von ca. 0,5 W

Abb. 2.15: Ein-Strang-PV-Anlagen mit Nennleistungen von 2.500 und 2.750 Watt (Wp)

Solarmodul-Strang (Planungsbeispiel):

Strang-Nennleistung: 2860 W oder 3080 W
Strang-Nennspannung: 382,8 V oder 387,2 V
Strang-Leerlaufspannung: 479,6 V oder 486,2 V
Strang-Nennstrom (= Modul-Nennstrom): 7,47 A oder 7,95 A

Konfiguration des Modul-Strangs:

Beispiel A - 11 Solarmodule: Nennspannung à 34,81 V (34,8 V x 11 = 382,8 V)
Leerlaufspannung à 43,6 V (43,6 V x 11 = 479,6 V)
Nennstrom à 7,47 A
Nennleistung à 260 W (260 W x 11 = **2860 W**)

Beispiel B - 11 Solarmodule: Nennspannung à 35,2 V (35,2 V x 11 = 387,2 V)
Leerlaufspannung à 44,2 V (44,2 V x 11 = 486,2 V)
Nennstrom à 7,95 A
Nennleistung à 280 W (280 W x 11 = **3080 W**)

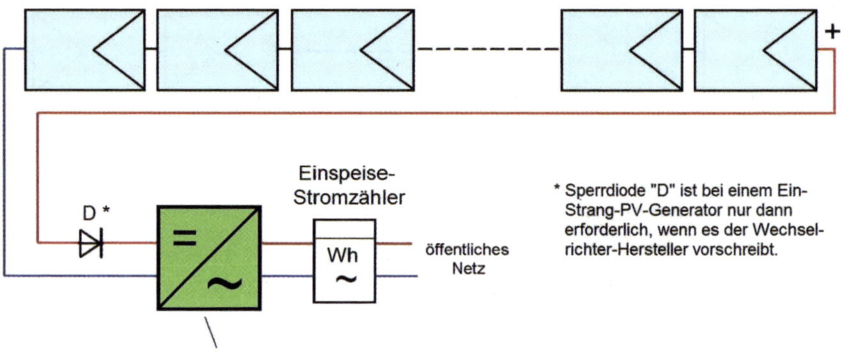

Wechselrichter (Planungsbeispiel):

Max. PV-Leistung: ab ca. 2900 W (Beispiel A), bzw. ab ca. 3200 W (Beispiel B)
Eingangsspannung (MPP-Bereich): bevorzugt ca. 55 bis 385 V (Beispiel A)
bzw. ca. 55 bis 390 V (Beispiel B)
Leerlaufspannung: ab ca. 545 V (Beispiel A), bzw. ab ca. 550 V (Beispiel B)
Max. Eingangsstrom: ab ca. 8 A (Beispiel A), bzw. ab ca. 8,5 A (Beispiel B)
Einspeisung ab: ca. 2 bis 5 W (bevorzugt)
Max. Wirkungsgrad: bevorzugt oberhalb von ca. 96,5 bis 97 %
Stand-by-Verbrauch: bevorzugt unterhalb von ca. 0,5 W

Abb. 2.16: Ein-Strang-PV-Anlagen mit Nennleistungen von 2.860 und 3.080 Watt (Wp)

Solarmodul-Strang (Planungsbeispiel):

Strang-Nennleistung: 3040 W oder 3150 W
Strang-Nennspannung: 662 V oder 671,4 V
Strang-Leerlaufspannung: 852 V oder 801,9 V
Strang-Nennstrom (= Modul-Nennstrom): 4,59 A oder 4,7 A

Konfiguration des Modul-Strangs:

Beispiel A - 10 Solarmodule: Nennspannung à 66,2 V (66,2 V x 10 = 662 V)
Leerlaufspannung à 85,2 V (85,2 V x 10 = 852 V)
Nennstrom à 4,59 A
Nennleistung à 304 W (304 W x 10 = **3040 W**)

Beispiel B - 9 Solarmodule: Nennspannung à 74,6 V (74,6 V x 9 = 671,4 V)
Leerlaufspannung à 89,1 V (89,1 V x 9 = 801,9 V)
Nennstrom à 4,7 A
Nennleistung à 350 W (350 W x 9 = **3150 W**)

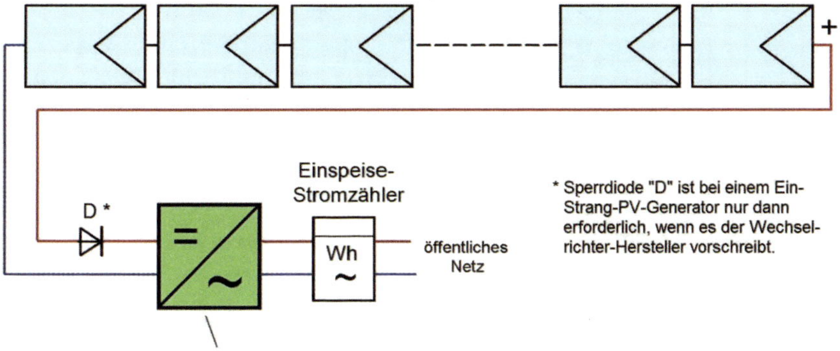

* Sperrdiode "D" ist bei einem Ein-Strang-PV-Generator nur dann erforderlich, wenn es der Wechselrichter-Hersteller vorschreibt.

Wechselrichter (Planungsbeispiel):

Max. PV-Leistung: ab ca. 3050 W (Beispiel A), bzw. ab ca. 3200 W (Beispiel B)
Eingangsspannung (MPP-Bereich): bevorzugt ca. 95 bis 665 V (Beispiel A)
bzw. ca. 95 bis 675 V (Beispiel B)
Leerlaufspannung: ab ca. 965 V (Beispiel A), bzw. ab ca. 910 V (Beispiel B)
Max. Eingangsstrom: ab ca. 5 A (Beispiel A), bzw. ab ca. 5,5 A (Beispiel B)
Einspeisung ab: ca. 2 bis 5 W (bevorzugt)
Max. Wirkungsgrad: bevorzugt oberhalb von ca. 96,5 bis 97 %
Stand-by-Verbrauch: bevorzugt unterhalb von ca. 0,5 W

Abb. 2.17: Ein-Strang-PV-Anlagen mit Nennleistungen von 3.040 und 3.150 Watt (Wp)

2.2 Netzgekoppelte PV-Anlagen mit mehreren Solarmodulsträngen

Bei netzgekoppelten PV-Anlagen mit zwei Modulsträngen und einem Wechselrichter, der nur über einen einzigen Paralleleingang verfügt, sollten bevorzugt Solarmodule verwendet werden, deren Toleranz ca. ±3 % nicht überschreitet. Andernfalls können die Leistungen der angeschlossenen Stränge nicht ausreichend ausgewogen ins öffentliche Netz eingespeist werden: Die gemeinsame MPP-Trackerelektronik belastet beide Stränge nur global und nicht ausreichend selektiv. Das hat zur Folge, dass die volle Leistung nicht von beiden Strängen optimal bezogen werden kann, wenn die Unterschiede zwischen ihren tatsächlichen Spannungen und Strömen zu groß sind – was z. B. bei nicht vorselektierten Modulen der Toleranzklassen von ±5 oder ±10 % kritisch ist.

Abgesehen von den Toleranzabweichungen, die bereits während der Errichtung vorhanden sind, können im Lauf der Zeit noch weitere Abweichungen bei den elektrischen Parametern beider Modulstränge entstehen. Zu den am häufigsten vorkommenden Abweichungen dieser Art kommt es, wenn wegen eines internen Defekts einer der Zellenstränge im Modul eine Bypass-Diode die ganze Zellensektion überbrückt (kurzschließt) und somit die Spannung des ganzen Strangs um den entfallenen Teil verringert. Auch eine gelegentliche Teilbeschattung einzelner Solarzellen oder Solarmodule, die u. a. durch angewehten Schnee oder durch Eisbildung in den Modulecken entsteht, beeinträchtigt das elektrische Gleichgewicht der Stränge vorübergehend spürbar.

Technisch vorteilhafter ist es, wenn für PV-Anlagen mit zwei oder mit mehreren Solarmodulsträngen entweder zwei (oder mehrere) separate Wechselrichter oder Mehrstrang-Wechselrichter (Multistring-Wechselrichter) verwendet werden, die über unabhängige MPP-Tracking-Eingänge verfügen. Für kleinere Anlagen reicht oft ein Zweistrang-Wechselrichter aus. Dennoch werden schon aus Kostengründen immer noch sehr oft PV-Systeme mit mehreren Strängen an einen gemeinsamen Wechselrichter (Zentralwechselrichter) einfach parallel angeschlossen. Diese Lösung gewinnt in letzter Zeit auch deshalb an Attraktivität, weil viele Anbieter zunehmend Solarmodule mit Toleranzen führen, deren elektrische Parameter unterhalb von ± 3 % liegen.

Geringe Toleranzabweichungen der Solarmodule setzen allerdings ebenfalls geringe Toleranzabweichungen der verwendeten Solarzellen voraus, die sowohl hohe Ansprüche an die Herstellungstechnologie als auch an die Vorselektion der Solarzellen stellen. Das steigende Überangebot an Solarzellen und Solarmodulen verringert jedoch in letzter Zeit die Preisunterschiede zwischen den toleranzabhängigen Preissegmenten. Auch durch die Zunahme von Einsatzgebieten, für die nur kleinere und preiswertere Solarmodule benötigt werden, vergrößert sich das Absatzgebiet für Solarzellen und Solarmodule, bei denen die Toleranzklasse kaum ins Gewicht fällt. Wenn jedoch bei einer PV-Anlage jeder Solarmodulstrang seinen eigenen Wechselrichtereingang mit separatem MPP-Tracking erhält, verdient das eigentliche Preis-Leistungs-Verhältnis Vorrang vor der Toleranzklasse der verwendeten Solarmodule. Allerdings muss in den Vergleich der Preisunterschiede auch der Vergleich der möglichen Differenzen zwischen den erzielbaren Leistungen der Modulstränge einbezogen werden: Solarmodule mit einer Toleranz von z. B. -0/+3 % können in einem Modulstrang unter Umständen eine um (theoretisch) bis zu etwa 19 % höhere solarelektrische Leistung erbringen als Module der Toleranzklasse von ±10 % (siehe hierzu auch Kapitel B, Abb. B8 in den technischen Hinweisen).

PV-Anlage mit 2 Solarmodul-Strängen (Planungsbeispiele):
Nennleistung pro Strang: 1210 W oder 1260 W
PV-Nennleistung insgesamt: 2420 W oder 2520 W
Nennspannung pro Strang : 382,8 V oder 299,5 V
Leerlaufspannung pro Strang: 477,4 V oder 387 V
Nennstrom pro Strang (= Modul-Nennstrom): 3,15 A oder 4,2 A

Konfiguration der Modul-Stränge:

Beispiel A - 2 x 11 Solarmodule: Nennspannung à 34,8 V (34,8 V x 11 = 382,8 V)
Leerlaufspannung à 43,4 V (43,4 V x 11 = 477,4 V)
Nennstrom à 3,15 A
Nennleistung à 110 W (110 W x 11 = **1210 W** pro Strang)

Beispiel B - 2 x 9 Solarmodule: Nennspannung à 33,3 V (33,3 V x 9 = 299,7 V)
Leerlaufspannung à 43 V (43 V x 9 = 387 V)
Nennstrom à 4,2 A
Nennleistung à 140 W (140 W x 9 = **1260 W** pro Strang)

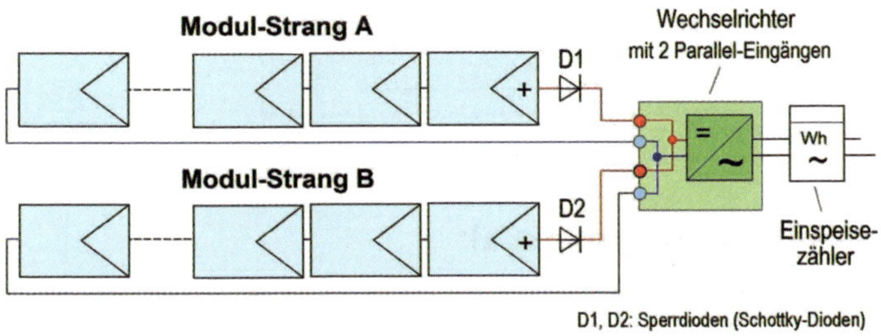

Wechselrichter (Planungsbeispiele):
Max. PV-Leistung: ab ca. 2450 W (Beispiel A), bzw. ab ca. 2550 W (Beispiel B)
Eingangsspannung (MPP-Bereich): bevorzugt ca. 55 bis 400 V (Beispiel A)
bzw. ca. 46 bis 320 V (Beispiel B)
Leerlaufspannung: ab ca. 550 V (Beispiel A), bzw. ab ca. 450 V (Beispiel B)
Max. Eingangsstrom: ab ca. 7 A (Beispiel A), bzw. ab ca. 9 A (Beispiel B)
Einspeisung ab: ca. 2 bis 5 W (bevorzugt)
Max. Wirkungsgrad: bevorzugt oberhalb von ca. 96,5 bis 97 %
Stand-by-Verbrauch: bevorzugt unterhalb von ca. 0,5 W

Abb. 2.18: Zwei-Strang-PV-Anlagen mit Nennleistungen von 1.210 und 1.260 Watt (Wp)

PV-Anlage mit 2 Solarmodul-Strängen (Planungsbeispiele):
Nennleistung pro Strang: 1375 W oder 1400 W
PV-Nennleistung insgesamt: 2750 W oder 2800 W
Nennspannung pro Strang : 192,5 V oder 182,4 V
Leerlaufspannung pro Strang: 236,5 V oder 231,2 V
Nennstrom pro Strang (= Modul-Nennstrom): 7,14 A oder 7,68 A

Konfiguration der Modul-Stränge:

Beispiel A - 2 x 11 Solarmodule: Nennspannung à 17,5 V (17,5 V x 11 = 192,5 V)
Leerlaufspannung à 21,5 V (21,5 V x 11 = 236,5 V)
Nennstrom à 7,14 A
Nennleistung à 125 W (125 W x 11 = **1375 W** pro Strang)

Beispiel B - 2 x 8 Solarmodule: Nennspannung à 22,8 V (22,8 V x 8 = 182,4 V)
Leerlaufspannung à 28,9 V (28,9 V x 8 = 231,2 V)
Nennstrom à 7,68 A
Nennleistung à 175 W (175 W x 8 = **1400 W** pro Strang)

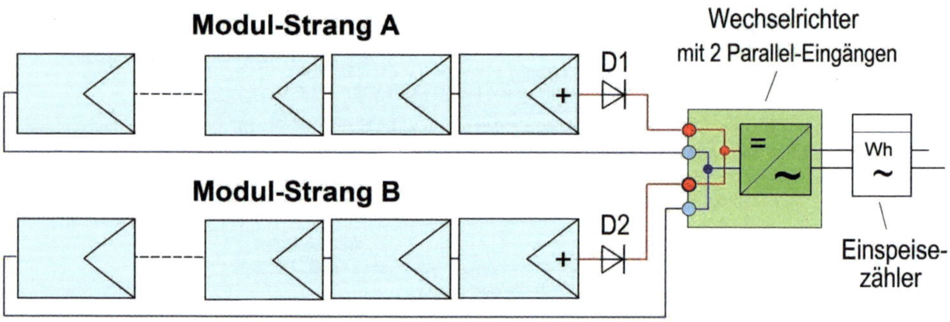

D1, D2: Sperrdioden (Schottky-Dioden)

Wechselrichter (Planungsbeispiele):

Max. PV-Leistung: ab ca. 2800 W (Beispiel A), bzw. ab ca. 2850 W (Beispiel B)
Eingangsspannung (MPP-Bereich): bevorzugt ca. 30 bis 195 V (Beispiel A)
bzw. ca. 25 bis 185 V (Beispiel B)
Leerlaufspannung: ab ca. 270 V (Beispiel A), bzw. ab ca. 265 V (Beispiel B)
Max. Eingangsstrom: ab ca. 15 A (Beispiel A), bzw. ab ca. 17 A (Beispiel B)
Einspeisung ab: ca. 2 bis 5 W (bevorzugt)
Max. Wirkungsgrad: bevorzugt oberhalb von ca. 96,5 bis 97 %
Stand-by-Verbrauch: bevorzugt unterhalb von ca. 0,5 W

Abb. 2.19: Zwei-Strang-PV-Anlagen mit Nennleistungen von 1.375 und 1.400 Watt (Wp)

PV-Anlage mit 2 Solarmodul-Strängen (Planungsbeispiele):

Nennleistung pro Strang: 1500 W oder 1750 W
PV-Nennleistung insgesamt: 3000 W oder 3500 W
Nennspannung pro Strang : 345 V oder 367 V
Leerlaufspannung pro Strang: 430 V oder 441 V
Nennstrom pro Strang (= Modul-Nennstrom): 4,35 A oder 4,77 A

Konfiguration der Modul-Stränge:

Beispiel A - 2 x 10 Solarmodule: Nennspannung à 34,5 V (34,5 V x 10 = 345 V)
Leerlaufspannung à 43 V (43 V x 10 = 430 V)
Nennstrom à 4,35 A
Nennleistung à 150 W (150 W x 10 = **1500 W** pro Strang)

Beispiel B - 2 x 10 Solarmodule: Nennspannung à 36,7 V (36,7 V x 10 = 367 V)
Leerlaufspannung à 44,1 V (44,1 V x 10 = 441 V)
Nennstrom à 4,77 A
Nennleistung à 175 W (175 W x 10 = **1750 W** pro Strang)

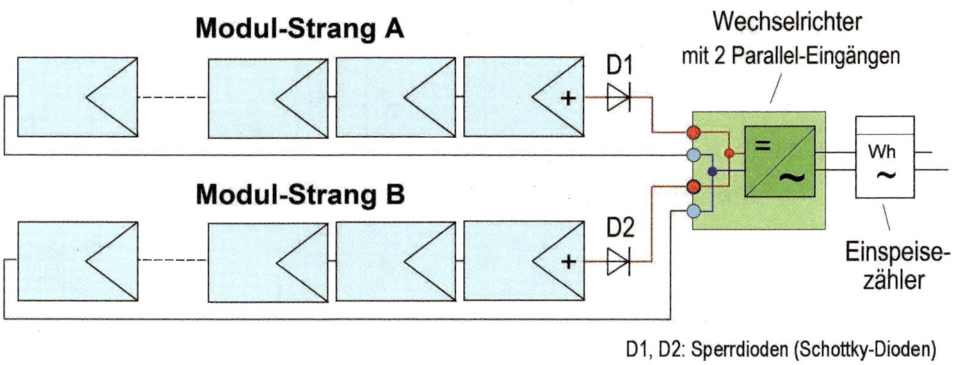

Wechselrichter (Planungsbeispiele):

Max. PV-Leistung: ab ca. 3100 W (Beispiel A), bzw. ab ca. 3600 W (Beispiel B)
Eingangsspannung (MPP-Bereich): bevorzugt ca. 50 bis 350 V (Beispiel A)
bzw. ca. 55 bis 375 V (Beispiel B)
Leerlaufspannung: ab ca. 490 V (Beispiel A), bzw. ab ca. 500 V (Beispiel B)
Max. Eingangsstrom: ab ca. 10 A (Beispiel A), bzw. ab ca. 11 A (Beispiel B)
Einspeisung ab: ca. 2 bis 5 W (bevorzugt)
Max. Wirkungsgrad: bevorzugt oberhalb von ca. 96,5 bis 97 %
Stand-by-Verbrauch: bevorzugt unterhalb von ca. 0,5 W

Abb. 2.20: Zwei-Strang-PV-Anlagen mit Nennleistungen von 1.500 und 1.750 Watt (Wp)

PV-Anlage mit 2 Solarmodul-Strängen (Planungsbeispiele):
Nennleistung pro Strang: 1587,7 W oder 1680 W
PV-Nennleistung insgesamt: 3240 W oder 3360 W
Nennspannung pro Strang : 219,6 V oder 235,2 V
Leerlaufspannung pro Strang: 270 V oder 296 V
Nennstrom pro Strang (= Modul-Nennstrom): 7,23 A oder 8,13 A

Konfiguration der Modul-Stränge:

Beispiel A - 2 x 9 Solarmodule: Nennspannung à 24,4 V (24,4 V x 9 = 219,6 V)
Leerlaufspannung à 30 V (30 V x 9 = 270 V)
Nennstrom à 7,23 A
Nennleistung à 176,4 W (176,4 W x 9 = **1587,7 W** pro Strang)

Beispiel B - 2 x 8 Solarmodule: Nennspannung à 29,4 V (29,4 V x 8 = 235,2 V)
Leerlaufspannung à 37 V (37 V x 8 = 296 V)
Nennstrom à 8,13 A
Nennleistung à 240 W (240 W x 8 = **1680 W** pro Strang)

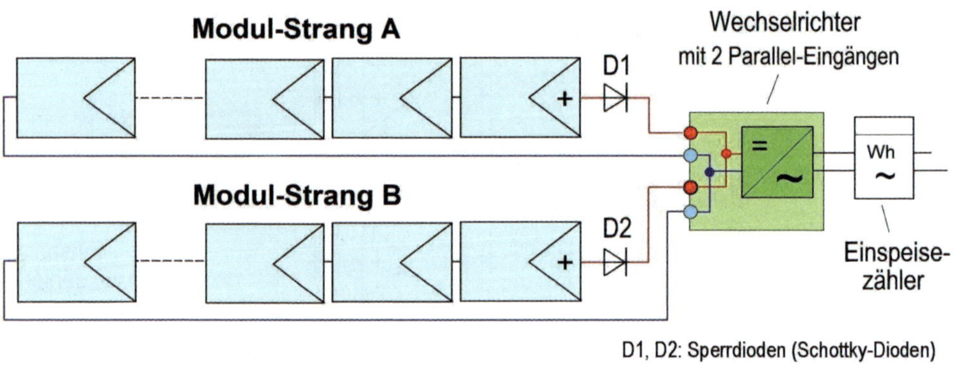

Wechselrichter (Planungsbeispiele):
Max. PV-Leistung: ab ca. 3300 W (Beispiel A), bzw. ab ca. 3400 W (Beispiel B)
Eingangsspannung (MPP-Bereich): bevorzugt ca. 33 bis 220 V (Beispiel A)
bzw. ca. 35 bis 240 V (Beispiel B)
Leerlaufspannung: ab ca. 310 V (Beispiel A), bzw. ab ca. 335 V (Beispiel B)
Max. Eingangsstrom: ab ca. 16 A (Beispiel A), bzw. ab ca. 19 A (Beispiel B)
Einspeisung ab: ca. 2 bis 5 W (bevorzugt)
Max. Wirkungsgrad: bevorzugt oberhalb von ca. 96,5 bis 97 %
Stand-by-Verbrauch: bevorzugt unterhalb von ca. 0,5 W

Abb. 2.21: Zwei-Strang-PV-Anlagen mit Nennleistungen von 1.587,7 und 1.680 Watt (Wp)

PV-Anlage mit 3 Solarmodul-Strängen (Planungsbeispiele):

PV-Nennleistung insgesamt: 3060 W oder 3048 W
PV-Nennleistung pro Strang: 1020 W oder 1016 W
Nennspannung pro Strang : 342 V oder 140 V
Leerlaufspannung pro Strang: 432 V oder 176,8 V
Nennstrom pro Strang (= Modul-Nennstrom): 2,98 A oder 7,28 A

Konfiguration der Modul-Stränge:

Beispiel A - 3 x 10 Solarmodule: Nennspannung à 34,2 V (34,2 V x 10 = 342 V)
Leerlaufspannung à 43,2 V (43,2 V x 10 = 432 V)
Nennstrom à 2,98 A
Nennleistung à 102 W (102 W x 10 = **1020 W** pro Strang)

Beispiel B - 3 x 8 Solarmodule: Nennspannung à 17,5 V (17,5 V x 8 = 140 V)
Leerlaufspannung à 22,1 V (22,1 V x 8 = 176,8 V)
Nennstrom à 7,28 A
Nennleistung à 127 W (127 W x 8 = **1016 W** pro Strang)

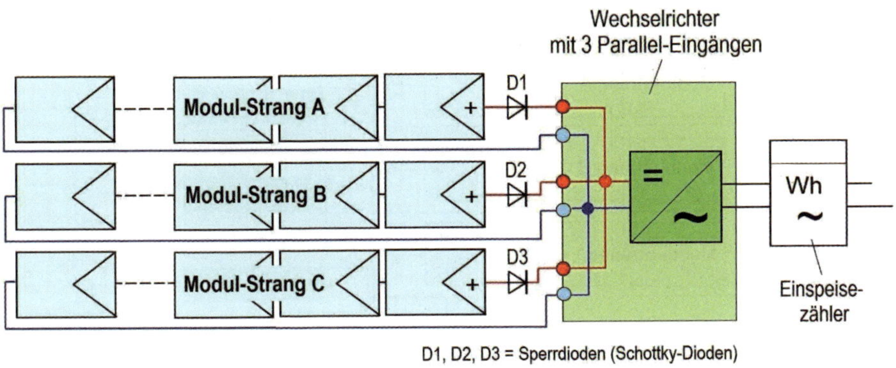

Wechselrichter (Planungsbeispiele):

Max. PV-Leistung: ab ca. 3010 W (Beispiel A), bzw. ab ca. 3050 (Beispiel B)
Eingangsspannung (MPP-Bereich): bevorzugt ca. 50 bis 350 V (Beispiel A)
bzw. ca. 25 bis 180 V (Beispiel B)
Leerlaufspannung: ab ca. 500 V (Beispiel A), bzw. ab ca. 210 V (Beispiel B)
Max. Eingangsstrom: ab ca. 10 A (Beispiel A), bzw. ab ca. 23 A (Beispiel B)
Einspeisung ab: ca. 2 bis 5 W (bevorzugt)
Max. Wirkungsgrad: bevorzugt oberhalb von ca. 96,5 bis 97 %
Stand-by-Verbrauch: bevorzugt unterhalb von ca. 0,5 W

Abb. 2.22: Drei-Strang-PV-Anlagen mit Nennleistungen von 3.060 und 3.048 Watt (Wp)

PV-Anlage mit 3 Solarmodul-Strängen (Planungsbeispiele):

PV-Nennleistung insgesamt: 3960 W
PV-Nennleistung pro Strang: 1320 W
Nennspannung pro Strang : 179,2 V oder 174 V
Leerlaufspannung pro Strang: 236 V oder 218,4 V
Nennstrom pro Strang (= Modul-Nennstrom): 7,35 A oder 7,6 A

Konfiguration der Modul-Stränge:

Beispiel A - 3 x 8 Solarmodule: Nennspannung à 22,4 V (22,4 V x 8 = 179,2 V)
Leerlaufspannung à 29,5 V (29,5 V x 8 = 236 V)
Nennstrom à 7,35 A
Nennleistung à 165 W (165 W x 8 = **1320 W** pro Strang)

Beispiel B - 3 x 6 Solarmodule: Nennspannung à 29,0 V (29 V x 6 = 174 V)
Leerlaufspannung à 36,4 V (36,4 V x 6 = 218,4 V)
Nennstrom à 7,6 A
Nennleistung à 220 W (220 W x 6 = **1320 W** pro Strang)

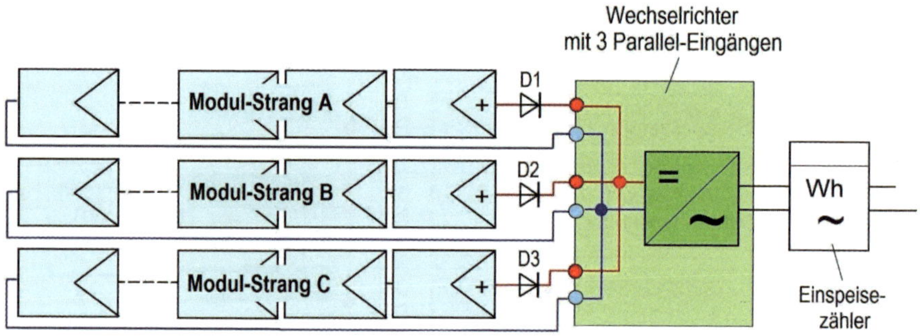

D1, D2, D3 = Sperrdioden (Schottky-Dioden)

Wechselrichter (Planungsbeispiele):

Max. PV-Leistung: ab ca. 4000 W (für beide Beispiele)
Eingangsspannung (MPP-Bereich): bevorzugt ca. 35 bis 190 V (Beispiel A)
bzw. ca. 33 bis 185 V (Beispiel B)
Leerlaufspannung: ab ca. 270 V (Beispiel A), bzw. ab ca. 250 V (Beispiel B)
Max. Eingangsstrom: ab ca. 23 A (Beispiel A), bzw. ab ca. 25 A (Beispiel B)
Einspeisung ab: ca. 2 bis 5 W (bevorzugt)
Max. Wirkungsgrad: bevorzugt oberhalb von ca. 96,5 bis 97 %
Stand-by-Verbrauch: bevorzugt unterhalb von ca. 0,5 W

Abb. 2.23: Drei-Strang-PV-Anlagen mit Nennleistungen von 3.960 Watt (Wp)

PV-Anlage mit 3 Solarmodul-Strängen (Planungsbeispiele):

PV-Nennleistung insgesamt: 5670 W oder 6210 W
PV-Nennleistung pro Strang: 1890 W oder 2070 W
Nennspannung pro Strang : 255,6 V oder 256,5 V
Leerlaufspannung pro Strang: 327,6 V oder 329,4 V
Nennstrom pro Strang (= Modul-Nennstrom): 7,4 A oder 8,08 A

Konfiguration der Modul-Stränge:

Beispiel A - 3 x 9 Solarmodule: Nennspannung à 28,4 V (28,4 V x 9 = 255,6 V)
Leerlaufspannung à 36,4 V (36,4 V x 9 = 327,6 V)
Nennstrom à 7,4 A
Nennleistung à 210 W (210 W x 9 = **1890 W** pro Strang)

Beispiel B - 3 x 9 Solarmodule: Nennspannung à 28,5 V (28,5 V x 9 = 256,5 V)
Leerlaufspannung à 36,6 V (36,6 V x 9 = 329,4 V)
Nennstrom à 8,08 A
Nennleistung à 230 W (230 W x 9 = **2070 W** pro Strang)

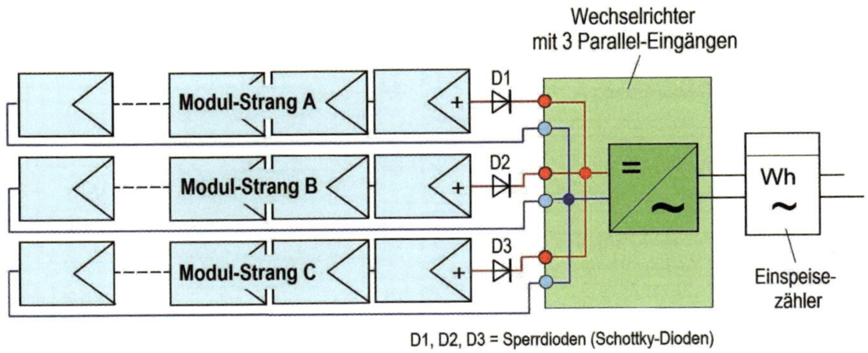

Wechselrichter (Planungsbeispiele):

Max. PV-Leistung: ab ca. 5750 W (Beispiel A), bzw. ab ca. 6300 (Beispiel B)
Eingangsspannung (MPP-Bereich): bevorzugt ca. 35 bis 260 V (Beispiel A)
bzw. ca. 33 bis 265 V (Beispiel B)
Leerlaufspannung: ab ca. 370 V (Beispiel A), bzw. ab ca. 375 V (Beispiel B)
Max. Eingangsstrom: ab ca. 24 A (Beispiel A), bzw. ab ca. 25 A (Beispiel B)
Einspeisung ab: ca. 2 bis 5 W (bevorzugt)
Max. Wirkungsgrad: bevorzugt oberhalb von ca. 96,5 bis 97 %
Stand-by-Verbrauch: bevorzugt unterhalb von ca. 0,5 W

Abb. 2.24: Drei-Strang-PV-Anlagen mit Nennleistungen von 5.670 und 6.210 Watt (Wp)

PV-Anlage mit 4 Solarmodul-Strängen - Planungsbeispiele:

PV-Nennleistung insgesamt: 7200 W oder 8000 W
PV-Nennleistung pro Strang: 1800 W oder 2000 W
Nennspannung pro Strang : 367 V oder 440 V
Leerlaufspannung pro Strang: 442 V oder 536 V
Nennstrom pro Strang (= Modul-Nennstrom): 4,9 A oder 4,5 A

Konfiguration der Modul-Stränge:

Beispiel A - 4 x 10 Solarmodule: Nennspannung à 36,7 V (36,7 V x 10 = 367 V)
Leerlaufspannung à 44,2 V (44,2 V x 10 = 442 V)
Nennstrom à 4,9 A
Nennleistung à 180 W (180 W x 10 = **1800 W** pro Strang)

Beispiel B - 4 x 10 Solarmodule: Nennspannung à 44,4 V (44,4 V x 10 = 440 V)
Leerlaufspannung à 53,6 V (53,6 V x 10 = 536 V)
Nennstrom à 4,5 A
Nennleistung à 200 W (200 W x 10 = **2000 W** pro Strang)

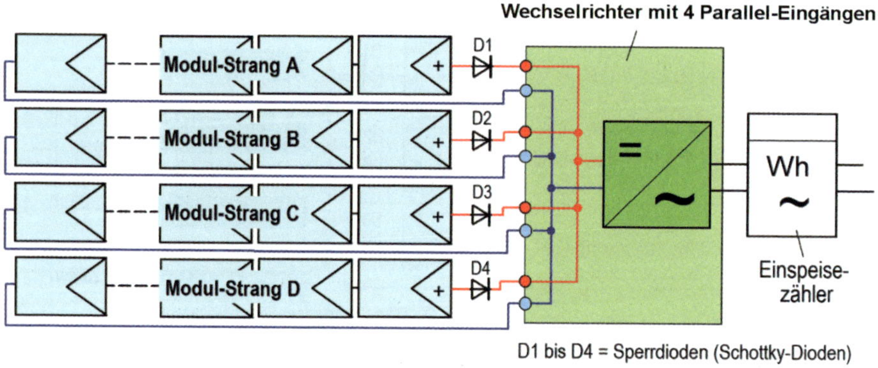

Wechselrichter - Planungsbeispiele:

Max. PV-Leistung: ab ca. 7200 W (Beispiel A), bzw. ab ca. 8000 (Beispiel B)
Eingangsspannung (MPP-Bereich): bevorzugt ca. 53 bis 370 V (Beispiel A)
bzw. ca. 65 bis 450 V (Beispiel B)
Leerlaufspannung: ab ca. 500 V (Beispiel A), bzw. ab ca. 620 V (Beispiel B)
Max. Eingangsstrom: ab ca. 22 A (Beispiel A), bzw. ab ca. 20 A (Beispiel B)
Einspeisung ab: ca. 20 bis 35 W
Max. Wirkungsgrad: bevorzugt oberhalb von ca. 96,5 bis 97 %
Stand-by-Verbrauch: bevorzugt unterhalb von ca. 0,5 W

Abb. 2.25: Vier-Strang-PV-Anlagen mit Nennleistungen von 7.200 und 8.000 Watt (Wp)

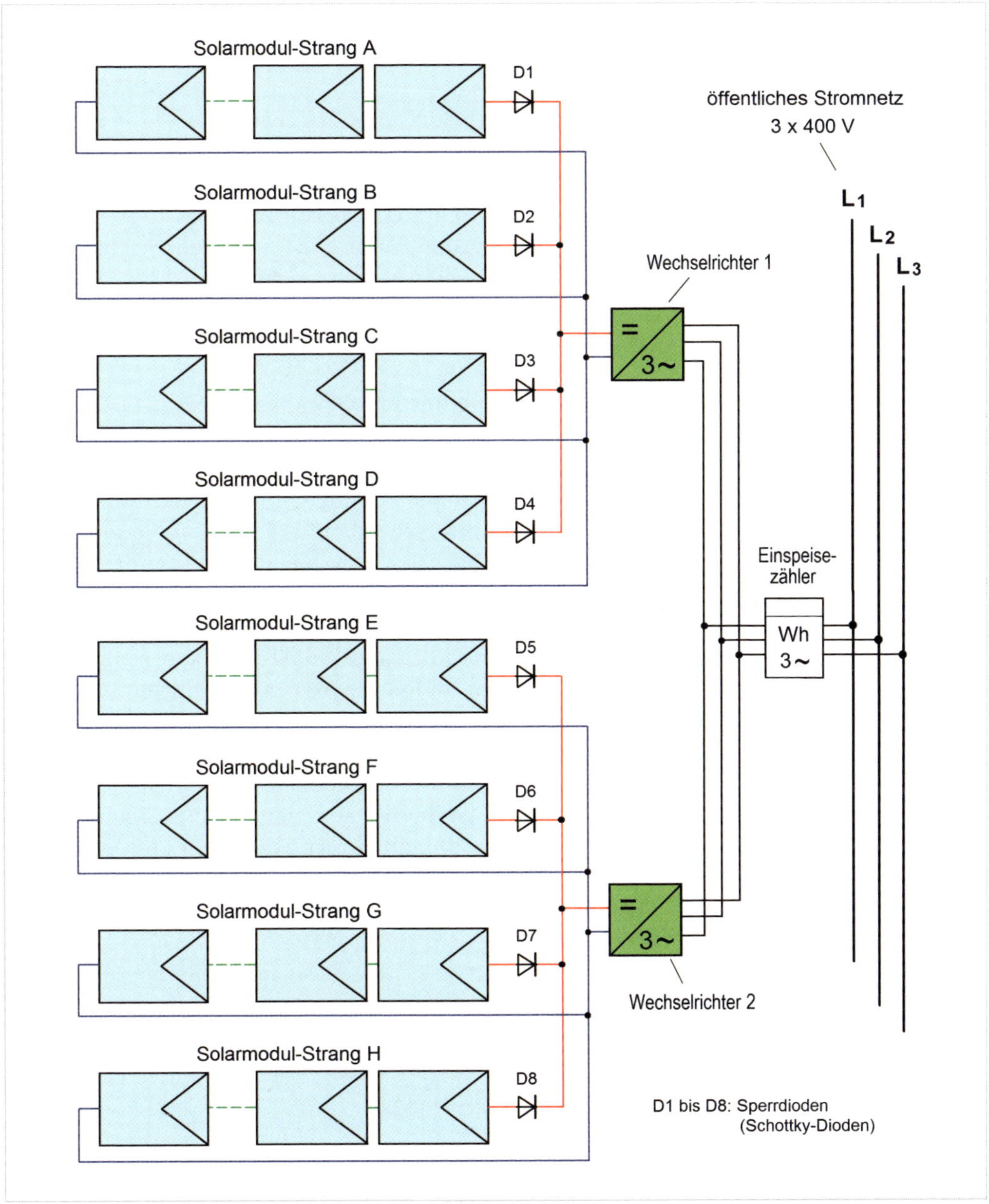

Abb. 2.26: PV-Anlagen mit zweimal vier Solarmodulsträngen und zwei Wechselrichtern

Planungshinweise zu PV-Anlagen mit zweimal vier Solarmodulsträngen und zwei Wechselrichtern nach Abb. 2.26:

a) Die Spannungen und Ströme der Solarmodulstränge (und somit auch ihre Leistungen), die an einen gemeinsamen Wechselrichter angeschlossen werden, müssen identisch sein. Aus diesem Grund sollten vorrangig Solarmodule verwendet werden, deren Toleranz unterhalb von ca. ±3 % liegt. Bei einer höheren Toleranzstreuung kann die Elektronik des Wechselrichter-MPP-Trackings die Leistungen der einzelnen Stränge nicht optimal ins öffentliche Netz einspeisen. Dadurch entstehen Leistungsverluste, die per saldo höher sein können als der Aufpreis für Solarmodule mit geringerer Toleranz.

b) Die Nennspannungen der Solarmodulstränge sind jeweils so zu wählen, dass sie möglichst dicht unterhalb der Spannungsobergrenze des Wechselrichter-MPP-Bereichs liegen oder mit dieser identisch sind. Beispiel: Wird ein Wechselrichter verwendet, dessen Eingangsspannung (MPP-Bereich) mit „125 bis 500 V“ angegeben wird, sollte die Nennspannung des Solarmodulstrangs z. B. zwischen ca. 490 und 500 V liegen (siehe hierzu auch Kapitel B in den technischen Hinweisen).

c) Die Nennleistungen der Solarmodulstränge sollten auf die Nennleistung des verwendeten Wechselrichters möglichst optimal abgestimmt werden, denn eine Überdimensionierung des Wechselrichters bietet bei gut konzipierten Geräten keine Vorteile. Der Hersteller des ausgewählten Wechselrichters sollte jedoch zur Dimensionierung konsultiert werden. Bei einigen Wechselrichtern bezieht sich die in ihren Datenblättern angegebene „maximale PV-Generatorleistung (Wp)“ nämlich nicht auf einen optimalen oder empfehlenswerten Arbeitsbereich, sondern auf eine Höchstgrenze, die der Wechselrichter nur noch mit Mühe verkraftet.

d) Die Summe der Nennströme der verwendeten Solarmodulstränge darf den maximalen DC-Eingangsstrom des Wechselrichters nicht überschreiten. Zudem ist darauf zu achten, dass die Nennspannung der Modulstränge auf die Summe der Modulströme hinsichtlich der maximalen Eingangsleistung des Wechselrichters abgestimmt wird.

e) Die zwei Wechselrichter und ihre Modulstränge können unterschiedlich dimensioniert sein, denn sie bilden zwei völlig unabhängige Einheiten, die nur an einen gemeinsamen Einspeisestromzähler angeschlossen sind (siehe hierzu auch „Technische Hinweise“, Kapitel C).

f) Beispiel:

Im Datenblatt eines Wechselrichters steht:

Max. PV-Generatorleistung: 6.000 WP

MPP-Bereich: 300 bis 600 VDC

Max. DC-Eingangsstrom: 15,2 A

Falls an diesen Wechselrichter z. B. drei Solarmodulstränge angeschlossen werden, deren Nennspannung je 595 V und Nennstrom pro Strang 5 A (und somit pro 3 Stränge insgesamt 15 A) beträgt, ergibt es (nach der Formel Spannung [U]) mal Strom [I]) eine Leistung von stolzen 8.925 W (595 V x 15 A = 8.925 W). Das würde der Wechselrichter nicht verkraften.

Im Sinne der optimalen Nutzung (Einspeisung) der erzeugten Solarenergie ist es von Vorteil, dass – in Bezug auf die Obergrenze des MPP-Bereichs des angewendeten Wechselrichters – nicht an der Nennspannungsobergrenze der Modulstränge, sondern bevorzugt am Nennstrom gespart wird. Dadurch wird erzielt, dass der Wechselrichter auch bei trüberem Wetter – und somit bei einer niedrigeren Solarspannung – die erzeugte Solarenergie ins öffentliche Netz einspeist. In diesem Fall dürfte bei einer Strangnennspannung von 595 V der Nennstrom der drei Stränge maximal 10 A (= 3,33 A pro Strang) betragen, denn 6.000 WP : 595 V = 10,08 A.

Planungshinweise zu PV-Anlagen mit separaten Solarmodulsträngen und separaten Wechselrichtern nach Abb. 2.27:

Separate Wechselrichter ermöglichen eine effiziente Nutzung (Einspeisung) der erzeugten solarelektrischen Leistungen einzelner Modulstränge und bieten zudem etliche weitere Vorteile: Die einzelnen Modulstränge können unterschiedlich ausgelegt und ausgerichtet sein. Eine eventuelle Teilbeschattung einiger Modulstränge beeinträchtigt nicht den Ertrag der restlichen Solarmodule. Teile der PV-Generatoren können dabei wetter- oder bestrahlungsbedingt auch im Teillastbereich effizient arbeiten, wodurch sich die energetische Ausbeute der Anlagen erhöht. Zu den Nachteilen dieser Lösung gehören die (noch) zu hohen Preise der Wechselrichter und die aufwendige messtechnische Anlagenüberwachung (Datenlogging). Daher werden solche Anlagenkonzepte nur ausnahmsweise angewendet – obwohl gegen diese Lösungen rein technisch nichts einzuwenden ist.

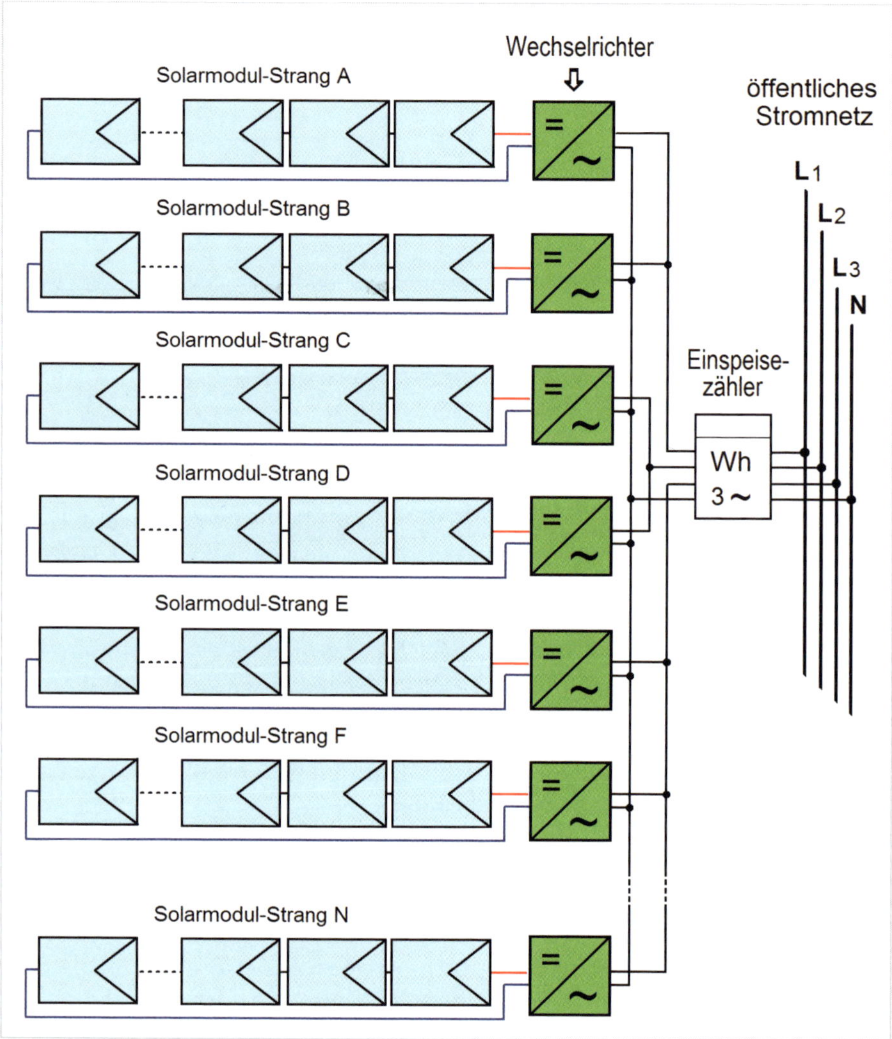

Abb. 2.27: PV-Anlagen mit separaten Solarmodulsträngen und separaten Wechselrichtern

Planungshinweise zu größeren Aufdach- oder Freiflächenanlagen:

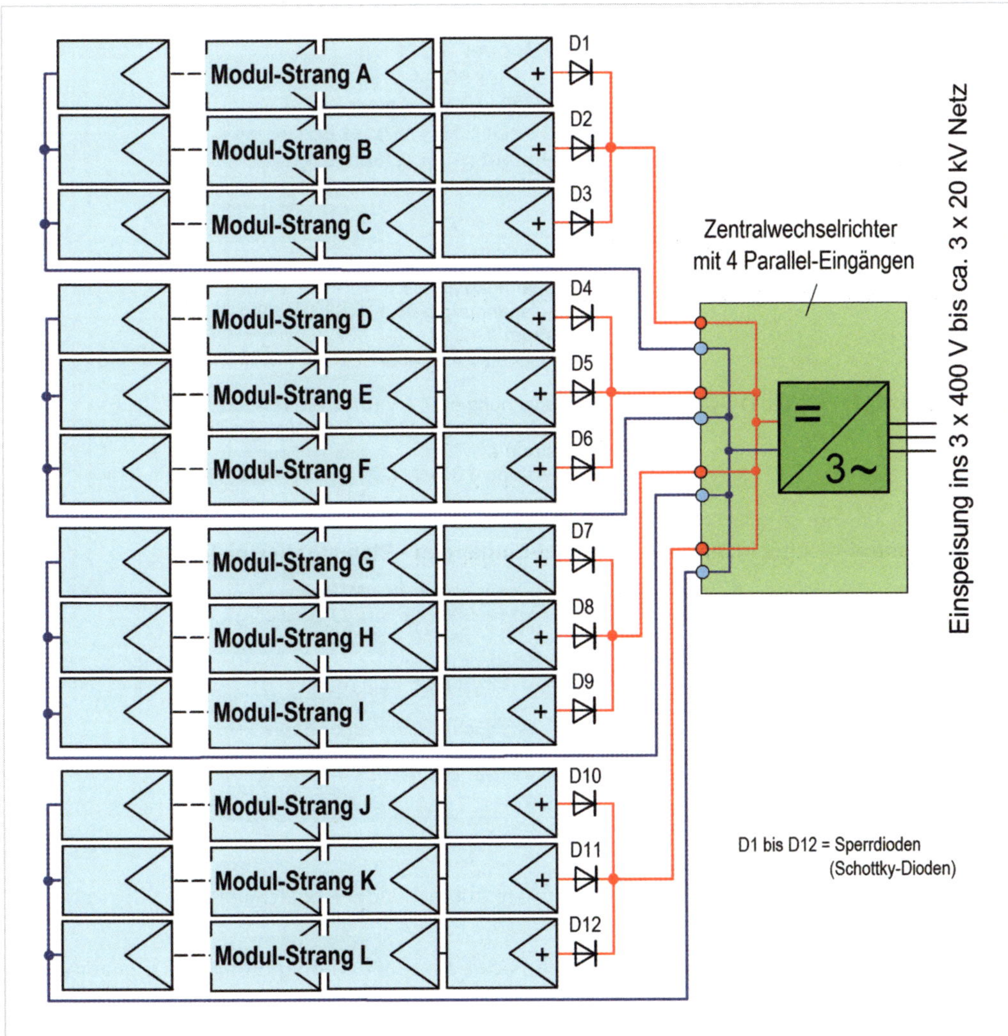

Abb. 2.28: a) PV-Kraftwerke für größere Aufdach- oder Freiflächenanlagen

PV-Kraftwerk mit 4 x 3 Solarmodul-Strängen - Planungsbeispiele:
PV-Nennleistung insgesamt: 33,48 kW oder 36,168 kW
PV-Nennleistung pro Strang: 2,79 kW oder 3,014 kW
Nennspannung pro Strang : 656,1 V oder 631,4 V
Leerlaufspannung pro Strang bei 25 °C: 792,9 V oder 786,5 V
Leerlaufspannung pro Strang bei -10 °C: 887,4 V oder 891 V
Nennstrom pro Strang (= Modul-Nennstrom): 4,9 A oder 4,5 A

Konfiguration der Modul-Stränge:

Beispiel A - 4 x 3 x 9 Solarmodule: Nennspannung à 72,9 V (72,9 V x 9 = 656,1 V)
Leerlaufspannung à 88,1 V (88,1 V x 9 = 792,9 V)
Nennstrom à 4,3 A
Nennleistung à 310 W (310 W x 9 = **2,79 kW** pro Strang)

Beispiel B - 4 x 3 x 11 Solarmodule: Nennspannung à 57,4 V (57,4 V x 11 = 631,4 V)
Leerlaufspannung à 71,5 V (71,5 V x 11 = 786,5 V)
Nennstrom à 4,78 A
Nennleistung à 274 W (274 W x 11 = **3,014 kW** pro Strang)

Zentral-Wechselrichter mit 4 Parallel-Eingängen - Planungsbeispiele:
Max. PV-Leistung: ab ca. 35 kW (Beispiel A), bzw. ab ca. 38 kW (Beispiel B)
Eingangsspannung (MPP-Bereich): bevorzugt ca. 95 V bis 660 V (Beispiel A)
bzw. ca. 95 V bis 650 V (Beispiel B)
Leerlaufspannung: ab ca. 900 V (für beide Beispiele)
Max. Eingangsstrom: ab ca. 60 A (Beispiel A), bzw. ab ca. 65 A (Beispiel B)

Der optimale Wirkungsgrad, der Stand-by-Verbrauch und die angemessen niedrige Einspeisungs-Untergrenze bei einstrahlungsabhängiger Solarleistung des Wechselrichters orientieren sich bei der Planung an dem jeweils neuesten Stand der Technik.

Abb. 2.28: b) PV-Kraftwerke für größere Aufdach- oder Freiflächenanlagen

Größere homogene PV-Aufdach- oder Freiflächenanlagen arbeiten gegenwärtig überwiegend mit leistungsstarken Zentralwechselrichtern, die für PV-Leistungen von bis über 1.000 kWp als Standardprodukte gefertigt werden. Photovoltaik-Anlagen dieser Größenordnung gehören in die Kategorie der PV-Kraftwerke und sowohl ihre Planung als auch ihre Errichtung setzen viel Erfahrung und Know-how voraus. Da bei diesen Systemen die Solarmodulstränge in parallelen Verschaltungen nach *Abb. 2.28* arbeiten, können bei Verwendung von Solarmodulen mit zu hohen Toleranzen sowohl die prozentualen als auch die nominalen Energieverluste sehr hoch werden. Daher ist es von Vorteil, für solche Projekte

Solarmodule mit möglichst identischen technischen Parametern – z. B. Module der Toleranzklasse von ±1 % – zu verwenden. Dies setzt in der Praxis voraus, dass sich der Aufpreis für solche Module auch entsprechend zurückverdienen lässt.

PV-Anlagen mit Multistring-Wechselrichtern

Bei Verwendung eines Multistring-Wechselrichters mit zwei unabhängigen MPP-Eingängen (MPP-Trackern) können die in *Abb. 2.29* eingezeichneten zwei Solarmodulstränge unterschiedlich ausgelegt werden. Zu achten ist allerdings darauf, dass die „DC-Leistung pro Eingang" nicht überschritten wird. Angestrebt werden sollte dabei, dass die Nennspannung der Solarmodulstränge möglichst nahe an der Obergrenze des MPP-Bereichs des verwendeten Wechselrichters liegt (siehe hierzu Kapitel B und C in den technischen Hinweisen).

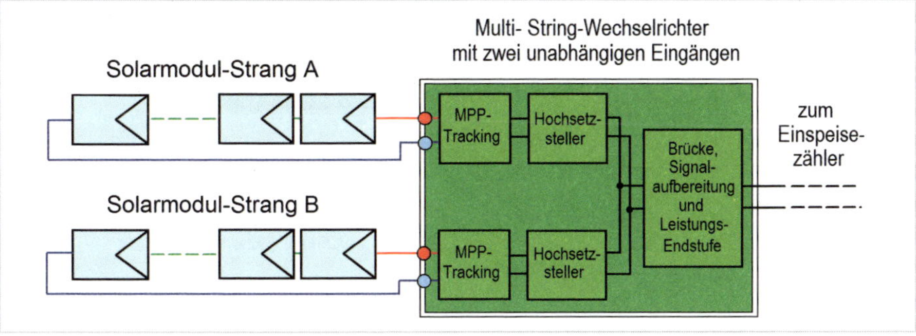

Abb. 2.29: Ein Multistring-Wechselrichter mit zwei unabhängigen MPP-Eingängen

Einige Multistring-Wechselrichter sind zwar laut Datenblatt für drei oder mehrere Anschlüsse ausgelegt, aber es kann sich dabei (eventuell teilweise) nur um Parallelanschlüsse handeln, von denen nicht alle über einen unabhängigen MPP-Eingang verfügen. So kann z. B. ein Wechselrichter nach *Abb. 2.30* zwar offiziell als Wechselrichter mit drei Anschlüssen deklariert werden, verfügt aber in Wirklichkeit nur über zwei unabhängige Eingänge. In dem Fall müssen die beiden unten im Bild eingezeichneten Solarmodulstränge über zusätzliche Strang-Dioden (Schottky-Dioden) an den gemeinsamen Eingang angeschlossen werden – falls diese Lösung unbedingt umgesetzt werden soll. Viel vorteilhafter wäre, wenn der dritte Modulstrang einen eigenen zusätzlichen Wechselrichter erhielte, um Einspeiseverluste zu vermeiden. Eine Lösung nach dem Beispiel aus *Abb. 2.30* ist im Prinzip nur akzeptabel, wenn Solarmodule mit sehr niedrigen Toleranzen verwendet werden.

Sofern es die räumliche Anordnung der Solarmodulstränge erlaubt, kann anstelle von drei unabhängigen Wechselrichtern auch nur ein Multistring-Wechselrichter mit drei unabhängigen MPP-Eingängen nach *Abb. 2.31* verwendet werden. Diese Lösung ist meist kostengünstiger, denn jeder Strang wird zwar von einem eigenen Maximum-Power-Point-Tracker betreut, aber der Leistungsteil ist gemeinsam.

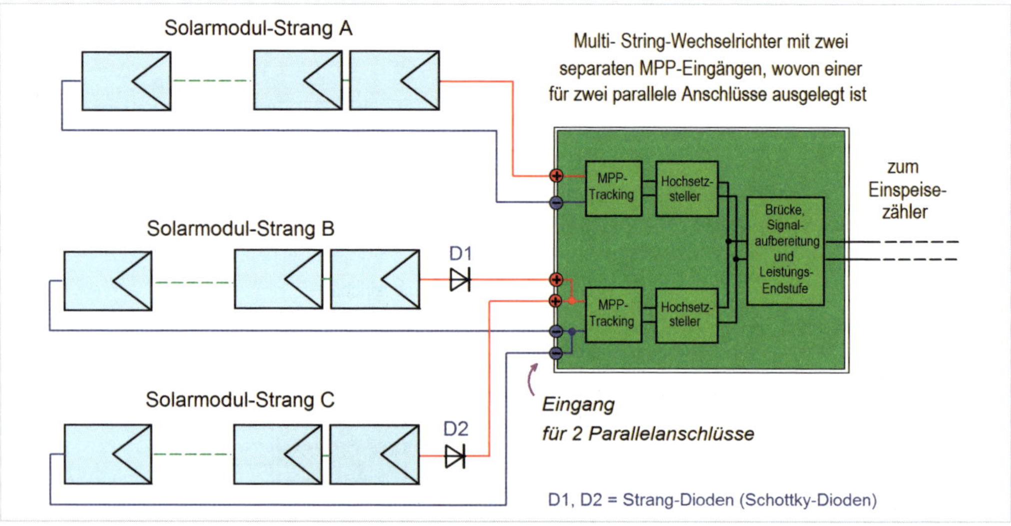

Abb. 2.30: Ein Multistring-Wechselrichter mit zwei unabhängigen MPP-Eingängen, wovon einer für einen Anschluss von zwei Modulsträngen ausgelegt ist.

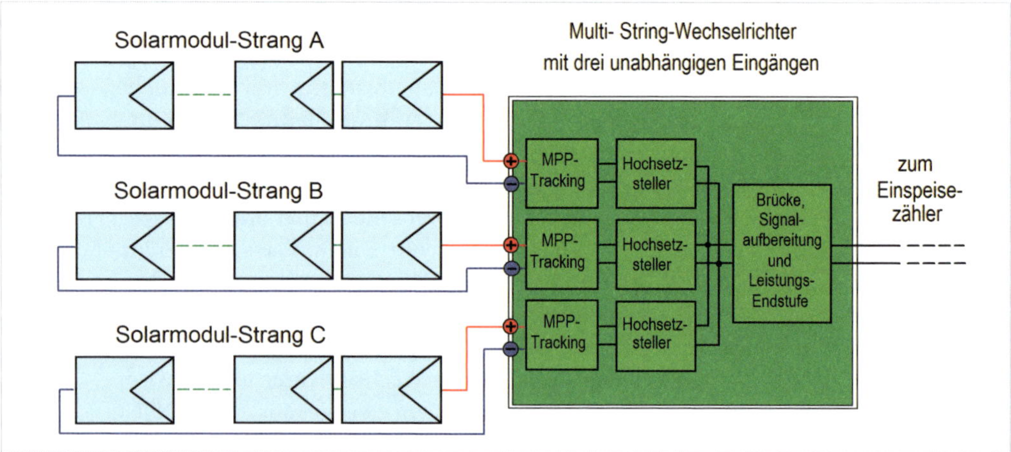

Abb. 2.31: Ein Multistring-Wechselrichter mit drei unabhängigen MPP-Eingängen

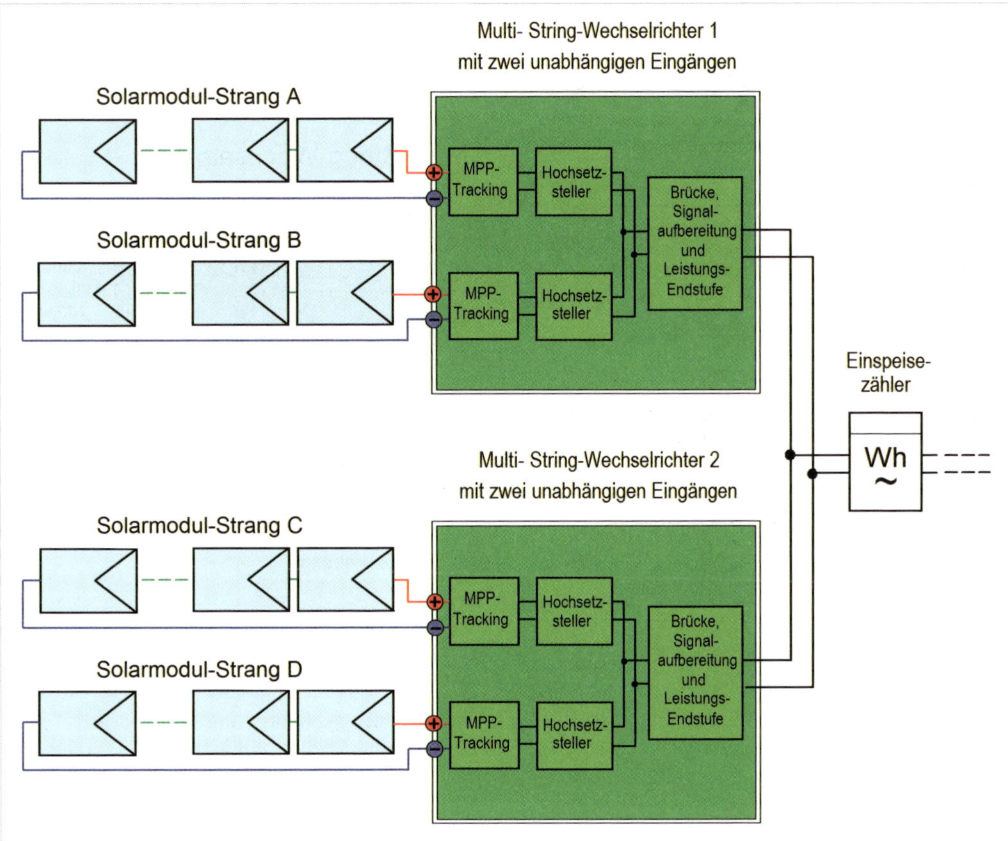

Abb. 2.32: Zwei Multistring-Wechselrichter mit je zwei Eingängen ermöglichen, dass jeder der Solarmodulstränge seinen eigenen MPP-Tracker erhält.

Eine Lösung nach dem Beispiel aus *Abb. 2.33* eignet sich unter Umständen für eine PV-Anlage mit vier Solarmodulsträngen, von denen jeweils zwei identisch ausgelegt und ebenfalls identisch ausgerichtet sind. Die Modulstränge müssen hier allerdings an die Wechselrichter über Sperrdioden (String-Dioden) angeschlossen werden, da andernfalls die erforderliche elektrische Ausgewogenheit nicht erzielt würde.

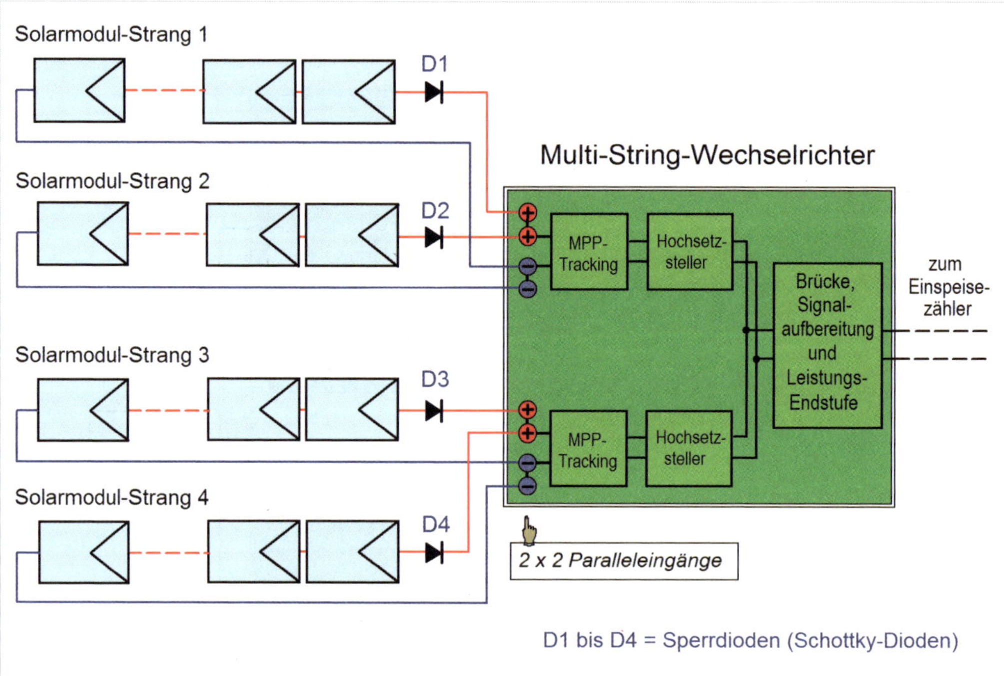

Abb. 2.33: Konfigurationsbeispiel einer PV-Anlage mit zwei Multistring-Wechselrichtern, die jeweils über zwei Paralleleingänge für den Anschluss von Solarmodulsträngen verfügen.

PV-Anlagen mit modulintegrierten Wechselrichtern

Solarmodule mit sogenannten modulintegrierten Wechselrichtern nach *Abb. 2.34* verfügen über eigene kleine Wechselrichter, die parametrisch exakt auf sie abgestimmt sind. Sie eignen sich vor allem für PV-Anlagen mit kleineren Nennleistungen. In den Beneluxländern erfreuen sich diese Systeme großer Beliebtheit, denn sie garantieren eine weitestgehend perfekte Funktion des Systems und stellen im Zusammenhang mit der Errichtung und Planung der Anlage keine hohen Anforderungen an das elektrotechnische Fachwissen. Bei Verwendung dieser Solarmodule kann z. B. auch ein Dachdecker eine Solaranlage errichten, die in Hinsicht auf die Verbindung der Module mit der Dachhaut viel professioneller sein kann, als dies ein Elektriker bewerkstelligen würde.

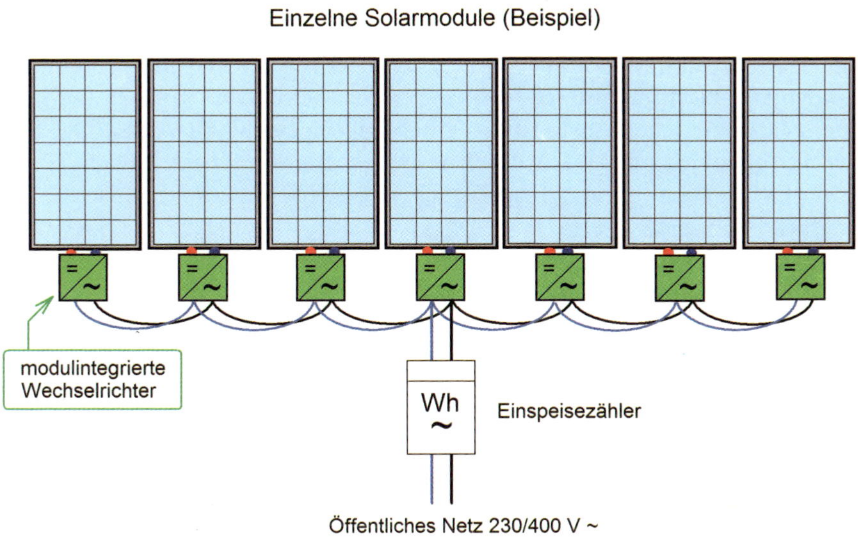

Abb. 2.34: Solarmodule mit modulintegrierten Wechselrichtern können ohne jegliche Planungsüberlegungen ähnlich problemlos installiert werden, wie z. B. elektrische Lichterketten.

Viele Solarmodule mit „modulintegrierten" Wechselrichtern haben momentan noch einen etwas niedrigeren Wirkungsgrad als größere Wechselrichter, die als selbstständige Geräte ausgelegt sind. Dieser Nachteil dürfte jedoch in den nächsten Jahren aufgehoben werden, denn die eigentlichen Entwicklungs- und Herstellungskosten können bei größeren Serien erheblich gesenkt werden. Abgesehen davon bezieht sich bei den größeren Wechselrichtern der Wirkungsgrad oft nur auf einen recht schmalen Leistungsbereich, der allein unter optimalen Wetterbedingungen genutzt werden kann. Bei trüberem Wetter sinkt meistens auch bei guten Wechselrichtern der Wirkungsgrad tief unterhalb seines Optimums oder der Wechselrichter koppelt die PV-Anlage an das öffentliche Netz erst gar nicht an. Bei modulintegrierten Wechselrichtern (Modulwechselrichtern) kann dagegen das MPP-Tracking exakt so auf die elektrischen Parameter des Moduls abgestimmt werden, dass ein hoher Nutzungsgrad der Solarenergie gegeben ist. Der damit verbundene Kostenaufwand hängt nur von der Herstellungstechnologie, den Lohnkosten und den Handelsrabatten ab.

2.3 Master-Slave-Systeme

Unter der Bezeichnung *Master-Slave-Systeme* oder *Team-Systeme* werden in der Photovoltaik Wechselrichtersysteme angeboten, bei denen – je nach der jeweiligen solarelektrischen Auslastung – die Netzeinspeisung entweder über beide oder nur über einen der Wechselrichter erfolgt. Der Sinn dieser Lösung besteht darin, dass nur ein optimal ausgelasteter Wechselrichter einen günstigen Wirkungsgrad aufweist.
Wenn die solarelektrische Leistung einer größeren PV-Anlage nach *Abb. 2.35* über zwei unabhängig arbeitende Wechselrichter ins öffentliche Netz eingespeist wird, arbeiten die Wechselrichter nur dann mit einem optimalen Wirkungsgrad, wenn sie beide weitestgehend voll belastet sind. Dieser Betriebszustand wird allerdings nur bei einer ausreichend starken Belastung des Wechselrichters und somit einer entsprechend starken Bestrahlung aller Solarmodule erzielt. Wenn die Solarmodule dagegen wetterbedingt geringer bestrahlt werden und ihre Ausgangsleistung z. B. nur auf einen Teillastbereich sinkt, sinkt dadurch auch der Wirkungsgrad des Wechselrichters spürbar tief unterhalb des im Datenblatt angegebenen Werts.
Was darunter konkret zu verstehen ist, zeigen die Grafiken in *Abb. 2.35:* Wenn beispielsweise bei einem 200-kW-PV-Generator die momentane Leistung nur 25 kW beträgt, arbeitet sein Wechselrichter in einem niedrigeren Teillastbereich und sein Wirkungsgrad sinkt dadurch laut der hier aufgeführten Grafik von den optimalen 96 % auf nur ca. 92 % herab. Besteht eine PV-Anlage nach dem Beispiel aus *Abb. 2.35* aus zwei PV-Solarfeldern und zwei unabhängig arbeitenden Wechselrichtern, verringert sich unter solchen Umständen entsprechend auch der ins Netz eingespeiste Ertrag um ebenfalls ca. 4 %.
In Deutschland arbeiten die PV-Anlagen überwiegend im Teillastbereich, denn während der meisten Tage gibt es zu wenig Sonne. Zudem sind fest installierte Solarmodule nicht laufend ausreichend gegen die Sonne ausgerichtet (was z. B. am frühen Morgen oder am späten Nachmittag auch an sonnigen Tagen bei fest montierten Modulen der Fall ist).
Bei größeren PV-Anlagen, deren Ertrag z. B. nach *Abb. 2.35/2.36* über zwei (oder mehrere) Zentralwechselrichter ins öffentliche Netz eingespeist wird, kann sich daher ein *Master-Slave-* oder ein *Team-System* als sinnvoll erweisen. Diese zwei Bezeichnungen sind allerdings nur Fantasienamen, die hersteller- oder typenbezogen unterschiedliche Funktionsmerkmale aufweisen. Die Grundfunktion all dieser Systeme besteht darin, dass ein elektronisches System die Summen der solarelektrischen Leistungen aller Modulstränge überwacht und diese bei Bedarf so umleitet, dass sich die Anzahl der aktivierten Wechselrichter auf den jeweiligen Leistungsbedarf anpasst.

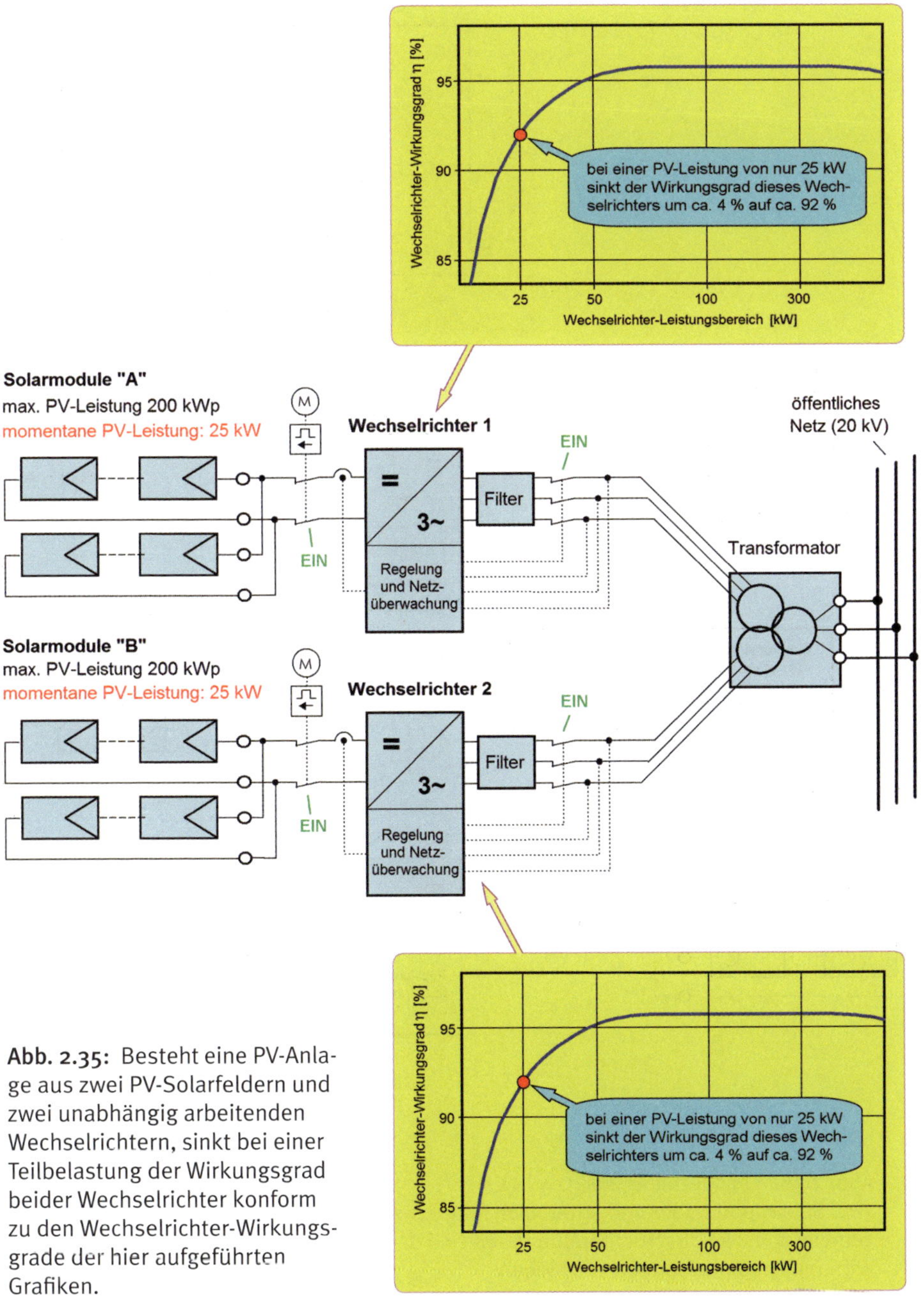

Abb. 2.35: Besteht eine PV-Anlage aus zwei PV-Solarfeldern und zwei unabhängig arbeitenden Wechselrichtern, sinkt bei einer Teilbelastung der Wirkungsgrad beider Wechselrichter konform zu den Wechselrichter-Wirkungsgrade der hier aufgeführten Grafiken.

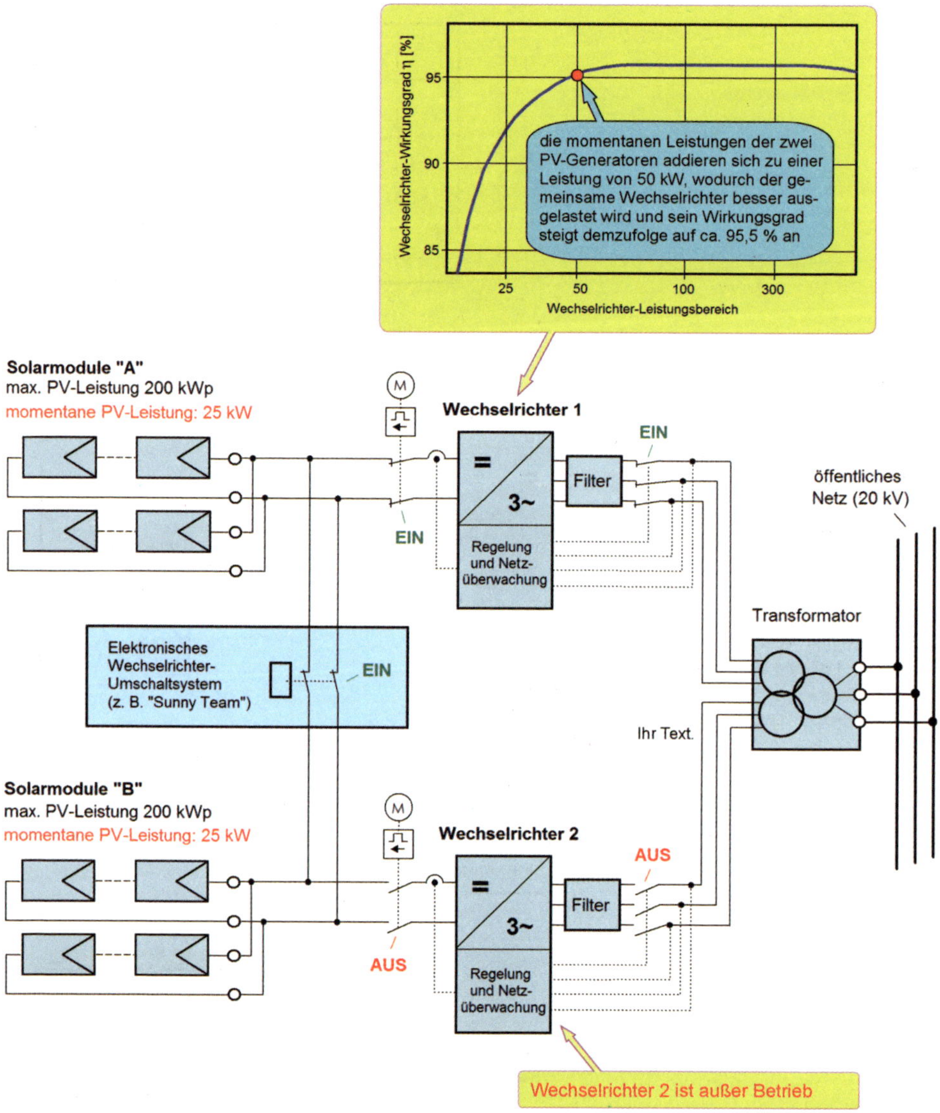

Abb. 2.36: Ein spezielles zusätzliches Gerät kontrolliert die jeweiligen PV-Leistungen der zwei Solarmodulfelder und leitet nach Möglichkeit die bezogene Solarleistung an einen gemeinsamen Wechselrichter um, damit sich der Teillastbereich und der Wechselrichter-Wirkungsgrad nach oben verschieben.

Das Beispiel dieses elektronischen Wechselrichter-Umschaltsystems von SMA in *Abb. 2.36* zeigt, dass die Solarmodule der zwei PV-Felder ähnlich wie in dem Beispiel aus *Abb. 2.35* quasi nur auf Sparflamme arbeiten und an die zwei Wechselrichtereingänge nur eine Solarleistung von je 25 kW liefern. Das elektronische Umschaltsystem, das laufend die Solarleistungen beider PV-Felder kontrolliert, erkennt in diesem Fall, dass die Summe der PV-Leistungen klein genug ist, um sie nur über einen der Wechselrichter ins Netz einzuspeisen. Die Solarmodule *B* werden daher elektronisch dem Wechselrichter *1* zugeschaltet (umgeleitet) und Wechselrichter *2* wird vorübergehend abgeschaltet. Er kann verständlicherweise nur so lange außer Betrieb bleiben, wie die Summe der Solarleistungen beider PV-Felder unterhalb der maximal zulässigen Leistung des Wechselrichters *1* bleibt. Steigt die Solarleistung beider PV-Felder wetterbedingt so weit an, dass ihre Summe die maximal zulässige Leistungsgrenze des Wechselrichters *1* zu überschreiten droht, schaltet die Elektronik die Solarmodule *B* an „ihren" Wechselrichter *2* um.

Die Nutzung dieser Systeme erhöht die praktisch erzielbare Ertragssteigerung lediglich um ca. 1 bis 3 % und eignet sich daher nur für große PV-Kraftwerke. Bei kleineren PV-Anlagen würde sich der mit diesem System verbundene Kostenaufwand nicht rentieren. Der Nachteil dieser Lösung besteht darin, dass alle Solarstränge parametrisch vollidentisch sein sollten, da andernfalls hohe Einspeiseverluste bei solarelektrisch unausgewogenen Modulsträngen höher sein können, als durch dieses spezielle System kompensiert werden kann.

Im Prinzip dürften die mit diesem System betriebenen Solarmodule die Toleranzklasse von ca. ±1 % nicht überschreiten, da andernfalls durch die Abweichungen in der Ausgangsspannung und -leistung einzelner Solarmodulstränge zu hohe Leistungsverluste entstehen können. Wie gut dabei das MPP-Tracking des jeweils aktivierten Wechselrichters auch ist, es kann sich den Parametern einzelner Modulstränge nicht anpassen, sondern nimmt das ganze Solarfeld nur als einen einzigen PV-Generator wahr. Eventuelle Abweichungen bei der Spannung und Leistung einzelner Solarmodule oder Solarmodulstränge können daher den Ertrag spürbar verringern.

Mit solchen Abweichungen ist auch bei gut vorselektierten Solarmodulen zu rechnen: Gelegentliche Verschmutzung durch angewehten Schmutz (Staub, Laub) oder Schnee, der z. B. einige der Module in ihren Ecken beschattet, oder Defekte in einzelnen Zellensektionen der Module kommen in der Praxis relativ oft vor.

Wenn dabei die Bypass-Diode in einem der Module die Zellensektion „schützend" kurzschließt, hat dies eine Verringerung der Ausgangsspannung – und somit auch der Ausgangsleistung – des ganzen Modulstrangs zur Folge. Das

Gleichgewicht der parallel arbeitenden Solarmodulstränge ist dadurch in Mitleidenschaft gezogen. Da sich hier das MPP-Tracking nicht auf die einzelnen Stränge, sondern nur auf den ganzen PV-Generator einstellen kann, ist es technisch nicht möglich, aus jedem der Stränge die maximale Leistung zu beziehen, wenn die Ausgewogenheit der elektrischen Parameter nicht gegeben ist. Dieser Aspekt weist auf eine Grauzone hin, die zwischen den theoretischen Vorteilen dieser Lösung und ihrem praktischen Effekt liegt.

Prinzipiell dürfte sich hier als technisch vorteilhaftere Alternative ein Konzept anbieten, bei dem die Philosophie des Master-Slave-Systems jeweils intern in einzelnen Wechselrichtern angewendet wird, die als separate Wechselrichter immer nur einen Solarmodulstrang betreuen. Die einzelnen Wechselrichter könnten dann intern aus zwei oder drei MPP-Tracking- und Hochsetzsteller-Teilen bestehen, die sich bedarfsgerecht die Aufgabe der Aufarbeitung je nach Belastung teilen, um den Wirkungsgrad optimal hoch aufrechterhalten zu können.

Vom technischen Standpunkt aus gesehen spricht nichts dagegen, diese Philosophie auch bei kleinen Wechselrichtern anzuwenden, um zu verhindern, dass der Wirkungsgrad des Wechselrichters bei trüberem Wetter zu tief sinkt oder der Eigenverbrauch zu hoch wird. Herstellungs- und entwicklungstechnisch steht dieser Lösung nur eines im Weg: der Endpreis eines solchen Wechselrichters. Das ist jedoch ein kompliziertes Thema, denn solange diese Geräte nur in kleineren Serien und zudem in einem Hochlohnland hergestellt werden, ist der Preisspielraum begrenzt. Der Faktor „Zeit" kann aber auch hier einen günstigen Einfluss auf die Preisentwicklung nehmen. Beispiele dafür gibt es gerade bei elektronischen und elektrotechnischen Erzeugnissen genügend.

2.4 Netzgekoppelte PV-Anlagen ohne Netzeinspeisung

Netzgekoppelte PV-Anlagen ohne Netzeinspeisung stammen zum größten Teil noch aus der Zeit, als die Vergütung für die ins Netz eingespeiste Solarenergie noch nicht attraktiv genug war, um den damit verbundenen zusätzlichen Aufwand in Kauf zu nehmen. Der Sinn solcher Anlagen bestand (oder besteht immer noch) nur darin, dass sie bei günstigen Wetterbedingungen den elektrischen Strom für das Hausnetz vorübergehend selbstständig erzeugen. Bei diesen Anlagen ist zwar der Wechselrichter mit dem öffentlichen Netz elektrisch verbunden, aber nur um ihn mit der Netzspannung laufend phasenidentisch zu synchronisieren. Wahlweise können dann z. B. einige der ausgewählten elektrischen Verbraucher entweder mit dem Strom aus dem öffentlichen Netz oder mit dem eigenen Solarstrom betrieben werden.

Solange jedoch die Vergütungspreise für die Solarenergie höher sind als die Bezugspreise der elektrischen Energie aus dem öffentlichen Netz, ist es rein rechnerisch sinnlos, wenn ein Teil der erzeugten Solarenergie bei einem netzgekoppelten System für den Eigenbedarf genutzt wird. Wenn eine Batterie für Notfälle geladen werden soll, ist es logischerweise vorteilhafter, den preisgünstigeren Ladestrom aus dem öffentlichen Netz zu beziehen.
Bei den ständig steigenden Strompreisen und gleichzeitig gleitend sinkender Vergütung des ins öffentliche Netz eingespeisten Solarstroms könnte es dennoch eines Tages wieder attraktiver werden, den erzeugten Solarstrom selbst zu verbrauchen, statt ihn ausschließlich nur durchzuverkaufen.

2.5 Back-up-Systeme

Als PV-Anlagen mit Back-up-Systemen werden netzgekoppelte PV-Anlagen bezeichnet, die über zusätzliche Energiespeicher nach *Abb. 2.37* verfügen, die z. B. als „Notstrombatterien" bei einer länger andauernden Stromunterbrechung im öffentlichen Netz die Stromversorgung übernehmen können. Sie stellen auf den ersten Blick eine interessante Alternative dar: Im Grundkonzept sind sie so ausgelegt, dass der erzeugte Solarstrom wahlweise entweder ins öffentliche Netz durchverkauft wird oder zum Laden der eigenen Notstrombatterie genutzt werden kann. Solange jedoch ein Solaranlagenbetreiber seinen Solarstrom für einen wesentlich höheren Kilowattstunden-Tarif ins öffentliche Netz einspeisen kann, wird er sicher bevorzugt seine Anlagenbatterie mit dem viel billigeren Strom aus dem Netz laden.
Aus dieser Sicht eignen sich die inzwischen handelsüblichen PV-Systeme, die wahlweise zum Laden einer Notstrombatterie verwendet werden können, eigentlich nur für Länder, in denen es keine vorteilhafte Vergütung für die ins öffentliche Netz eingespeiste Solarenergie gibt.
Eine Ausnahme käme hypothetisch bei PV-Anlagen in Betracht, bei denen ein an sich brauchbarer Teil der Solarleistung wetterbedingt nicht ins öffentliche Netz eingespeist wird und verloren geht, wenn die Solarspannung nicht hoch genug ist, um den Wechselrichter zu aktivieren. Falls dabei die Solarspannung und der Solarstrom hoch genug sind, um eine Batterie (z. B. die Batterie eines Elektroautos) laden zu können, bietet sich diese Art der Nutzung bei Bedarf an. *Abb. 2.38* erläutert die Philosophie und den technischen Hintergrund dieser Nutzungsmöglichkeit. Bei dem in *Abb. 2.38 a* eingezeichneten elektronischen Umschalter handelt es sich um einen Trigger-Schalter, der den erforderlichen Umschaltvorgang in dem vorgesehenen Schwellbereich auslöst. Der in *Abb. 2.38 b* aufgeführte Schwellbereich ist jedoch keine universale Schnittstelle, sondern dient nur der

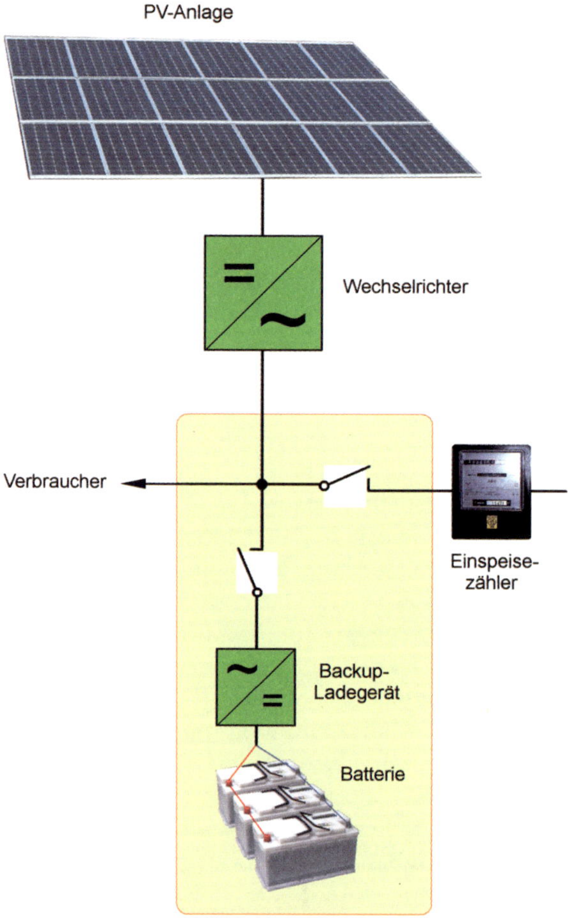

Erläuterung der Funktionsweise. Die Spannungen, bei denen ein Wechselrichter die PV-Anlage ans öffentliche Netz ankoppelt oder wieder vom Netz abschaltet, sind typenbezogen unterschiedlich und werden in den Wechselrichter-Datenblättern aufgeführt. Sie können jedoch auch am Wechselrichtereingang messtechnisch ermittelt werden.

Abb. 2.37: Prinzip eines Back-up-Systems

Hinweis

Der in *Abb. 2.38 a* eingezeichnete PV-Umschalter ist (noch) nicht als ein normales Photovoltaik-Zubehör, wohl aber z. B. in der Form eines *DC*-Spannungsüberwachungsrelais erhältlich. Offiziell werden solche Relais als *Überwachungsrelais für einphasige Spannungen und Gleichspannungen* oder als *Schwellwertschalter* angeboten. Sie sind für unterschiedliche Messbereiche und unterschiedliche Betriebsspannungen ausgelegt und verfügen oft ausgangsseitig über einen Wechselkontakt. Dieser kann bei kleineren PV-Anlagen das Umschalten direkt, bei größeren Anlagen über ein zusätzliches leistungsstärkeres Zweitrelais bewerkstelligen.

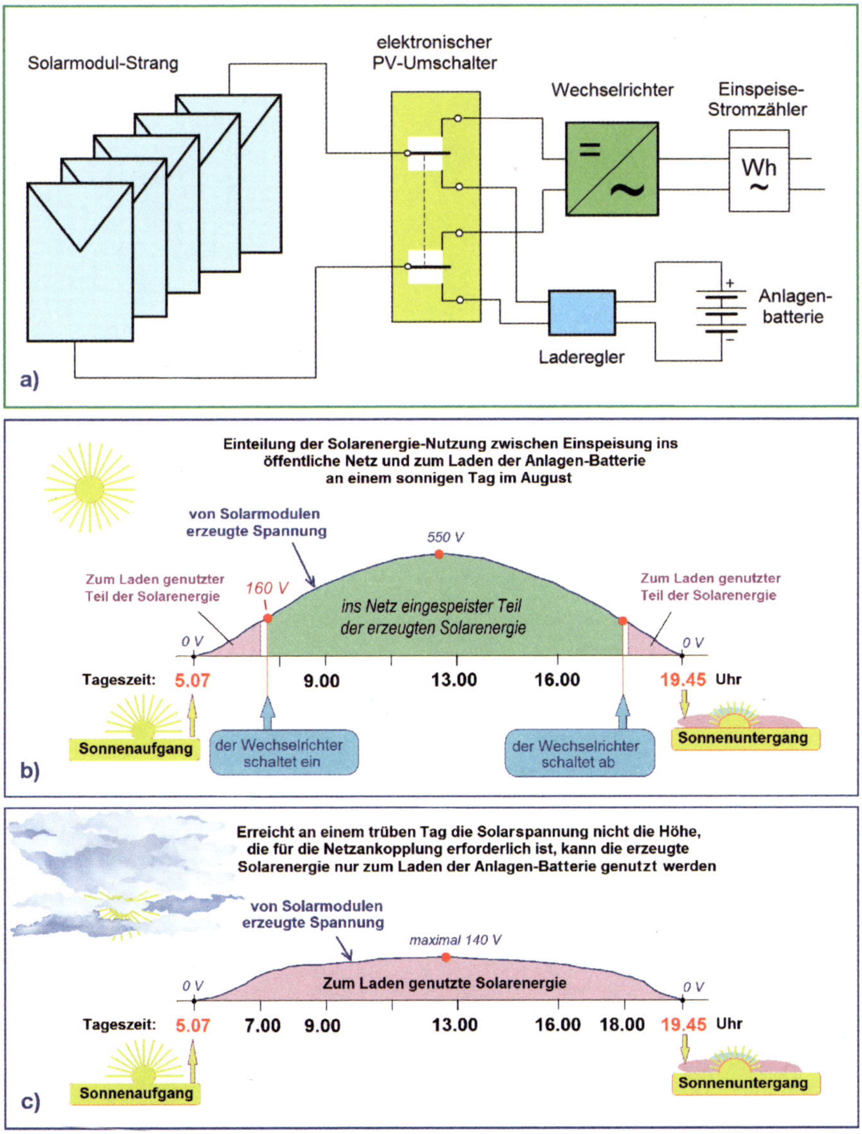

Abb. 2.38: Bei manchen größeren PV-Anlagen kann der Teil der erzeugten, aber vom Einspeise-Wechselrichter noch nicht (oder nicht mehr) „angenommenen" Solarenergie zum Laden einer Batterie, z. B. auch der eines Elektroautos, verwendet werden.

3 Anlagenfunktionsüberwachung und Datentechnik

Für die Anlagenfunktionsüberwachung und die datentechnische Erfassung der PV-Anlagen stehen dem Betreiber wahlweise Systeme mit Kabelanschlüssen oder Systeme mit Funkübertragen zur Verfügung *(Abb. 3.1)*. Diese Systeme sind bei den Herstellern der Wechselrichter erhältlich und meist nur produktbezogen konzipiert.

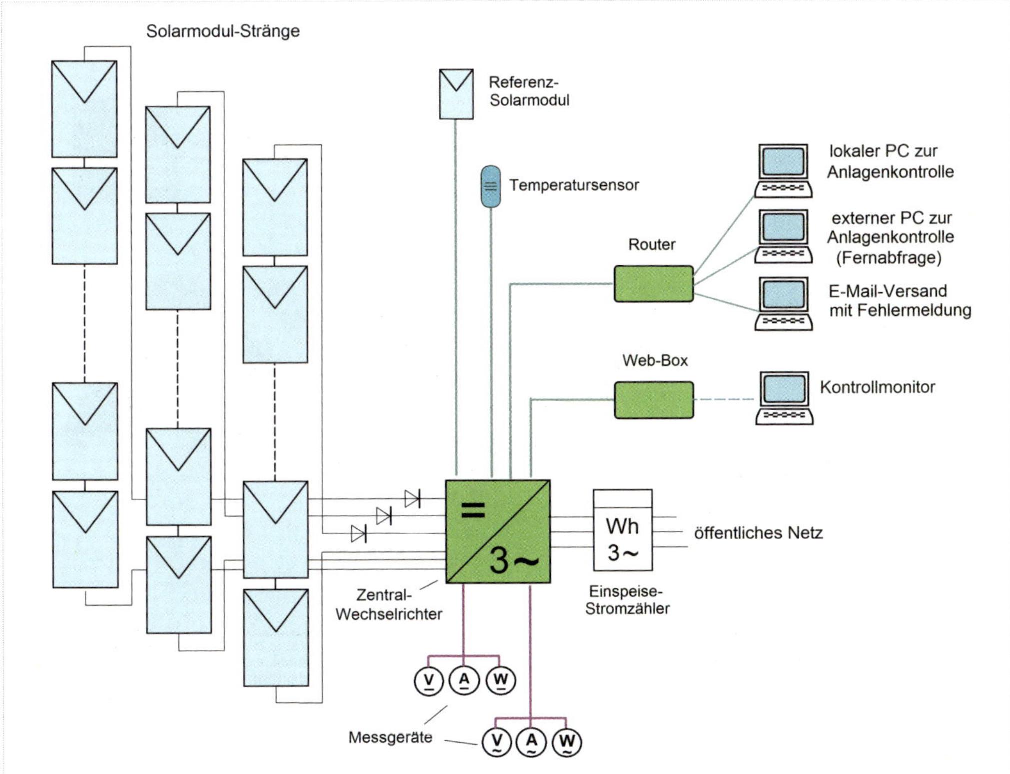

Abb. 3.1: Die Möglichkeiten der modernen Mess- und Kommunikationstechnik können bei größeren PV-Anlagen in einem beliebigen Umfang genutzt werden.

So bietet z. B. die Gesellschaft SMA Solar Technology AG das vielseitige Tischkontrollgerät *Sunny Beam* an, das eine komfortable Datenüberwachung über Funk ermöglicht *(Abb. 3.2)*. Auf dem übersichtlichen Display des Kontrollgeräts sind alle wesentlichen Daten auf einen Blick ablesbar: Tagesverlauf, aktuelle Leistung, Tages- und Gesamtenergieertrag. Über eine leicht bedienbare Menüführung lassen sich zudem auf dem Display die Leistungen der einzelnen Wechselrichter, die Monatsübersicht, der Energieertrag in Euro oder die eingesparten CO_2-Emissionen abrufen. Via Bluetooth kommuniziert der Sunny Beam mit bis zu 12 Wechselrichtern gleichzeitig und kann deren Daten für mindestens 100 Tage archivieren. Auf Wunsch sendet das Gerät im Fall verdächtiger Ertragsschwankungen akustische Warnsignale. Anlagenbetreiber benötigen mit dem Sunny-Beam-Bluetooth keine zusätzliche Software zur Übertragung der Daten auf einen PC. Die Energieversorgung des Geräts erfolgt über eine in das Gehäuse integrierte Solarzelle.

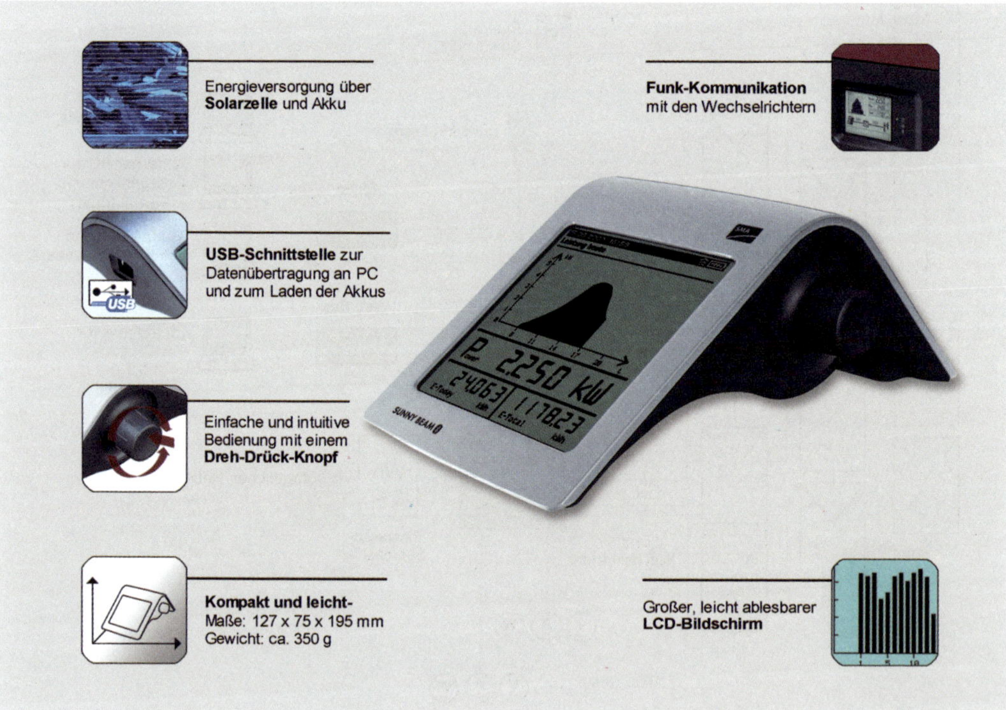

Abb. 3.2: Eine vielseitige kabellose Überwachung einer privaten PV-Anlage ermöglicht das Sunny-Beam-Tischgerät von SMA.

Ein anderes interessantes Gerät, die Sunny-Sensorbox von SMA *(Abb. 3.3)*, ermöglicht eine andere Art der Anlagenüberwachung: die Erfassung von Einstrahlung, Modultemperatur, Umgebungstemperatur und Windgeschwindigkeit in Zusammenarbeit mit der Sunny-WebBox (mit der sie über eine RS485-Schnittstelle verbunden wird). So kann auch die Generatorseite messtechnisch kontrolliert werden. Die *WebBox* wird als externes Messgerät im Außenbereich am Solargenerator installiert und ermöglicht den Vergleich der aktuellen Einstrahlung mit der Modultemperatur, um eine laufende Kontrolle der bisherigen Sollleistung mit der Istleistung zu ermöglichen. Signifikante Leistungsabweichungen nach unten enthüllen Fehlfunktionen in der PV-Anlage. Auf diese Weise wird der Anlagenbetreiber auch auf Leistungsrückgänge aufmerksam gemacht, die z. B. durch Beschattung, Verschmutzung sowie auch durch schleichende Degradation der Solarmodule verursacht werden.

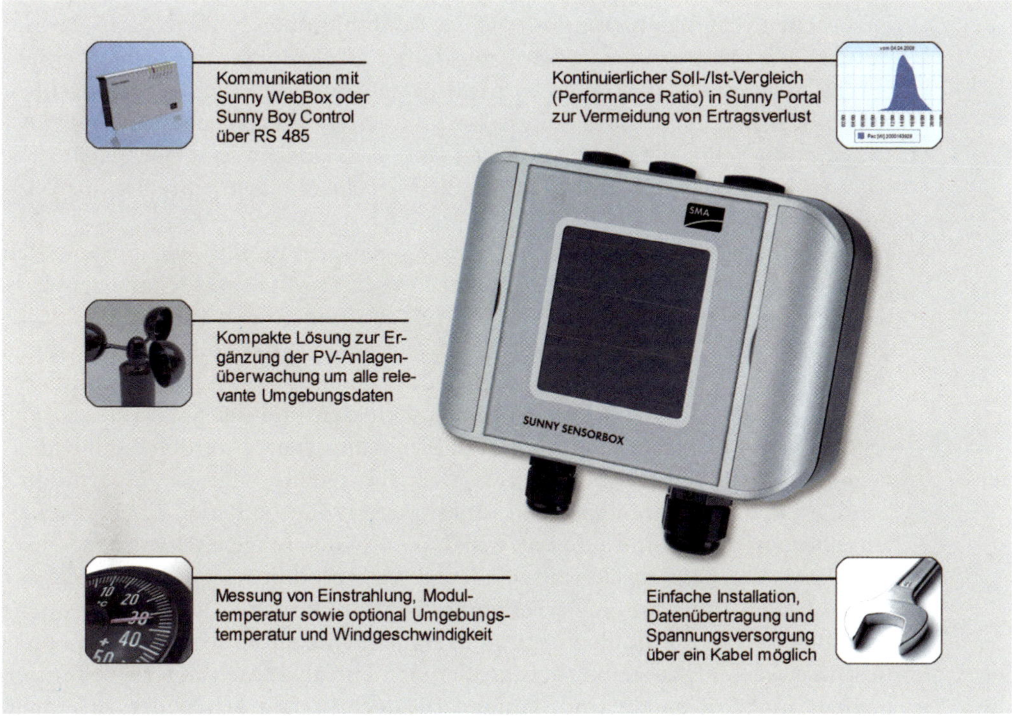

Abb. 3.3: Die Möglichkeiten der modernen Mess- und Kommunikationstechnik können bei größeren PV-Anlagen in einem beliebigen Umfang genutzt werden.

Eine gute Funktionsüberwachung sollte nicht nur die globale Kontrolle des energetischen Ertrags, sondern möglichst selektiv auch eventuelle Fehlfunktionen einzelner Solarmodulstränge unter laufender Kontrolle halten. Die letztere Vorbedingung wird jedoch bei vielen Systemen der Funktionsüberwachung nur dürftig erfüllt und auch viele der an sich optisch eindrucksvollen Möglichkeiten der Datentechnik bestehen unter Umständen aus zusätzlichen „Schnickschnacks", von denen meist nur einige wirklich gebraucht werden. Die restlichen können oft nur zur Folge haben, dass die Bedienung der Anlagenüberwachung zu kompliziert und in Hinsicht auf eine schnelle Übersicht zu unflexibel wird. Daher sollten in Bezug auf den Umfang der Anlagenkontrolle bereits im Planungsstadium die fachlichen Anforderungen des Anlagenbetreibers an den Umfang der Daten und ihre bedienungsfreundliche Abrufbarkeit gut aufeinander abgestimmt werden.
Die meisten der aufwendigeren Funktionsüberwachungssysteme sind aus rein technischen Gründen nicht immer fähig, Fehlfunktionen in einzelnen Solarmodulsträngen praxisgerecht anzuzeigen, da bei größeren Zentralwechselrichtern jeweils mehrere Modulstränge an gemeinsame Anschlussklemmen angeschlossen sind. Manche der aufwendigen Wechselrichter verfügen über spezielle DC-Unterverteiler für die Strangeingänge und ermöglichen eine messtechnische Überwachung der Ströme, manchmal auch der Spannungen einzelner Solarmodulstränge.
Bei einigen dieser Systeme können jedoch nach dem in *Abb. 3.4a* dargestellten Prinzip jeweils nur die Enddaten messtechnisch ermittelt werden. Besteht z. B. das Solarmodulfeld einer größeren PV-Anlage aus mehreren Hundert Solarmodulen, fällt es bei der Messung nicht auf, wenn einige der Solarzellensektionen in einigen der Module oder sogar einige der „ganzen" Module defekt sind. Sie werden von ihren Bypass-Dioden kurzgeschlossen und der Solarmodulstrang arbeitet weiter, als wäre nichts passiert. Erfahrungsgemäß werden dann bedenkenlos Solarfelder betrieben und gepflegt, in denen einige der Solarmodule bereits seit vielen Jahren gar nicht funktionieren oder in denen einige der Zellensektionen defekt sind und von der Bypass-Diode umgeleitet wurden.
Nur wenn der Umfang der ausgefallenen Solarmodule so groß wird, dass es zumindest als Indiz für eine ernsthaftere Fehlfunktion auffällt, kann die Suche nach den defekten Modulen beginnen. Da jedoch auch viele der teuren Funktionsüberwachungssysteme bei größeren Zentralwechselrichtern technisch bedingt nicht imstande sind, laufend die technischen Daten der einzelnen, parallel angeschlossenen Solarmodulstränge zu kontrollieren, werden Defekte nicht messtechnisch lokalisiert. Das erschwert und verteuert die Anlagenwartung und bietet zudem zu viel Spielraum dafür, dass in so mancher Großanlage mehrere defekte Solarmodule ihr Dasein bis in ihr Rentenalter fristen können,

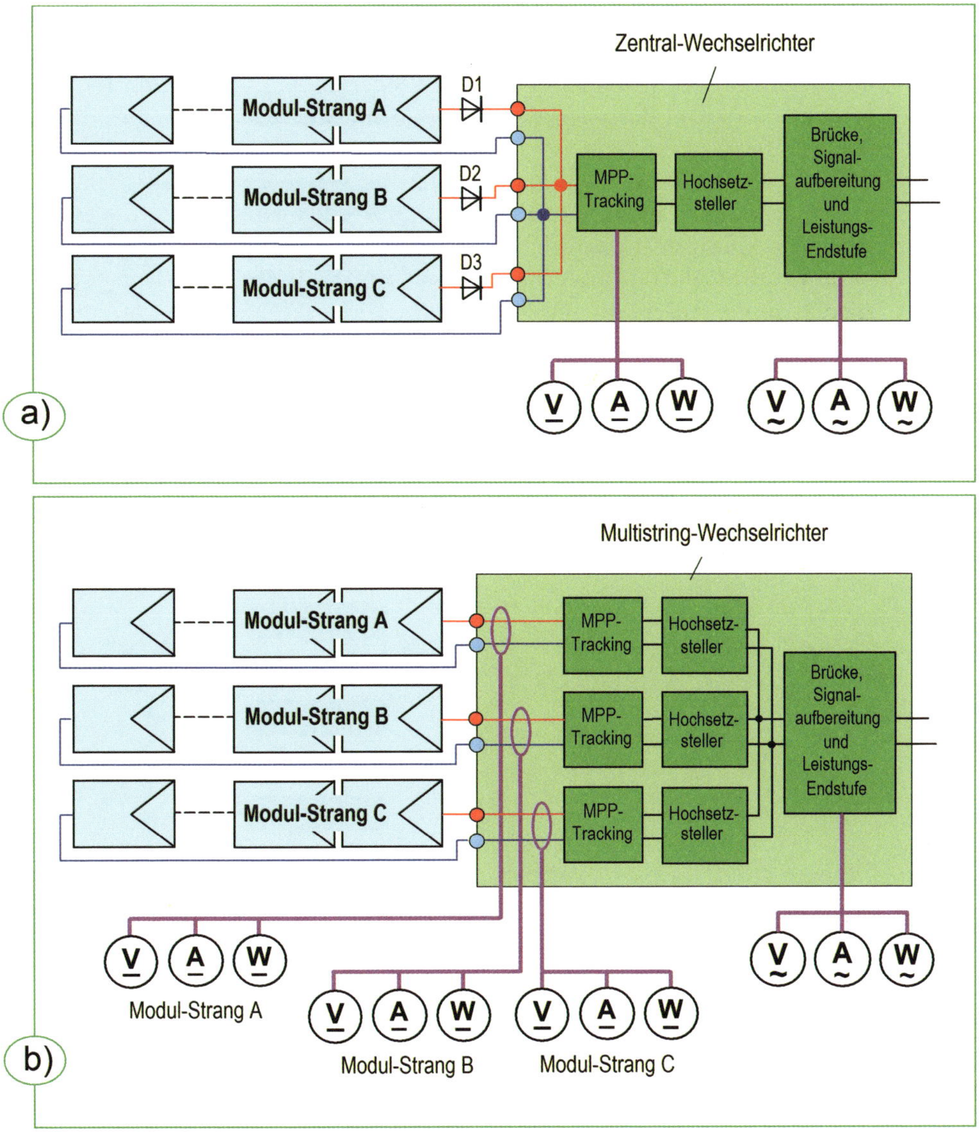

Abb. 3.4: a) Bei manchen einfacher konzipierten Zentralwechselrichtern können die elektrischen Werte einzelner Solarmodulstränge nicht separat messtechnisch erfasst und überwacht werden; b) ein Multistring-Wechselrichter mit separaten Strangeingängen ermöglicht u. a. eine laufende, unabhängige messtechnische Überwachung einzelner Solarmodulstränge und eine optimale Ausgewogenheit der Leistungsabnahme.

ohne entdeckt zu werden. Dem Anlagenbetreiber bieten solche Systeme nicht einmal die Möglichkeit, z. B. noch während der Garantiefrist defekte Solarmodule rechtzeitig zu reklamieren. Die Hersteller dieser Systeme profitieren dann oft einfach davon, dass sich der Betreiber mit der Feststellung „es dreht sich doch" zufriedengibt.

Abhilfe bieten in diesem Fall nur PV-Systeme, bei denen die elektrischen Werte der Solarmodulstränge einzeln kontrolliert werden. Dies kann erfolgen, indem jeder der Modulstränge nach dem Prinzip eines Multistring-Wechselrichters ein eigenes MPP-Tracking erhält. Dann kann nach Abb. 3.4b jeder der Solarmodulstränge laufend messtechnisch erfasst werden und eine gut konzipierte Funktionsüberwachung zeigt jeweils unmittelbar Fehlfunktionen an. Zudem ermöglicht diese Lösung eine optimale Nutzung des tatsächlichen energetischen Ertrags einzelner Solarmodulstränge.

Es versteht sich von selbst, dass beim heutigen Stand der Technik die Funktionsüberwachung und die Datenübertragung problemlos und kostengünstig auch via Funk, Internet oder Handy realisierbar sind.

4 Autarke PV-Anlagen (Inselanlagen)

Das Hausnetz einer autarken PV-Anlage (Inselanlage) wird bevorzugt als Gleichspannungsnetz ausgelegt, um Verluste zu vermeiden, die in einem Wechselrichter entstehen, der die photovoltaische Gleichspannung in Wechselspannung umwandelt. Gleichspannungsnetze kleinerer Objekte arbeiten bevorzugt mit einer 12-V- oder 24-V-Gleichspannung, denn für sie gibt es ein recht großes Angebot an elektrischen 12-V- oder 24-V-DC-Verbrauchern. Sie sind teilweise als reine „Solarverbraucher", teilweise als Kfz-Verbraucher erhältlich. Bei Bedarf kann die niedrige Netzgleichspannung mithilfe eines zusätzlichen Wechselrichters in eine netzidentische 230-V-Wechselspannung umgewandelt werden, um normale Netzverbraucher betreiben zu können.

Autarke PV-Anlagen werden zunehmend auch für die Stromversorgung von Objekten, Geräten oder Vorrichtungen verwendet, die nicht den Charakter eines Wohnobjekts haben, sondern anderen Zwecken dienen. Als Anlagen kann man dabei auch solche Konzepte bezeichnen, deren Art oder Größe es rechtfertigt. Darunter fallen z. B. leistungsstarke PV-Anlagen für den Betrieb mehrerer elektrischer Verbraucher in der Landwirtschaft, im Gartenbau, in öffentlichen Freizeitanlagen, im Straßenverkehr usw.

Bei den meisten autarken PV-Anlagen wird der Solarstrom nur als Ladestrom einer Anlagebatterie genutzt, in der auf diese Weise die solarelektrische Energie abrufbereit gespeichert werden kann. Wenn es jedoch die wetterabhängige Funktionsweise einer solchen Anlage erlaubt oder sogar befürwortet, können die Verbraucher auch direkt von den Solarmodulen aus *nach Abb. 4.1b* betrieben werden.

Kleinere PV-Anlagen kommen oft mit einem oder zwei Solarmodulen aus *(Abb. 4.1 bis 4.3)*, die meist als reine Ladestromquellen für den Anlagenakku oder für eine aus mehreren Akkus bestehende Anlagenbatterie fungieren. Die elektrischen Parameter des verwendeten „PV-Generators" sind dabei auf den Nachladebedarf des Anlagenakkus abzustimmen: Die in *Abb. 4.3* aufgeführten Beispiele erläutern das Prinzip der eigentlichen Berechnung des Nachladebedarfs, stellen jedoch keine universale Referenz für eine projektgerechte Dimensionierung dar.

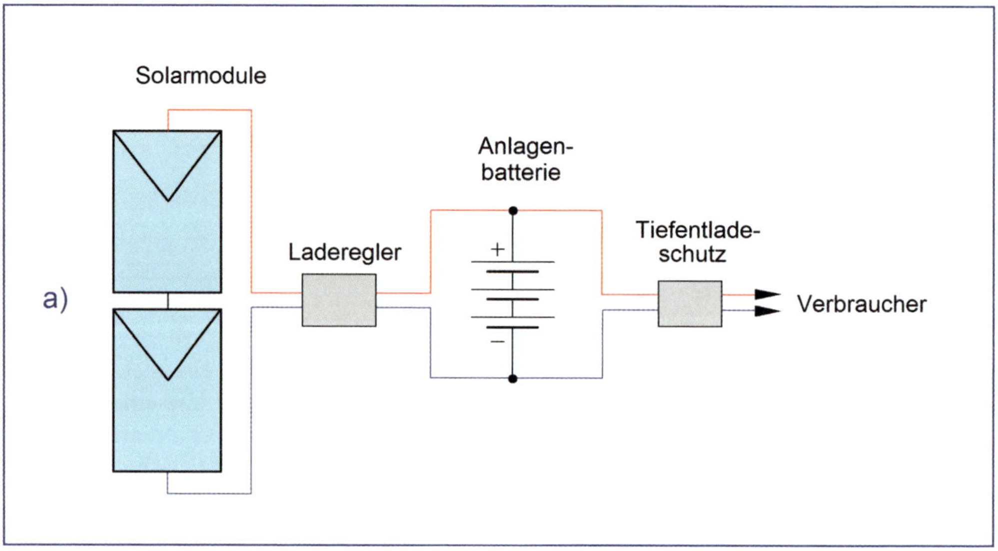

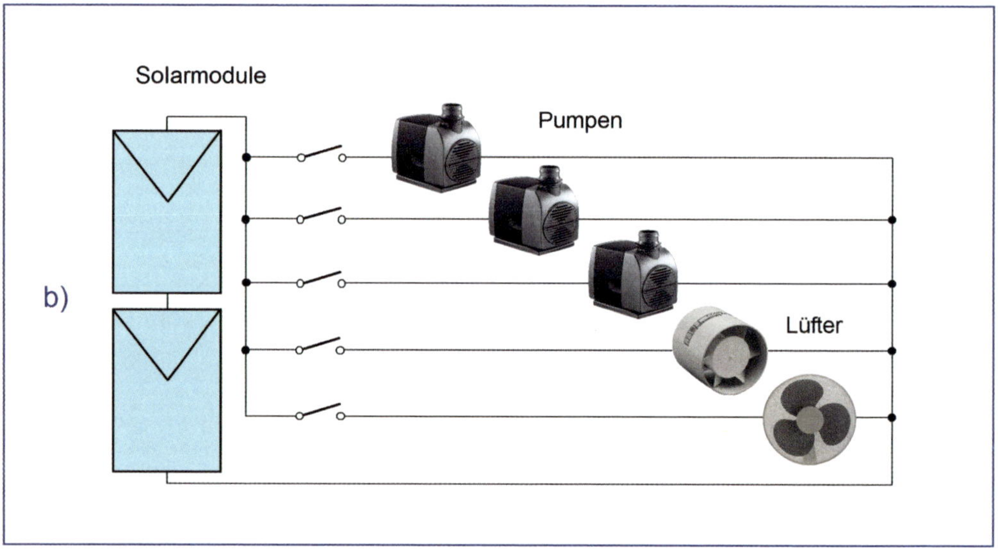

Abb. 4.1: Eine autarke PV-Anlage kann wahlweise mit oder auch ohne Energiezwischenspeicher ausgelegt werden: a) Grundkonzept einer autarken PV-Anlage mit einer Batterie als Energiespeicher; b) Pumpen und Lüfter können bei Bedarf ohne Energiezwischenspeicher direkt von Solarmodulen betrieben werden.

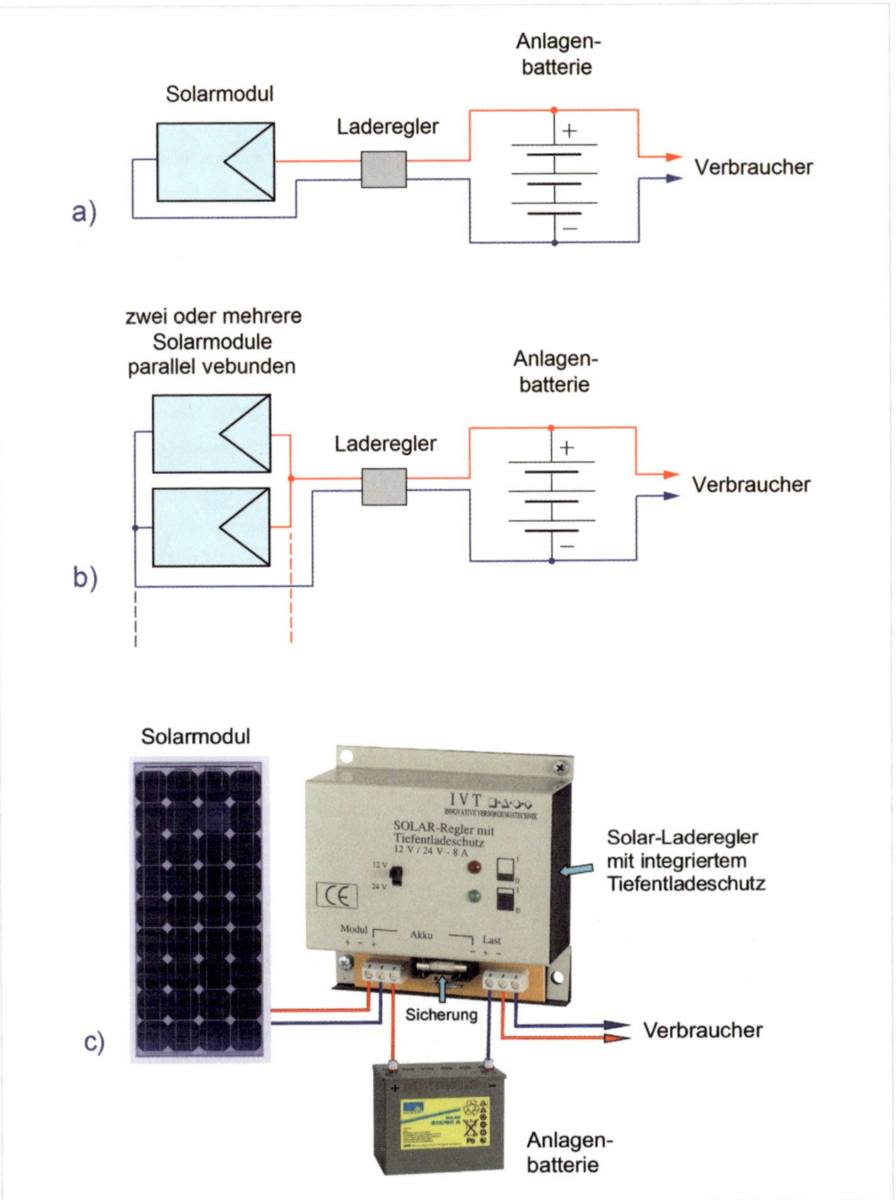

Abb. 4.2: Die meisten handelsüblichen Solarladeregler verfügen über einen integrierten Tiefentladeschutz (Anschlussbeispiele).

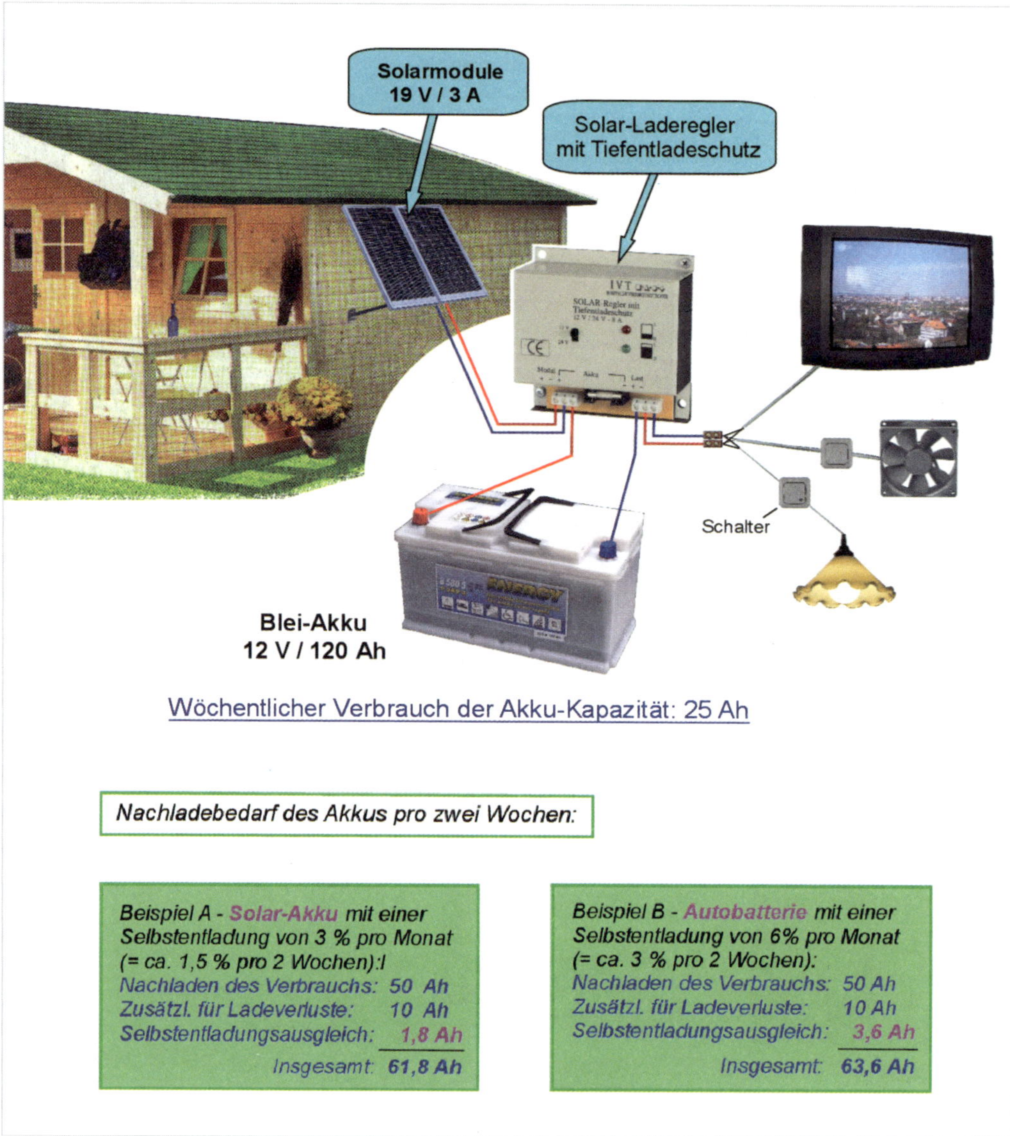

Abb. 4.3: Kleinere PV-Anlagen kommen oft mit einem oder zwei Solarmodulen aus.

Der tatsächliche Energieverbrauch, der in diesem Beispiel als „wöchentlicher Verbrauch der Akkukapazität“ bezeichnet ist, hängt verständlicherweise von der Nutzungsart und der Nutzungshäufigkeit ab. Zu den wichtigsten Planungsfaktoren gehören hier die Wetterbedingungen, die in der Aufstellung einer zuverlässigen Planung eigentlich als konkrete Daten aufgeführt werden müssten. Schön wäre es – aber möglich ist es nicht. Daher können bei der Anlagenplanung die Wetterbedingungen jeweils nur als Schätzwert einbezogen werden, wobei man lieber etwas pessimistischer als zu optimistisch vorgehen sollte.

In *Abb. 4.3* wurde als Beispiel eine kleine PV-Anlage für ein Schrebergartenhäuschen gewählt. Der Energieverbrauch ist bei einer solchen Anlage nicht fest vorgegeben und kann sich notfalls an die Gegebenheiten anpassen, wenn das Wetter nicht mitspielt. Ist dagegen eine vergleichbar kleine PV-Anlage für ein Objekt vorgesehen, das eine kontinuierliche Stromversorgung erfordert, muss die Planung auch eventuelle länger andauernde Schlechtwetterperioden berücksichtigen. Am schwierigsten ist es mit einer rein solarelektrischen Stromversorgung bei Anlagen, die auch im Winter voll funktionsfähig bleiben müssen. Als ein konkretes Beispiel dient hier eine Solaranlage für die Beleuchtung einer Landstraßen-Bushaltestelle, die in einer ländlichen Gegend weit vom Ortsrand eines Dorfes steht und an der man im Winter die Fahrgäste nicht im Dunkeln warten lassen möchte. Ein solarelektrisch beleuchteter Fahrplan sollte dabei eingeplant werden (siehe hierzu auch Abb. 5.15).

Sofern bei größeren PV-Anlagen die Spannung des Solarmoduls groß genug ist, aber die Leistung nicht ausreicht, werden zwei oder mehrere Solarmodule parallel angeschlossen *(Abb. 4.4)*. Es sollten dabei bevorzugt Solarmodule derselben Marke, der gleichen Bauart und mit identischen elektrischen Parametern verwendet werden. Dennoch sollten die einzelnen parallel verschalteten Solarmodule grundsätzlich nur über vorselektierte zusätzliche Sperrdioden (Schottky-Dioden) miteinander verbunden werden. Der Spannungsverlust an einer für diesen Zweck geeigneten Schottky-Diode liegt zwischen ca. 0,27 V und 0,3 V. Vorsicht: Es sind auch Schottky-Dioden im Handel, an denen der Spannungsverlust marken- und typenabhängig mehr als doppelt so hoch ist.

Der Spannungs- und somit auch der damit verbundene Leistungsverlust in den Schottky-Dioden ist zwar eine gewisse Schwachstelle dieser Lösung, aber eine bessere gibt es praktisch nicht. Zwei oder auch mehrere Solarmodule dürfen zwar auch ohne Sperrdioden parallel miteinander verbunden werden, wenn ihre Nenn- und Leerlaufspannungen zumindest annähernd gleich sind, aber diese Lösung hat unnötig hohe Leistungsverluste zur Folge. Sogar bei Solarmodulen der Toleranzklasse von ±1 % können die Spannungsunterschiede bei zwei Solarmodulen von je 18 Volt Nennspannung bis zu 0,36 V betragen und somit unter Umständen höher sein, als in einer Schottky-Diode verloren geht.

Die Verwendung der in *Abb. 4.4* eingezeichneten Sperrdioden verbessert zwar die elektrische Ausgewogenheit der parallel arbeitenden Solarmodule, verhindert aber nicht Leistungsverluste, die durch Abweichungen der elektrischen Parameter einzelner Module physikalisch bedingt entstehen. Aus diesem Grund sollten für den Parallelbetrieb bevorzugt Solarmodule mit möglichst niedrigen Toleranzabweichungen verwendet werden. In der Praxis wird dabei allerdings die Schnittstelle zwischen dem Aufpreis der „besseren" Solarmodule und dem voraussichtlichen Umfang der energetischen Verluste berücksichtigt, die durch eine größere Streuung der Modulparameter entstehen – oder entstehen könnten.

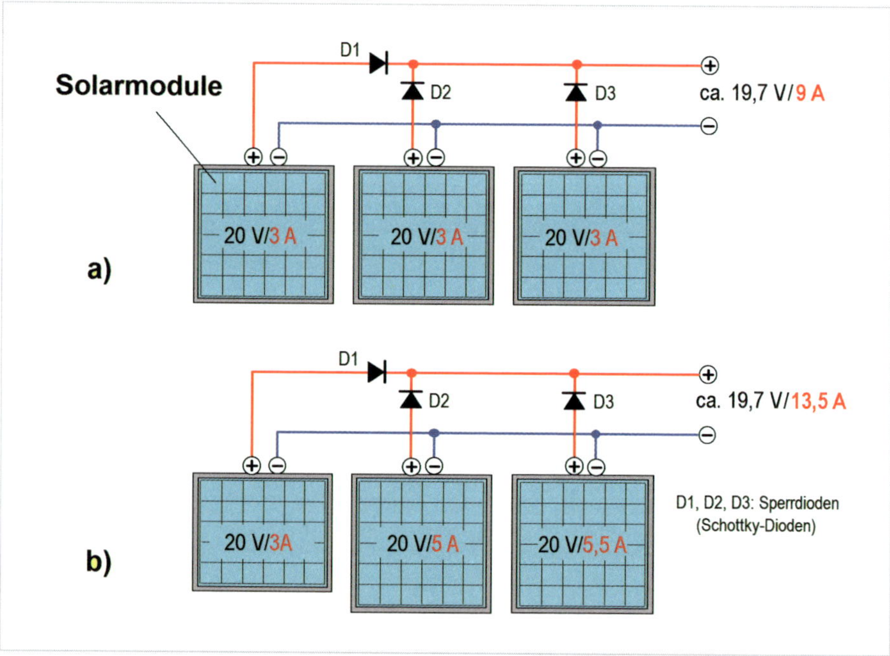

Abb. 4.4: Reicht die Solarnennspannung des Solarmoduls aus, aber sein Strom – und somit seine Nennleistung – nicht, schafft ein Parallelanschluss weiterer Solarmodule Abhilfe: a) Parallelbetrieb von Solarmodulen gleicher Bauart, Marke, Nennspannung und Nennleistung; b) Solarmodule unterschiedlicher Größe und Bauart dürfen nur dann parallel verschaltet werden, wenn zumindest ihre Nennspannungen identisch sind.

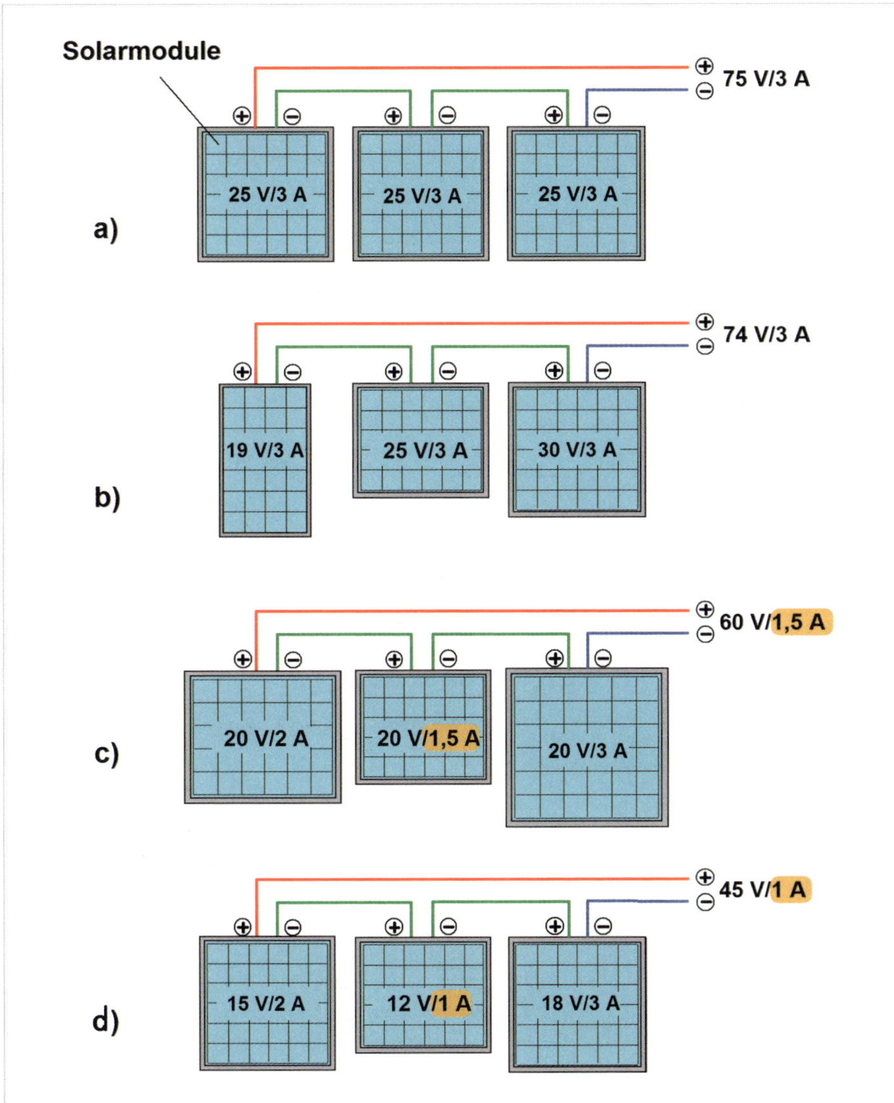

Abb. 4.5: Bei einer Reihenschaltung mehrerer Solarmodule addieren sich die Spannungen einzelner Module, aber den Ausgangsstrom des Strangs bestimmt das Modul mit dem niedrigsten Strom.

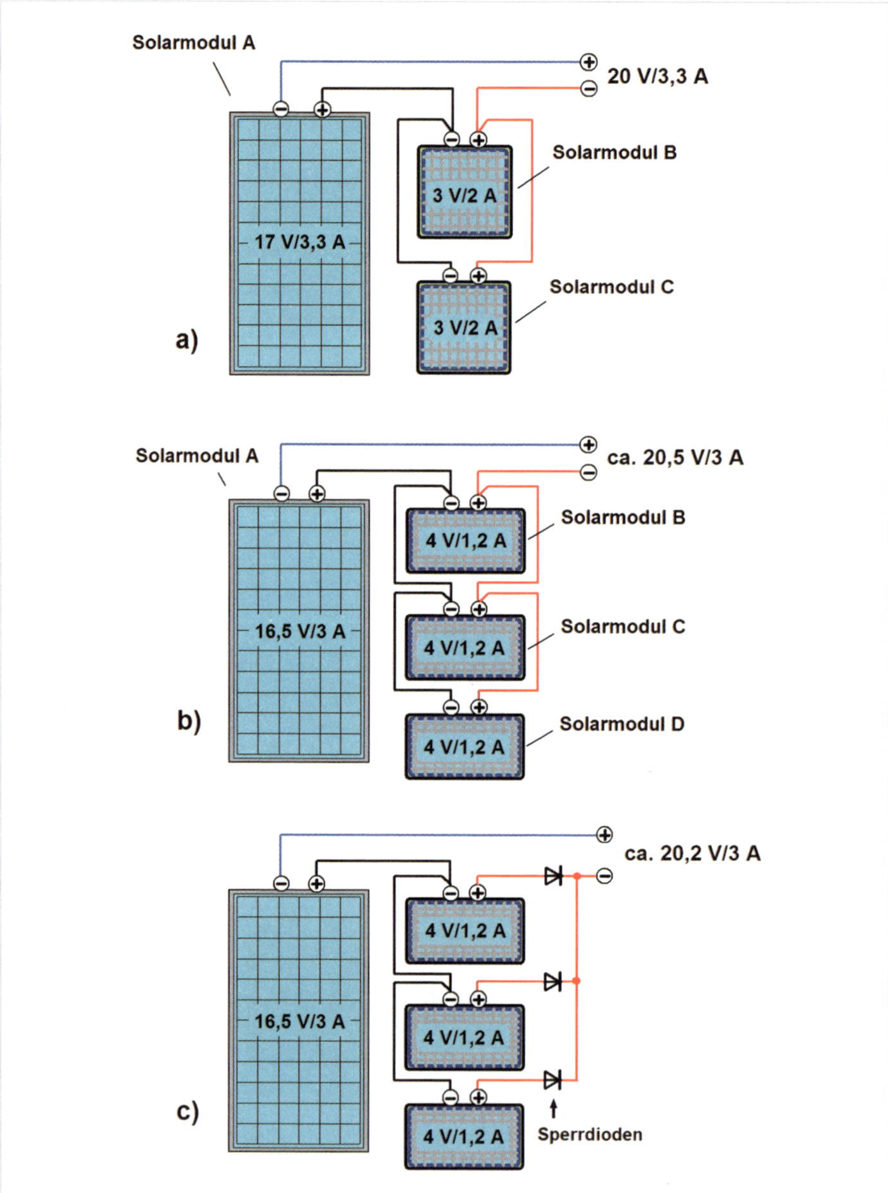

Abb. 4.6: Mittels kleiner zusätzlicher Solarmodule kann eine zu niedrige Ausgangsspannung eines Solarmoduls erhöht werden.

Stellt sich heraus, dass z. B. die Spannung (Ladespannung) eines Solarmoduls für das Laden der Anlagenbatterie während der Wintermonate zu niedrig ist, kann ein zusätzliches Zweitmodul *(Abb. 4.6 a)* oder ein zusätzliches Modulduo *(Abb. 4.6 b)* Abhilfe verschaffen. Ein guter Solarladeregler regelt bei sonnigem Wetter auch eine relativ hohe Solarspannung auf die erforderliche Höhe der *Ladespannung* automatisch herab, wodurch eine Überdimensionierung der Spannung des PV-Generators keinen Schaden an der Anlagenbatterie anrichten kann. Aufwärts regeln kann jedoch ein normaler Solarladeregler eine zu niedrige Solarspannung nicht. Falls dann die Solarspannung bei trüberem Wetter nicht höher als die jeweilige Spannung der Anlagenbatterie ist, kann kein Ladestrom in die Batterie fließen. Die tatsächliche Höhe des Ladestroms hängt dabei nicht vom theoretischen Nennstrom des Solarmoduls, sondern von der Spannungsdifferenz zwischen der jeweiligen Ladespannung und der jeweiligen Batteriespannung sowie dem Innenwiderstand der geladenen Batterie ab. Die Grundformel hierzu lautet:

(US – UB) : RB = IL

U_S = jeweilige Solarspannung [V]

U_B= jeweilige Batteriespannung [V]

R_B= Innenwiderstand der Batterie [Ω]

I_L = von der Batterie bezogener Ladestrom [A]

In Reihe können im Prinzip Solarmodule beliebiger Bauart und mit beliebigen elektrischen Parametern geschaltet werden. Die Spannungen der einzelnen Solarmodule addieren sich dann nach den Beispielen aus *Abb. 4.5* in voller Höhe, aber den maximalen Strom eines solchen Modulstrangs bestimmt – nach dem Prinzip des schwächsten Glieds einer Kette – jeweils das Modul mit dem niedrigsten Strom *(Abb. 4.5 c/d)*. Die Ausgangsleistung des Modulstrangs ergibt sich dann nach der Formel:

P = U × I (Solarleistung [W] = Solarspannung [V] × Solarstrom [A])

Den tatsächlichen Solarstrom (als Ausgangsstrom des Modulstrangs) bestimmt dabei das Solarmodul mit dem niedrigsten Strom. Dies beinhaltet, dass die zur Verfügung stehenden Leistungen der Module mit höherem Strom nicht voll genutzt werden können. Aus diesem Grund eignen sich Lösungen nach den Beispielen aus *Abb. 4.5 c/d* nur für provisorische Experimente. Eine vertretbare Ausnahme dürfte infrage kommen, wenn z. B. die Spannung eines bestehenden Solarmoduls nachträglich etwas erhöht werden soll und ein exakt passendes zusätzliches Kleinmodul nicht auffindbar ist. In diesem Fall ist dann eine Lösung nach den Beispielen aus *Abb. 4.6* akzeptabel oder vorteilhafter, als wenn die zusätzlichen Solarmodule zu kritisch dimensioniert werden und den Strom des Hauptmoduls eventuell „abwürgen“.

Bei Verschaltungen dieser Art bleibt es eine Ermessensfrage, ob man die zusätzlichen Solarmodule nach *Abb. 4.6 a/b* einfach nur ohne Sperrdioden miteinander verbindet oder ob man sie ausgangsseitig mit Sperrdioden (Schottky-Dioden) versieht. Prinzipiell könnte auf die Sperrdioden verzichtet werden, wenn die elektrischen Parameter der zusätzlichen Solarmodule ausreichend identisch sind – was z. B. bei Modulen der Toleranzklasse von ±1 % oder ±2 % gegeben ist. Ansonsten ist die Anwendung zusätzlicher Sperrdioden nach dem Beispiel aus *Abb. 4.6 c* vorteilhaft, denn die Leistung der zusätzlichen Module wird dadurch ausgewogener bezogen. Der Spannungsverlust von 0,3 V, der bei dieser Lösung in den Schottky-Dioden verloren geht, ist zwar rein rechnerisch berechtigt, aber ein vergleichbar hoher Spannungsverlust kann auch bei den Lösungen nach *Abb. 4.6 a* und *4.6 b* leicht entstehen. Er ist jedoch als solcher nicht universell definierbar, denn er hängt von den jeweiligen Spannungsabweichungen in den verwendeten Solarmodulen ab.

Bei Bedarf können durch Umschalten der Modulanordnung die Spannung und die Leistung des PV-Generators nach dem Beispiel aus *Abb. 4.5* geändert werden. Eine Lösung dieser Art kann sich als praktisch erweisen, wenn der PV-Generator z. B. wahlweise als Energiequelle für zwei unterschiedliche Motorantriebe oder zum Laden einer Batterie verwendet wird. Bei Bedarf können mithilfe mehrerer Umschaltstufen und passend gewählter Solarmodule die Solarspannungen und Solarleistungen wahlweise – oder auch vorprogrammiert und automatisch – geändert werden.

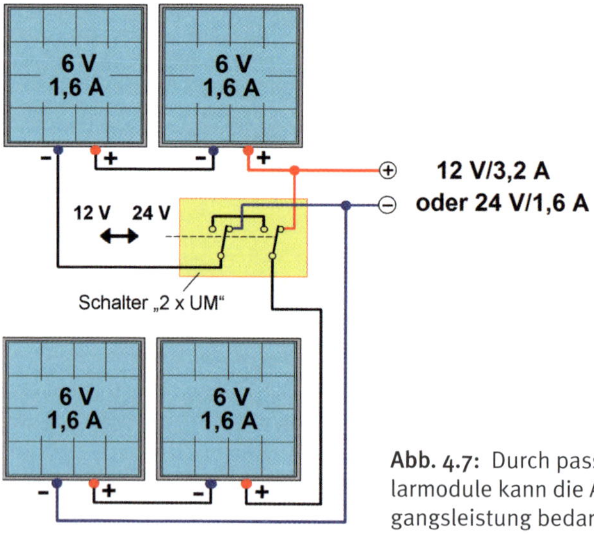

Abb. 4.7: Durch passendes Umschalten der Solarmodule kann die Ausgangsspannung und Ausgangsleistung bedarfsbezogen geändert werden.

Die handelsüblichen Solarladeregler sind üblicherweise nur für das Laden von 12-V- oder 24-V-Blei-Akkus ausgelegt. Batterien mit höheren Spannungen können am einfachsten nach dem Beispiel in *Abb. 4.8* sektionsweise mit diesen kostengünstigen Ladereglern geladen werden, sofern der Ladestrom dieser einfachen Laderegler zweckerfüllend hoch ist.

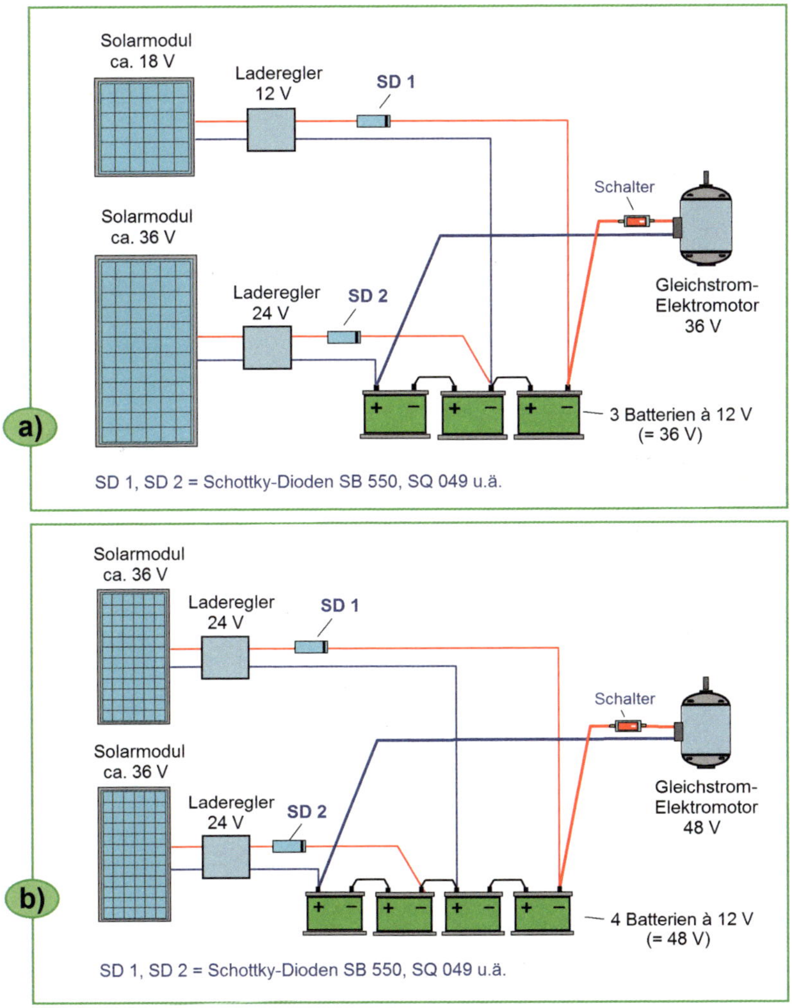

Abb. 4.8: Bei Bedarf können auch Batterien mit höheren Spannungen mittels kleiner handelsüblicher Solarladeregler geladen werden, die üblicherweise nur für das Laden von 12-V- oder 24-V-Bleiakkus ausgelegt sind.

Größere PV-Inselanlagen arbeiten meist als batteriegekoppelte Systeme, aber das eigentliche Hausnetz ist oft für eine „landesübliche“ Wechselspannung (z. B. 110 V~ oder 230 V~) ausgelegt. Solche Anlagen dienen einer unabhängigen Energieversorgung an abgelegenen Standorten, an denen ein Netzanschluss zu kostspielig oder aus anderen Gründen nicht zu verwirklichen ist. Für solche Zwecke bietet die Gesellschaft *Kaco Gerätetechnik* spezielle Inselwechselrichter mit integriertem Laderegler *(Abb. 4.9)* an. Die Anlagenbatterie kann bei Bedarf alternativ von einem Dieselgenerator geladen werden.

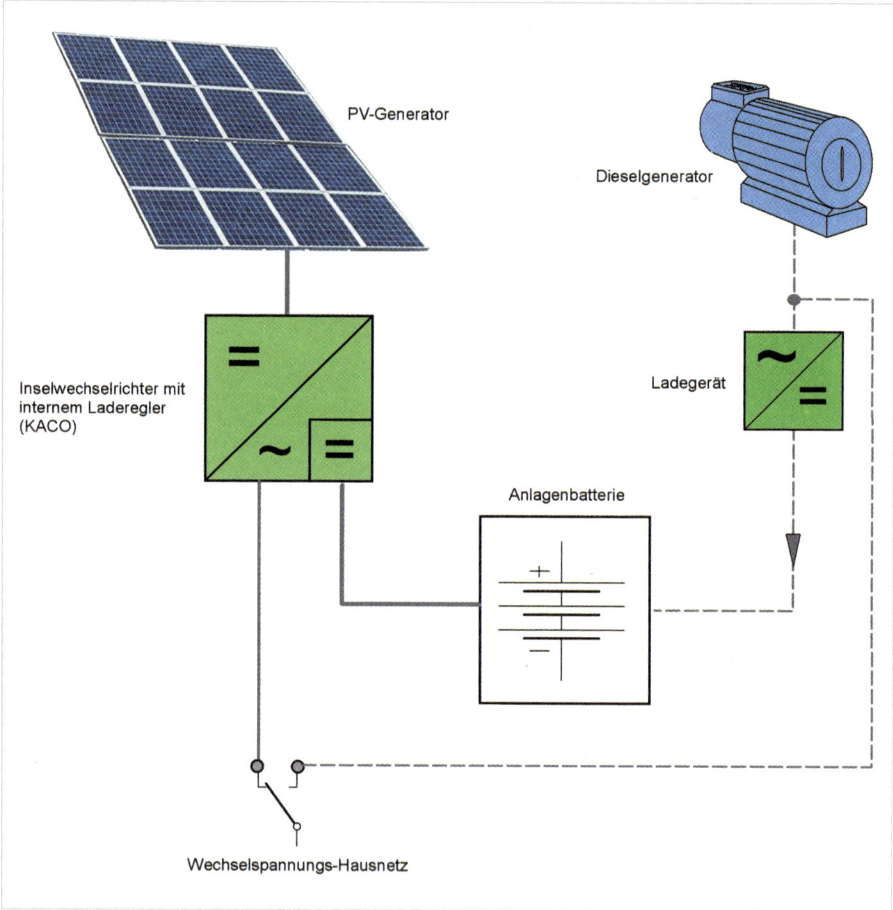

Abb. 4.9: Größere PV-Inselanlagen arbeiten meist als batteriegekoppelte Systeme, aber das eigentliche Hausnetz ist oft für eine Wechselspannung ausgelegt.

5 PV-Kleinanlagen

Photovoltaik-Kleinanlagen haben auf sehr vielen Gebieten möglicherweise größere Zukunftschancen als die momentan propagierten netzgekoppelten Dachanlagen, denn sie sind oft die tatsächlich wirtschaftlichste und preiswerteste Möglichkeit der Stromversorgung. Dies trifft vor allem für Standorte zu, in deren Nähe es keinen Netzanschluss gibt oder bei denen die Errichtung eines Netzanschlusses zu kompliziert oder zu kostspielig wäre.

Die größte Schwachstelle sind bei einer solarelektrischen Stromversorgung die sonnenarmen Wintermonate. Das betrifft vor allem die Monate Dezember und Januar, denn abgesehen davon, dass ihre Tage ohnehin sehr kurz sind, gibt es in diesen Monaten oft nur wenige sonnige Abschnitte, während denen die Anlagenbatterie kräftig nachgeladen werden könnte. Diese „Durststrecken" können bei einer rein solarelektrischen Stromversorgung nur überbrückt werden, indem die Kapazität der Anlagenbatterie entsprechend großzügig dimensioniert wird und zudem das Solarmodul – oder der aus mehreren Solarmodulen bestehende PV-Generator – für eine ebenfalls hohe Spannung und Leistung ausgelegt wird.

Die Kapazität einer angemessen großzügig dimensionierten Anlagenbatterie sollte für eine Stromversorgung ausgelegt sein, die ohne Nachladen etwa für eine 2 bis 3 Wochen lange sonnenarme Periode ausreicht. Zwei Wochen sind statistisch eine Zeitspanne, die sich in den meisten Jahren als ausreichend erwiesen hat. Es gibt aber auch Jahre, in denen sich das trübe Wetter länger als 14 Tage ununterbrochen hält und in denen eine Batteriekapazität wünschenswert wäre, die den Strombedarf ca. 3 Wochen lang decken kann.

Hier bleibt es daher eine Ermessensfrage, welche Überbrückungszeitspanne als Planungsgrundlage herangezogen wird. Kommt es z. B. bei einer PV-Anlage für den Garagentorantrieb einer privaten Garage einmal in fünf Jahren vor, dass die kleine Anlagenbatterie zu Hause nachgeladen werden muss, kann diese Improvisation unter Umständen in Kauf genommen werden. Das rechtfertigt dann eine Dimensionierung der Batteriekapazität für nur zwei Wochen. Handelt es sich dagegen um ein Projekt, bei dem ein sporadisches Nachladen der Batterie nicht in Kauf genommen werden kann, sollte bei einer rein solarelektrischen Stromversorgung die Kapazität der Anlagenbatterie bevorzugt für die angesprochenen 3 Wochen ausgelegt sein.

Bei etlichen PV-Kleinanlagen wird die Stromversorgung während der sonnenarmen Jahreszeit noch mit weiteren zusätzlichen elektrischen Generatoren kombiniert. Meist sind es kleine Windgeneratoren, die als Ladestromquellen die PV-Anlage unterstützen oder Benzin- oder Dieselaggregate, die nur als Lückenbüßer dienen.

5.1 PV-Anlagen für Garagentorantriebe und anderweitige Stromversorgung in und um die Garage

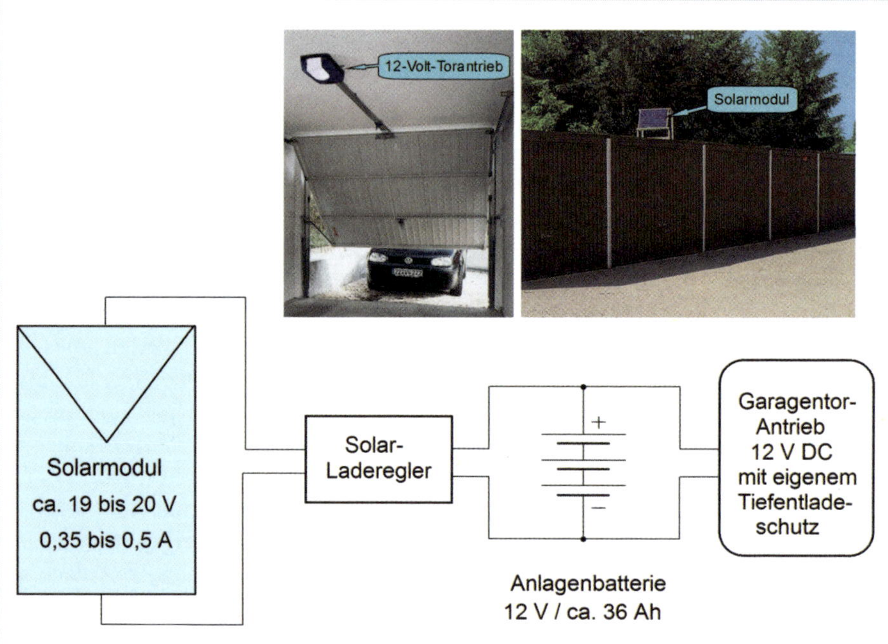

Abb. 5.1: PV-Anlage für den elektrischen Torantrieb einer Garage

Hinweise zu *Abb. 5.1/5.2*: Die meisten der kleineren handelsüblichen Solarmodule, die für den vorgesehenen Zweck einen ausreichend hohen Ladestrom liefern können, sind für Nennspannungen ausgelegt, die nur zwischen ca. 16,9 und 18 V liegen. Diese Spannungen dürfen zwar bei sonnigem Wetter und wolkenlosem Himmel als ausreichend hohe Ladespannungen betrachtet werden, sie reichen aber nicht aus, wenn die Sonne nicht intensiv genug scheint oder solange am Morgen oder am späten Nachmittag das Solarmodul nicht gut gegen sie ausgerichtet ist. Dieses Problem manifestiert sich am stärksten meist in den Wintermonaten Dezember und Januar: Das Solarmodul kann dann oft keine brauchbar hohe Ladespannung liefern.

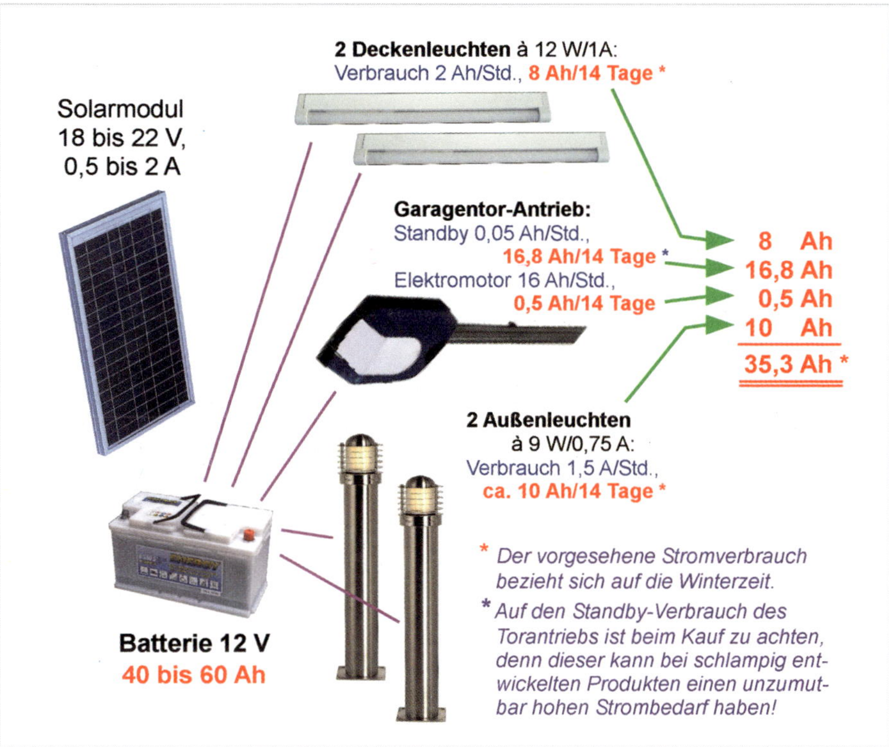

Abb. 5.2: Planungsbeispiel einer solarelektrisch versorgten kleinen Garage, bildlich dargestellt

Die tatsächliche Ausgangsspannung des Solarmoduls kann zwar – je nach Belastung – bis in die Nähe seiner Leerlaufspannung ansteigen, aber eine geringe Belastung stellt beim Laden nur eine Batterie dar, die einen sehr geringen Ladestrom bezieht. Dies setzt in der Praxis voraus, dass die Batterie entweder bereits annähernd voll nachgeladen ist oder ihre jeweilige Spannung nur um wenige Volt niedriger liegt als die Spannung, die das geringfügig belastete Solarmodul liefert. In beiden Fällen liegt unter solchen Umständen der eigentliche Ladestrom unterhalb des offiziellen Modulnennstroms. Durch eine Erhöhung der Modulnennspannung auf zumindest 19 bis 20 V wird erzielt, dass auch unter ungünstigeren Wetterbedingungen die Ladespannung und somit auch der Ladestrom höher sind und die Anlagenbatterie effizienter nachladen können. Dies ist vor allem bei PV-Anlagen erforderlich, die auch während der Wintermonate ihre Aufgabe erfüllen sollen. Mithilfe eines zusätzlichen Zweitmoduls oder mit zwei oder drei parallel verschalteten Kleinmodulen, die z. B. für eine Nennspannung von ca. 3 bis 5 V ausgelegt sind, kann die Solarspannung entsprechend erhöht werden.

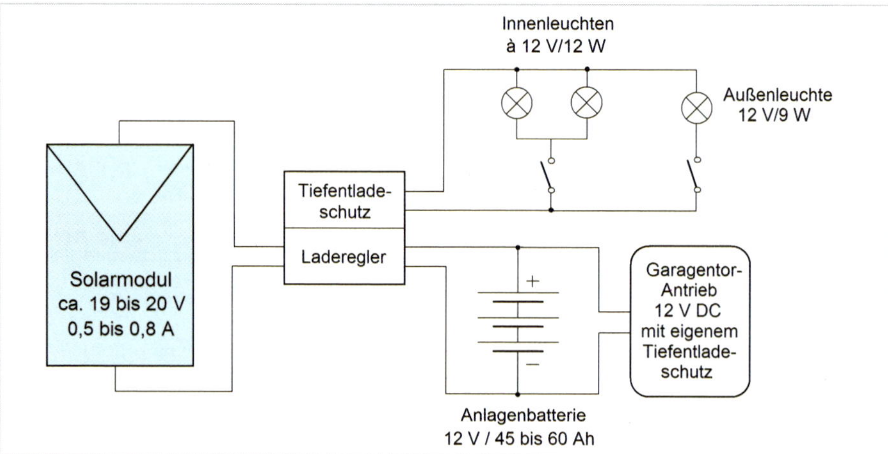

Abb. 5.3: PV-Anlage für den Torantrieb und die Beleuchtung einer Garage

Hinweise zu *Abb. 5.3:* Die Dimensionierung des Solarmoduls und die Wahl der Batteriekapazität richten sich nach dem vorgesehenen Energieverbrauch der angeschlossenen Verbraucher. In die Planungsüberlegungen sind der Verbrauch und die jeweilig vorgesehene Betriebsdauer einzelner Verbraucher nach dem folgenden Beispiel aufzunehmen:

Torantrieb

a) Elektromotor: 150 W/12,5 A
   Einschaltdauer pro Tag ca. 0,015 Std.,
   Einschaltdauer pro 3 Wochen: ca. 0,32 Std.
   Verbrauch der Batteriekapazität: ca. **4 Ah** (12,5 A × 0,32 Std. = **4 Ah**)

b) Stand-by der Torantriebselektronik: 0,05 W/0,0042 A (bei guten Geräten)
   Einschaltdauer pro Tag: 24 Std.

Einschaltdauer pro 3 Wochen: 504 Std.
Verbrauch der Batteriekapazität: ca. **2,2 Ah** (0,0042 A × 504 Std. = **2,1168 Ah**)
alternativ:
Stand-by der Torantriebselektronik: 0,8 W/0,067 A (bei schlecht entwickelten Geräten)
Einschaltdauer pro Tag: 24 Std.,
Einschaltdauer pro 3 Wochen: 504 Std.
Verbrauch der Batteriekapazität: ca. **34 Ah** (0,067 A × 504 Std. = **33,768 Ah**)

c) Leuchte im Torantrieb: 7 W/0,59 A
Einschaltdauer pro Tag ca. 0,2 Std. (abhängig von der individuell eingestellten Leuchtdauer nach der Betätigung des Antriebs)
Einschaltdauer pro 3 Wochen: ca. 4,2 Std.
Verbrauch der Batteriekapazität: ca. **2,5 Ah** (0,59 A × 4,2 Std. = **2,478 Ah**)

d) Garagen-Innenbeleuchtung (2 Leuchten): 2 x 12 W/2 A
Geschätzte Einschaltdauer pro 3 Wochen: ca. 4 bis 5 Std.
Verbrauch der Batteriekapazität: **8 bis 10 Ah** (2 A × 4 Std. = 8 Ah; 2 A × 5 Std. = 10 Ah)

e) Garagen-Außenbeleuchtung (1 Leuchte): 9 W/0,75 A
Geschätzte Einschaltdauer pro 3 Wochen: max. ca. 5 bis 7 Std. (Schneeschippen am frühen Morgen oder auch bei der Rückkehr am Abend)
Verbrauch der Batteriekapazität: ca. **4 bis 5,25 Ah** (0,75 A × 5 Std. = 3,75 Ah; 0,75 A × 7 Std. = 5,25 Ah)
Verbrauch der Batteriekapazität rekapituliert:
Torantrieb insgesamt: 9,7 Ah bis 41,5 Ah
Innenbeleuchtung: 8 Ah bis 10 Ah
Außenbeleuchtung: 4 Ah bis 5,25 Ah
Insgesamt: **21,7 Ah** bis **56,75 Ah**

Fazit: Aus dem vorhergehenden Beispiel geht deutlich hervor, wie wichtig es ist, dass der Stand-by-Verbrauch der Torantriebselektronik möglichst gering ist. Dabei ist der hier aufgeführte Stand-by-Verbrauch eines relativ guten Geräts in Hinsicht auf den heutigen Stand der Technik noch viel zu hoch angesetzt und trotzdem leider selten vorzufinden. Dabei könnte ein jeder Stand-by-Verbrauch – ähnlich wie es z. B. auch bei den billigsten Funkuhren schon seit einigen Jahrzehnten üblich ist – problemlos auf ca. 0,000085 W bis 0,0001 W verringert werden. Die hier aufgeführte Anzahl der Nullen ist kein Druckfehler und es ist daher nur eine Frage der Zeit, bis auch bei diesen Geräten der Stand-by-Verbrauch so gering sein wird, dass er in solche Planungsüberlegungen gar nicht mehr einbezogen zu werden braucht. Bis dahin ist es wichtig, für den Solarbetrieb einen Garagentorantrieb auszusuchen, der einen möglichst geringen Stand-by-Verbrauch hat, denn dieser kann den Stromverbrauch einer solchen Kleinanlage maßgeblich mitbestimmen.

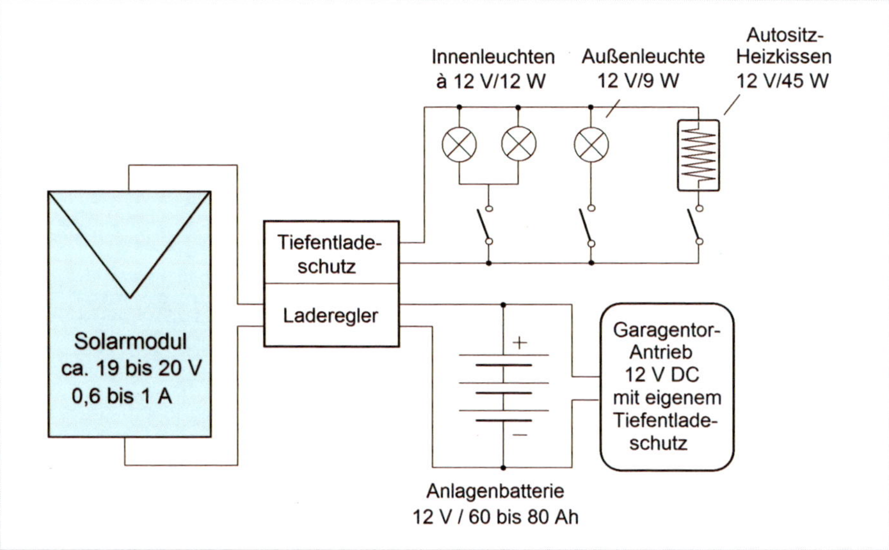

Abb. 5.4: PV-Anlage für den Torantrieb, die Beleuchtung einer Garage und das elektrische Beheizen eines Autositz-Heizkissens während der kalten Jahreszeit.

Hinweise zu *Abb. 5.4*: Die Dimensionierung des Solarmoduls und die Wahl der Batteriekapazität hängen bei diesem Beispiel maßgeblich von dem Leistungsverbrauch des elektrischen Autositz-Heizkissens bzw. von zwei (oder auch mehreren) Sitzheizkissen ab. Bei einem Auto, das in einer unbeheizten Garage steht, genügt es, wenn das Autositz-Heizkissen etwa 10 Minuten lang vor Abfahrt auf Stufe 1 (= ca. 30 W/2,5 A) oder für ca. 7 Minuten auf Stufe 2 (= ca. 45 W/3,75 A) eingeschaltet wird. Dies bedeutet einen Kapazitätsverbrauch einer 12-Volt-Anlagenbatterie von ca. 0,42 Ah oder ca. 0,44 A (Heizkissenstufe 2) pro Tag und Heizkissen. Ausgehend vom Stromverbrauch, der zu dem Beispiel aus *Abb. 5.3* errechnet wurde, käme hier noch ein zusätzlicher Bedarf an Batteriekapazität von ca. 8,4 Ah bis 9 Ah pro Heizkissen innerhalb von drei Wochen dazu.

Für den Winterbetrieb einer Garagen-PV-Anlage kann bei Bedarf als zusätzlicher Energiespeicher eine Zweitbatterie verwendet werden, die z. B. aus einem abgestellten Rasentraktor vorübergehend entnommen wird. Da es sich um eine Batterie anderer Bauart und mit einer anderen Kapazität handelt, sollte sie nach *Abb. 5.5* über einen separaten Laderegler geladen werden, der bei Bedarf an dasselbe Solarmodul angeschlossen werden kann, wenn die Leistung des Moduls groß genug ist.

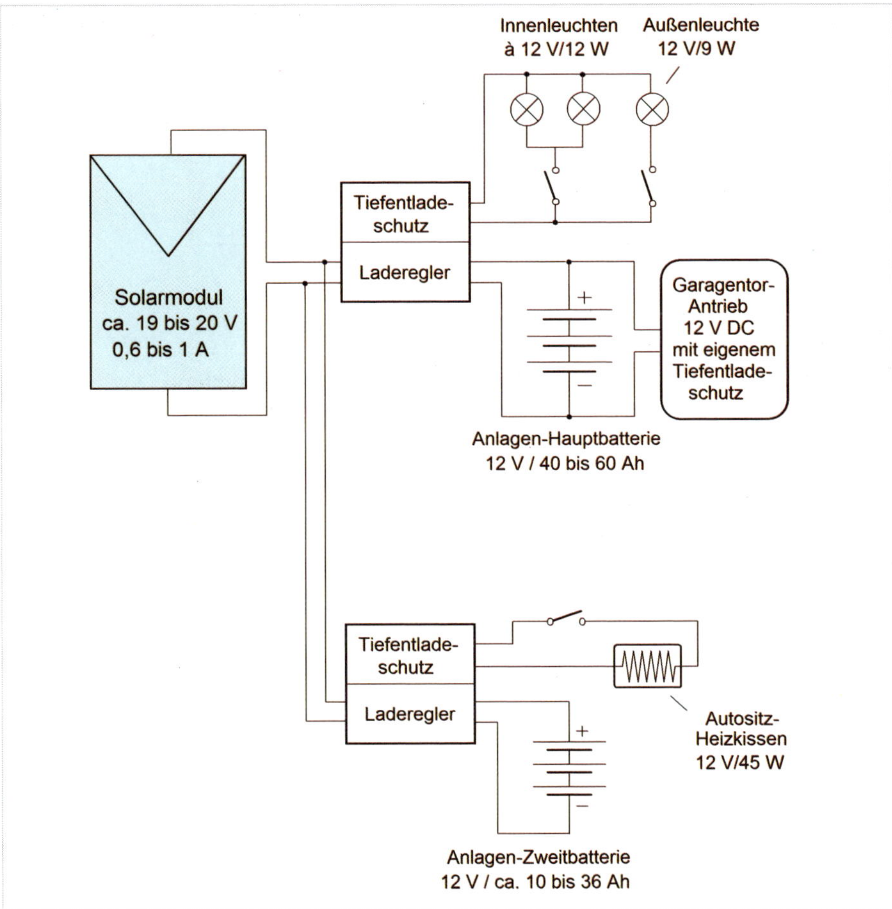

Abb. 5.5: Vorübergehender Einsatz einer Zweitbatterie für den Winterbetrieb einer solarelektrisch versorgten privaten Autogarage: Das Laden der Zweitbatterie sollte über einen separaten Laderegler erfolgen.

5.2 PV-Anlagen für Carports

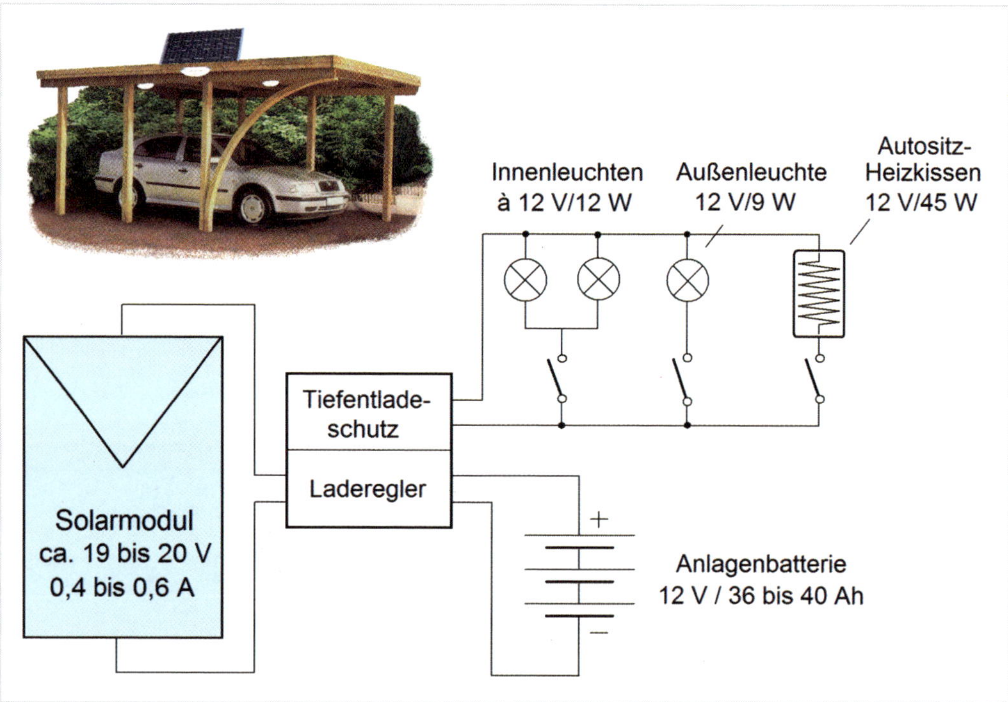

Abb. 5.6: PV-Anlage für die Beleuchtung eines Carports und das elektrische Beheizen eines Autositz-Heizkissens

Werden während der kalten Jahreszeit mehrere Autositz-Heizkissen und längere Einschaltzeitspannen der Heizkissen benötigt, müssen sowohl die Kapazität der Anlagenbatterie als auch der Nennstrom des Solarmoduls auf den erhöhten Energiebedarf abgestimmt werden. Das Gleiche trifft auch auf den Betrieb anderer elektrischer Verbraucher zu, die von der PV-Anlage Strom beziehen.

5.3 Solarelektrisch versorgtes kleines Wochenendhaus

Für die Planungsüberlegungen der solarelektrischen Stromversorgung eines Wochenendhauses sind folgende Grundfragen wichtig:

- Wie viel Tage im Monat wird das Wochenendhaus beansprucht?
- Wird das Wochenendhaus auch während der Wintermonate gebraucht? Wenn ja, wie viele Tage im Dezember und Januar?
- Welche elektrischen Verbraucher sollten zwingend betrieben werden und welcher Energieverbrauch ergibt sich aus der Summe der vorgesehenen Zeitspannen?
- Welche elektrischen Verbraucher sollten nach Möglichkeit ebenfalls betrieben werden können, und welcher Spielraum an Reserven darf hier dehnbar bleiben?
- Gibt es noch eine andere Möglichkeit der autarken Stromversorgung – wie z. B. ein Benzinaggregat oder ein kleiner Windgenerator?
- Werden in die Planungsüberlegungen auch z. B. Holzöfen, Pelletöfen, Ölöfen, Gaskocher, Petroleumlampen, Kerzenbeleuchtung oder andere Energiequellen einbezogen, die eventuelle Engpässe in der Solarstromversorgung überbrücken könnten?
- Gibt es eine Möglichkeit, dass bei Bedarf oder im Notfall die Anlagenbatterie an einem sich erreichbar in der Nähe befindenden Standort (z. B. in einer Autowerkstatt oder an einer Tankstelle) aus dem elektrischen Netz nachzuladen? Wenn nicht, sollten sowohl die Kapazität der Anlagenbatterie als auch die Leistung des Solarmoduls großzügig genug dimensioniert sein.

Ein Wochenendhaus wird während der wärmeren Jahreszeit von dem höheren Angebot an sonnenreichen Tagen profitieren. Z. B. im Dezember oder im Januar hingegen wird sich die Sonne zwei bis drei Wochen lang eventuell gar nicht zeigen. Der gesamte Stromverbrauch wird zudem im Winter viel höher, denn vor allem die Beleuchtung und die Geräte der Unterhaltungselektronik sind länger im Einsatz und möglicherweise sind auch einige elektrische Heizdecken in den Betten erwünscht.

Die individuellen Gewohnheiten, Ansprüche und Prioritäten der Bewohner bestimmen maßgeblich den Umfang der solarelektrischen Stromversorgung. Im Folgenden finden Sie eine exemplarische Auflistung der vorgesehenen elektrischen Verbraucher und ihrer jeweiligen Betriebsdauer.

Planungsbeispiel:
Dem Entwurf liegt die solarelektrische Stromversorgung eines kleineren Wochenendhauses zugrunde, das von zwei Erwachsenen und zwei Kindern an maximal drei Wochenenden (von Freitagabend bis Sonntagnachmittag) in den Monaten April bis Oktober bewohnt wird. Der elektrische Strom wird von einer solarelektrisch geladenen 12-Volt-Batterie bezogen.
Auflistung der elektrischen Verbraucher und ihrer Betriebsdauer pro Wochenende:

1) **Beleuchtung des Aufenthaltsraums:**
   Deckenleuchte 14 W/1,17 A, 4 Std. Betriebszeit in 2 Tagen =>
   1,17 A × 4 Std. = ...4,68 Ah

2) **Beleuchtung der Küchenecke:**
   Leuchte 12 W/1 A, 2 Std. Betriebszeit in 2 Tagen =>
   1 A × 2 Std. = ...2,00 Ah

3) **Beleuchtung in Schlafräumen:**
   4 Leuchten à 7 W/0,59 A, ca. 6 Std. Betriebszeit in 2 Tagen =>
   0,59 A × 6 Std. = ...3,54 Ah

4) **Außenbeleuchtung:**
   Leuchte 8 W/0,67 A, 0,5 Std. Betriebszeit in 2 Tagen =>
   0,67 A × 0,5 Std. = ...0,34 Ah

5) **Elektrischer Wasserkocher:**
   300 W/25 A, ca. 1 St. Betriebszeit in 2 Tagen =>
   25 A x 1 Std. = ...25,00 Ah

6) **Fernseher + SAT-Receiver:**
   180 W/15 A, ca. 5 Std. Betriebszeit in 2 Tagen =>
   15 A × 5 Std. = ...75,00 Ah

   Ah-Bedarf pro Woche = ...110,56 Ah

Die Kapazität der Anlagenbatterie sollte während der vorgesehenen Periode den Energieverbrauch von ca. 2 Wochen decken können (für den Fall, dass wetterbedingt die Batterie bis zu zwei Wochen lang nicht solarelektrisch nachgeladen werden kann). Daraus ergibt sich eine Batteriekapazität von 2 x 110, 56 Ah (gerundet ca. 221 Ah). Es käme eine Anlagenbatterie infrage, die z. B. aus zwei 110-Ah- oder zwei 120-Ah-Bleiakkus (im Parallelbetrieb) besteht und somit eine Kapazität von 220 Ah oder 240 Ah hat.
Welche Alternative den Vorrang erhält, bleibt eine reine Ermessensfrage. In diesem Beispiel fiel die Wahl auf eine Batterie mit einer Kapazität von 240 Ah.
Nun folgt die Berechnung des Nachladebedarfs dieser Batterie:

a) Nachladen der Batteriekapazität .... ca. 221 bis 240 Ah
b) Zusätzl. 20 % auf Ladeverluste .... 48,0 Ah
c) Zusätzl. 3 % auf Selbstentladung ...... 7,2 Ah
Nachladebedarf (während 2 Wochen): ca. 276,2 bis 295,2 Ah

Diesen rechnerisch ermittelten Nachladebedarf müsste das Anlagensolarmodul über ca. 2 Wochen aufbringen können. Da es sich hier um eine Planung handelt, die auf groben Schätzungen beruht, zu deren launischsten Faktoren das Wetter gehört, von dem die Stromversorgung primär abhängt, stellen unsere Berechnungen nur einen ungefähren Wert dar. Als Planungsgrundlage helfen hier nur Erfahrungswerte. Das sind zwar keine zuverlässigen Daten, aber die einzigen, die zur Verfügung stehen. Deshalb sollte bei solch einer Planung grundsätzlich ein Reservespielraum (Platz für ein weiteres Solarmodul oder für das Unterbringen eines weiteren Akkus) für eine eventuelle Nachrüstung der PV-Anlage vorgesehen werden.
Bei der Planung der optimalen Nennspannung und des optimalen Nennstroms des Solarmoduls kann man (aufgrund der Erfahrungswerte der letzten Jahre) im Durchschnitt mit ca. 6 bis 10 sonnigen Tagen und ca. 40 bis 100 Ladestunden während 2 Wochen im April oder im Oktober rechnen. Wir nehmen von diesem Durchschnitt einen weiteren Durchschnitt von 70 Stunden, in denen das Solarmodul einen kräftigeren Ladestrom liefern könnte.
Die Batterie bestimmt hier aber selbst, welchen Ladestrom sie jeweils vom Solarmodul zu beziehen vermag. Der Ladestrom hängt u. a. davon ab, wie weit die Batterie nachgeladen ist (am Ende des Ladevorgangs bezieht die Batterie bekanntlich nur einen sehr geringen Ladestrom).
Teilt nun den ermittelten Nachladebedarf von ca. 295 Ah einfach durch die 70 Ladestunden, würde sich daraus ein Ladestrom von ca. 4,21 A ergeben (295 : 70 = 4,214 A). Das Solarmodul würde aber diesen Strom nicht konstant liefern können und die Batterie würde diesen Strom auch nicht konstant beziehen.

Praktische Erfahrungen zeigen, dass eine Erhöhung des Modulnennstroms um ca. 50 % auch während der kritischsten Monate April und Oktober für ein „solides" Nachladen der Anlagenbatterie ausreichen.
Das benötigte Solarmodul sollte daher für einen Nennstrom von ca. 6,3 A ausgelegt sein. An der Modulnennspannung darf keinesfalls zu sehr gespart werden, denn einen ausreichend hohen Ladestrom kann die Batterie nur dann beziehen, wenn die Ladespannung (Solarspannung) hoch genug ist. Zu berücksichtigen ist dabei die Tatsache, dass bei der Formel $I = U : R$ die Spannung U nur als Unterschied zwischen der jeweiligen Solarspannung und der jeweiligen Ladespannung für den bezogenen Ladestrom relevant ist:

$$I = \frac{U}{R}$$

Spannungsdifferenz zwischen der Solar-Ladespannung und der jeweiligen Batteriespannung [V]

Ladestrom [A]

Innenwiderstand der geladenen Batterie [Ω]

Den Innenwiderstand *R* der Batterie kann man in diesem Zusammenhang nur als eine Konstante betrachten, denn er lässt sich nicht einfach messtechnisch ermitteln (ein Ohmmeter würde da nicht mitmachen, denn es mag es nicht, wenn das gemessene Bauteil unter Spannung ist). Man muss sich an dieser Stelle einfach nur damit zufriedengeben, dass der Innenwiderstand einer Batterie mit ihrer zunehmenden Größe (Kapazität) sinkt. So kann u. a. ein zusätzlicher Akku den Widerstand der Anlagenbatterie senken und den bezogenen Ladestrom automatisch erhöhen. Wichtig für die Planungsüberlegungen ist in dieser Formel die Spannungsdifferenz zwischen der Solarspannung und der Batteriespannung. Diese kann man durch eine gute Wahl der Modulnennspannung selbst bestimmen. Sie muss groß genug sein, um zu erzielen, dass die Batterie überhaupt jemals den vollen Strom bezieht, den das Solarmodul theoretisch liefern kann.
Zwei praktische Beispiele erläutern die Zusammenhänge: In *Abb. 5.7 a* wird ein Akku von einem Solarmodul geladen, dessen Spannung wetterbedingt nur 11,5 V beträgt. Die Akkuspannung beträgt zu diesem Zeitpunkt 10,8 V. Der Spannungsunterschied zwischen der *Lade-* und der *Akkuspannung* ist hier sehr klein. Wenn man der Einfachheit halber annimmt, dass in dem eingezeichneten Laderegler etwa 0,3 V verloren gehen, beträgt die Spannungsdifferenz zwischen der tatsächlichen Ladespannung und der Akkuspannung nur bescheidene 0,4 V. Kein Wunder, dass der Ladestrom hier nur 0,11 A beträgt. Was aber

sehr wichtig ist: Es spielt in diesem Fall (bei dieser Momentaufnahme) keine Rolle, ob das Solarmodul für einen Nennstrom von 1 A oder von z. B. 20 A ausgelegt ist. Ein höherer Modulnennstrom bietet nur den Vorteil, dass das Solarmodul von dem geladenen Akku **prozentual** geringer belastet wird und seine Spannung somit höher in die Richtung der Leerlaufspannung ansteigen kann. Für das Beispiel in *Abb. 5.7* ist diese Hintergrundinformation aber nicht relevant, denn die eingezeichneten Modulspannungen sind fest vorgegebene elektrische Größen. Dass derselbe Akku nach *Abb. 5.7 b* bei einer höheren Modulspannung einen höheren Ladestrom (von 0,42 A) bezieht, resultiert aus der größeren Spannungsdifferenz zwischen der Solarspannung und der Akkuspannung.

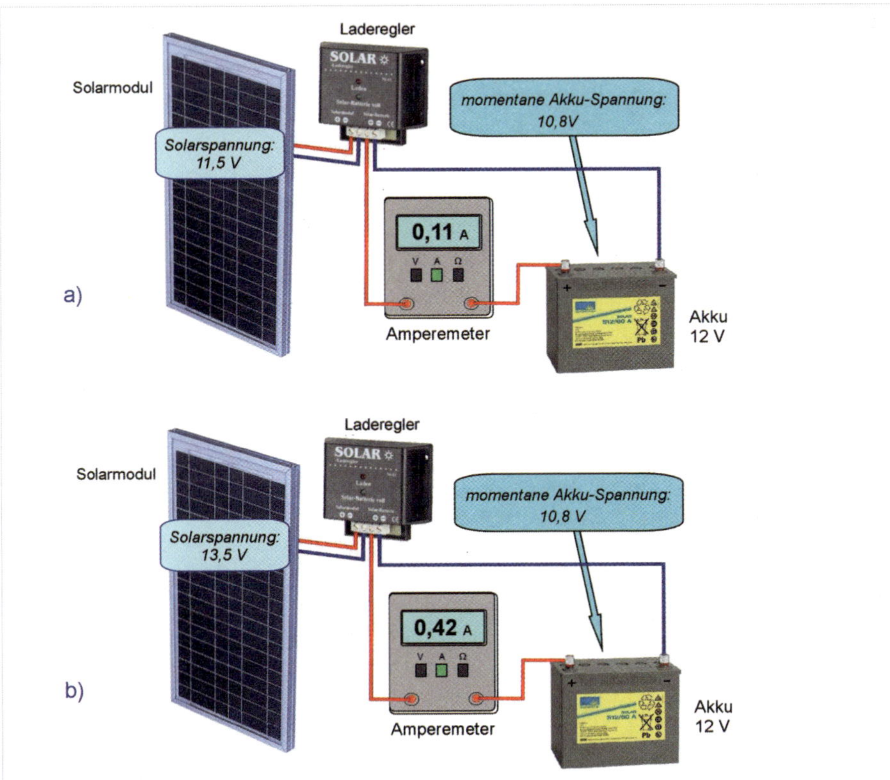

Abb. 5.7: Je höher die Differenz zwischen der Ladespannung und der momentanen Batteriespannung ist, desto höher ist der von der Batterie bezogene Ladestrom – vorausgesetzt, die Ladestromquelle (das Solarmodul) kann einen ausreichend hohen Strom liefern.

Das Beispiel in *Abb. 5.7* verdeutlicht, dass es von Vorteil ist, für die Anlagenplanung ein Solarmodul zu verwenden, dessen Nennspannung ausreichend hoch gewählt wird. Eine optimale Schnittstelle gibt es hier theoretisch nicht, aber sie wird praktisch durch die Anschaffungskosten mitbestimmt. Bezug nehmend auf die Erfahrungswerte kann für die hier vorgesehene Planung eine Modulnennspannung von ca. 18 bis 19,5 V in Betracht gezogen werden. Nicht ganz außer Acht lassen sollte man bei solchen Planungsüberlegungen die Tatsache, dass sich die offizielle Nennspannung des Solarmoduls auf gewissermaßen abstrakte Testbedingungen bezieht, die auf einer Betriebstemperatur der Solarzellen von 25 °C beruhen. Die tatsächliche Modulnennspannung sinkt jedoch nach *Abb. 5.8* mit zunehmender Temperatur. Im Sommer heizen sich die Solarzellen oft auf eine Temperatur von mehr als 65 °C auf und die Modulspannung sinkt mit zunehmender Temperatur um etwa 0,335 % pro Grad Celsius. Bei der Planung einer PV-Anlage, die während der Sommerzeit stärker beansprucht wird, sollte der Spannungsrückgang der Solarzellen durch Erwärmung berücksichtigt werden. Dieser Spannungsrückgang manifestiert sich jedoch in vollem Umfang nur bei voll belasteten Solarzellen – also nur während der stärkeren Ladephase der Batterie. Sobald die Batterie etwas mehr nachgeladen ist, bezieht sie einen geringeren Ladestrom, die Temperatur der Solarzellen sinkt und die Ladespannung steigt in Richtung der offiziellen Modulnennspannung an.

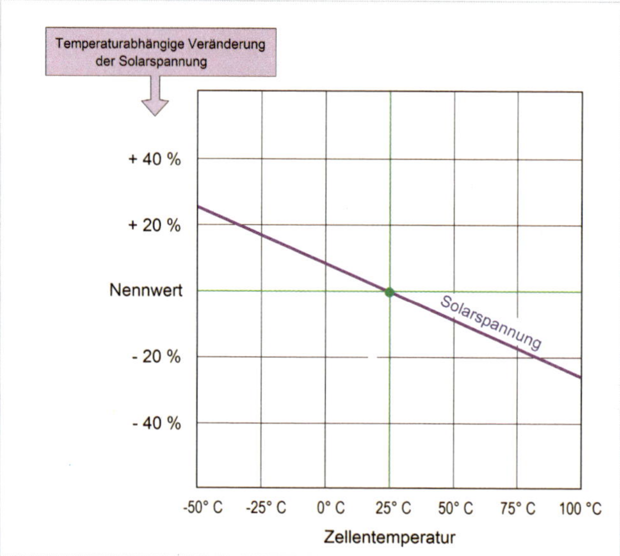

Abb. 5.8: Die Modulspannung sinkt zwar mit zunehmender Erwärmung, aber der hier aufgeführte Spannungsrückgang bezieht sich nur auf voll belastete Solarzellen.

Fazit: Für die solarelektrische Stromversorgung eines Wochenendhauses plant man ein Solarmodul ein, das für eine Nennspannung von ca. 18 bis 19,5 V und einen Nennstrom ca. 6,3 A ausgelegt ist. Die Anlagenbatterie kann z. B. aus zwei parallel verbundenen 120-Ah-Akkus nach *Abb. 5.9* oder aus drei parallel verbundenen 80-Ah-Akkus (Autobatterien) bestehen.

Hinweis

Solarmodule mit einer Nennspannung von 18 bis 19,5 V sind mitunter schwer auffindbar. Eine Spannungserhöhung von Solarmodulen mit einer niedrigeren Nennspannung kann bei Bedarf nach dem Prinzip Beispiel aus *Abb. 4.6* vorgenommen werden.

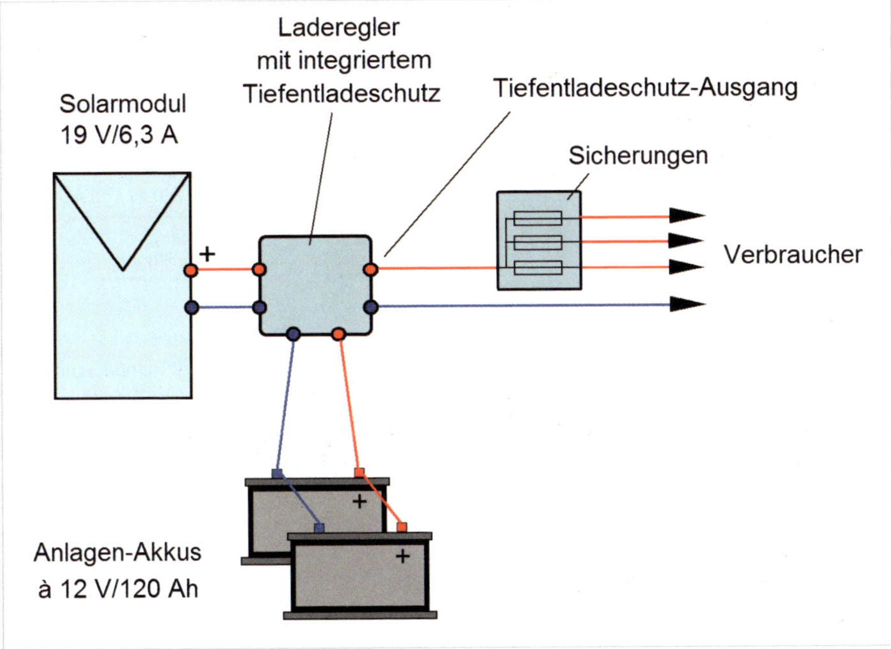

Abb. 5.9: Beispiel der solarelektrischen Spannungsversorgung eines Wochenendhauses nach der hier beschriebenen Projektgestaltung

5.4 Solarelektrisch versorgtes Schrebergartenhäuschen

Die Planung sowie auch die Berechnung der solarelektrischen Stromversorgung eines Schrebergartenhäuschens wird in ähnlichen Schritten vorgenommen wie die Planung des Wochenendhauses im vorhergehenden Kapitel. Der Bedarf an elektrischer Energie hängt auch hier von den vorgesehenen elektrischen Verbrauchern ab, deren Anzahl und Nutzungshäufigkeit sich nach den individuellen Gegebenheiten und Ansprüchen richtet. Das Beispiel in *Abb. 5.10* gibt eine Übersicht.

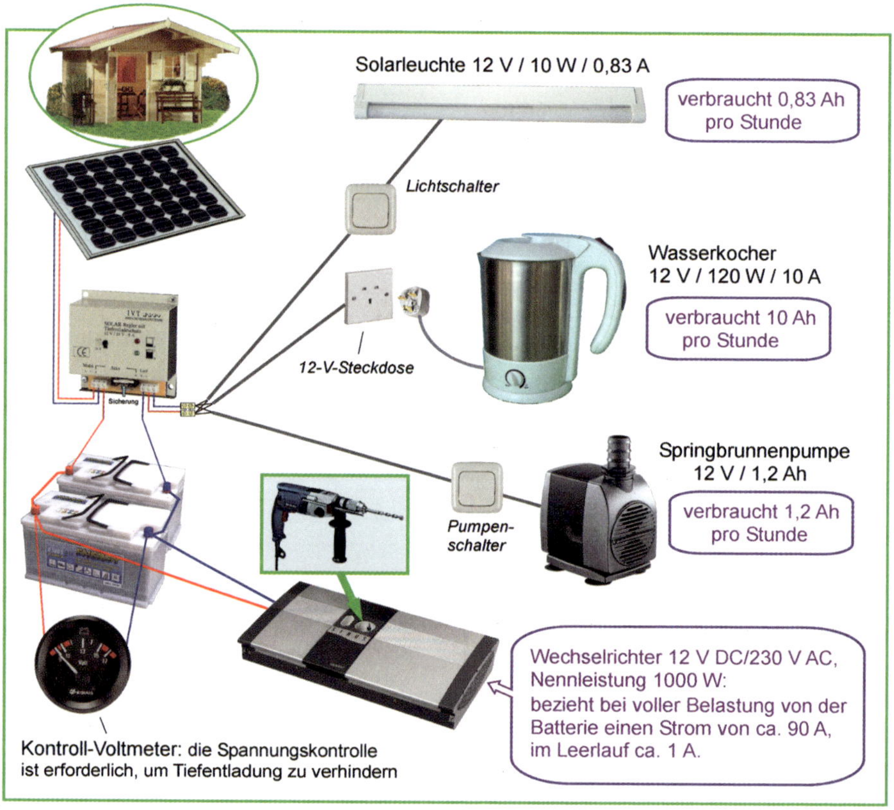

Abb. 5.10: Praxisorientiertes Beispiel der solarelektrischen Spannungsversorgung eines Schrebergartenhäuschens mit Angaben des Energieverbrauchs diverser elektrischer Geräte

5.5 Solarelektrisch beleuchtete Garten- und Parkpavillons

Eine einfache solarelektrische Beleuchtung eines Garten- oder Parkpavillons zeigt die Schaltung in *Abb. 5.11*. Ein öffentlicher Pavillon benötigt unter Umständen eine stärkere Beleuchtung, auf die das PV-System ausgelegt sein muss. Die Wahl des Solarmoduls und die Berechnung der Batteriekapazität erfolgt auch hier nach dem Prinzip aus Kapitel 5.3.

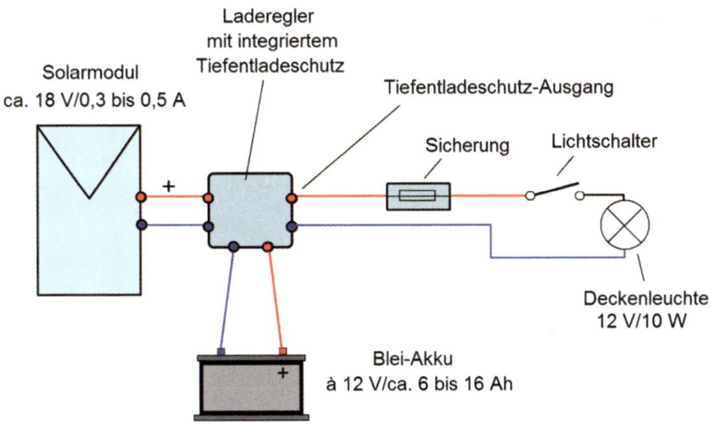

Abb. 5.11: Schaltung eines solarelektrisch beleuchteten Gartenpavillons

5.6 Solarelektrische Beleuchtung öffentlicher Objekte

Solarelektrische Beleuchtung bietet sich u. a. auch bei öffentlichen Objekten an, bei denen das Anlegen eines Netzanschlusses erheblich kostspieliger wäre als eine solarelektrische Stromversorgung. Das Anliegen ist recht einfach, aber die eigentliche Dimensionierung muss die vorgesehene Einschaltdauer sowie die Frage berücksichtigen, ob die Beleuchtung auch während der sonnenarmen Wintermonate funktionieren muss (was bei manchen Objekten nicht erforderlich ist). Die einfachste Konzeptlösung zeigt *Abb. 5.12 a*. Da hier das Schalten nur ein Dämmerungsschalter übernimmt, bleibt die Beleuchtung jeweils die ganze Nacht aktiv, verbraucht somit recht viel Solarenergie und stellt hohe Anforderungen an die Akkukapazität.

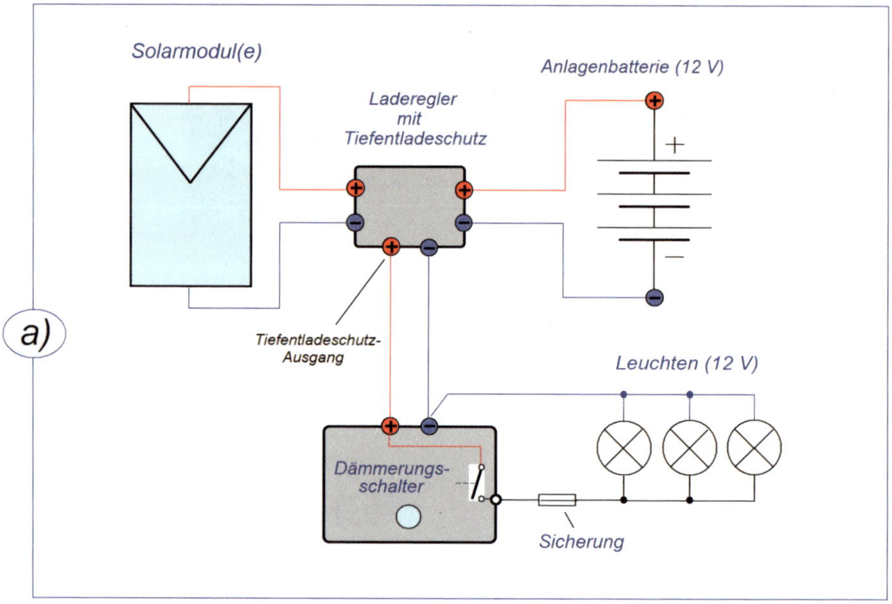

Abb. 5.12 a: Schaltungsbeispiel einer solarelektrischen Beleuchtung eines öffentlichen Objekts: a) ohne zusätzliche Zeitschaltuhr

Ist es erwünscht, dass z. B. jeweils nur bis Mitternacht beleuchtet wird, kann die Anlage nach dem Beispiel aus *Abb. 5.12 b* mit einer zusätzlichen Schaltzeituhr nachgerüstet werden. Diese Zeitschaltuhr sollte einen möglichst geringen Eigenverbrauch haben. Sie wird dauerhaft so eingestellt, dass sie z. B. täglich zu einem bestimmten Zeitpunkt die elektrische Verbindung aktiviert. Den Einschaltvorgang löst hier der Dämmerungsschalter aus – vorausgesetzt die Zeitschaltuhr ist so eingestellt, dass sie schon vorher ihren Schaltkontakt eingeschaltet hat. Den Ausschaltvorgang übernimmt in diesem Fall die Zeitschaltuhr – vorausgesetzt, das Relais des Dämmerungsschalters ist zu dem Zeitpunkt noch in eingeschalteter Position (was automatisch der Fall ist, wenn die Zeitschaltuhr z. B. bereits um Mitternacht die Beleuchtung abschaltet).

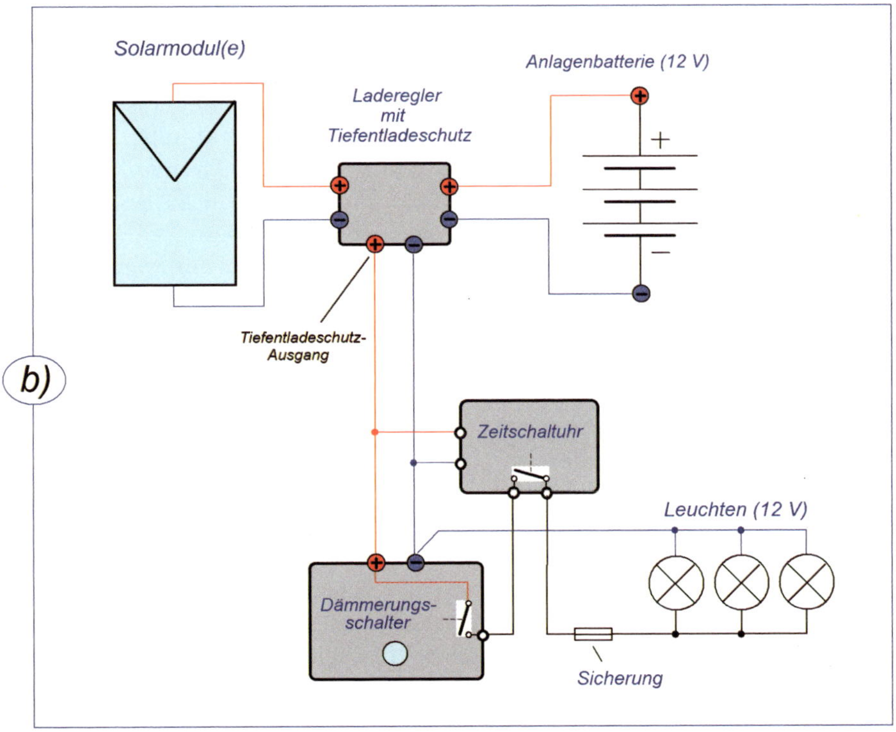

Abb. 5.12 b: Schaltungsbeispiel einer solarelektrischen Beleuchtung eines öffentlichen Objektes mit einer zusätzlichen Zeitschaltuhr, die so eingestellt werden kann, dass sie die Beleuchtung z. B. jeweils um Mitternacht ausschaltet.

5.7 Solarelektrische Beleuchtung überdachter Bushaltestellen

Die solarelektrische Beleuchtung von Bushaltestellen ist vor allem bei ländlichen Standorten vorteilhaft, die sich außerhalb der Gemeinden befinden und wo das Anlegen eines Netzanschlusses zu kostspielig wäre. Solche Objekte sind meist als kleine Wartehäuschen ausgelegt, deren Frontseite offen und damit zugänglich ist. Die Busse kommen meist nur in größeren Zeitabständen an und daher ist es sinnvoll, dass die Beleuchtung jeweils nur bedarfsbezogen für die erforderliche Zeitspanne eingeschaltet wird. Im einfachsten Fall kann sie, ähnlich wie ein Treppenautomat, nach dem Beispiel in Abb. 5.13 manuell eingeschaltet und anschließend von einer Zeitschaltuhr ausgeschaltet werden, die auf den Fahrplan der Busse abgestimmt ist.
Die Zeitschaltuhr wird z. B. so eingestellt, dass sie etwa 10 Minuten nach der laut Fahrplan vorgesehenen Ankunft des Busses das Licht automatisch abschaltet. Einige weitere Abschaltzeitpunkte können z. B. im 15-Minuten-Takt nach dem ersten Abschaltzeitpunkt zusätzlich einprogrammiert werden, damit die Wartenden bei einer Verspätung des Busses das Licht mit dem Taster erneut einschalten können. In der Zeitschaltuhr werden von dem technischen Anlagenbetreuer keine Einschaltzeiten, sondern nur die Abschaltzeiten einprogrammiert.
Der Lichttaster und ein Hinweisschild mit der Aufschrift „LICHT“ können mit einigen energiesparenden (Low-Current-)LEDs laufend beleuchtet werden, um auf diese Vorrichtung aufmerksam zu machen.
Der Dämmerungsschalter verhindert, dass das Licht auch tagsüber – z. B. von spielenden Kindern – eingeschaltet werden kann und somit die Anlagenbatterie unnötig beansprucht.
Die Lösung nach dem Beispiel aus *Abb. 5.13* hat den Nachteil, dass nur eingeweihte oder aufmerksame Fahrgäste dahinterkommen, dass sie die Beleuchtung selbst einschalten können. Dem kann dadurch abgeholfen werden, dass nach dem Beispiel aus *Abb. 5.14* der Lichtschalter beleuchtet und zudem noch mit einem kleinen beleuchteten Schild versehen wird, das die Wartenden darüber informiert, dass sie die Beleuchtung selbst einschalten können.
Wesentlich „kundenfreundlicher“ ist es, wenn sich die Beleuchtung automatisch einschaltet, sobald das Wartehäuschen betreten wird. Bewegungsmelder, Näherungsschalter und ähnliche Sensoren haben aber den Nachteil, dass sie nicht nur von Menschen, sondern auch von anderen Lebewesen und unter Umständen sogar von plötzlich angewehter warmer Luft aktiviert werden. Abhilfe schafft hier eine Zweistrahlen-Lichtschranke, deren IR-Strahlen übereinander in einer Höhe z. B. 70 und 110 cm angebracht sind, so dass sie den Eingang „ver-

sperren“ und das Licht nur dann aktivieren, wenn beide Strahlen gleichzeitig unterbrochen werden. Mit diesem Trick wird verhindert, dass z. B. streunende Kleintiere, einzelne Fledermäuse oder Nachtfalter die Beleuchtung einschalten und einen unnötigen Energieverbrauch verursachen. Eine Zweistrahlen-Lichtschranke kann wahlweise nach *Abb. 5.15* mit zwei einzelnen handelsüblichen Lichtschranken oder mit diskreten Bauteilen (IR-Sendedioden, Fototransistoren und integrierten Schaltungen) nach *Abb. 5.16* ausgelegt werden.

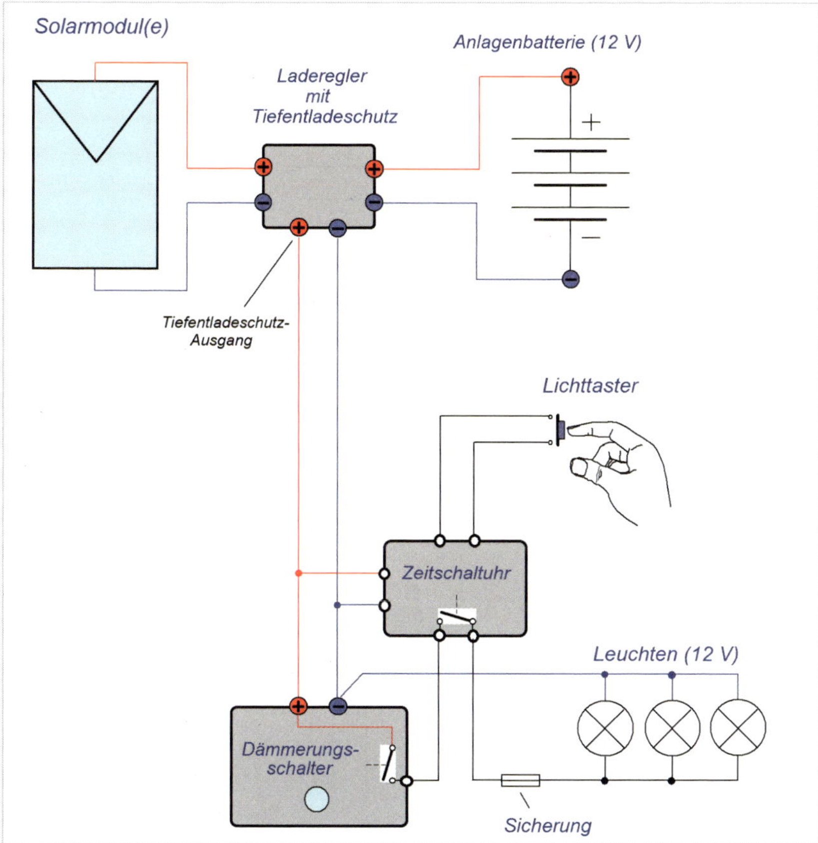

Abb. 5.13: Schaltung der Solaranlage einer Bushaltestelle: Die Wartenden schalten hier das Licht bei Bedarf selbst ein, die Zeitschaltuhr schaltet es automatisch ab.

Hinweis

Lichtschranken sind u. a. als Standardzubehör zu Garagentoren mit Elektroantrieb erhältlich. Die in *Abb. 5.16* aufgeführten Einzelbauteile führt z. B. das Versandhaus *Conrad-Electronic* (siehe *Liefernachweise* am Buchende).

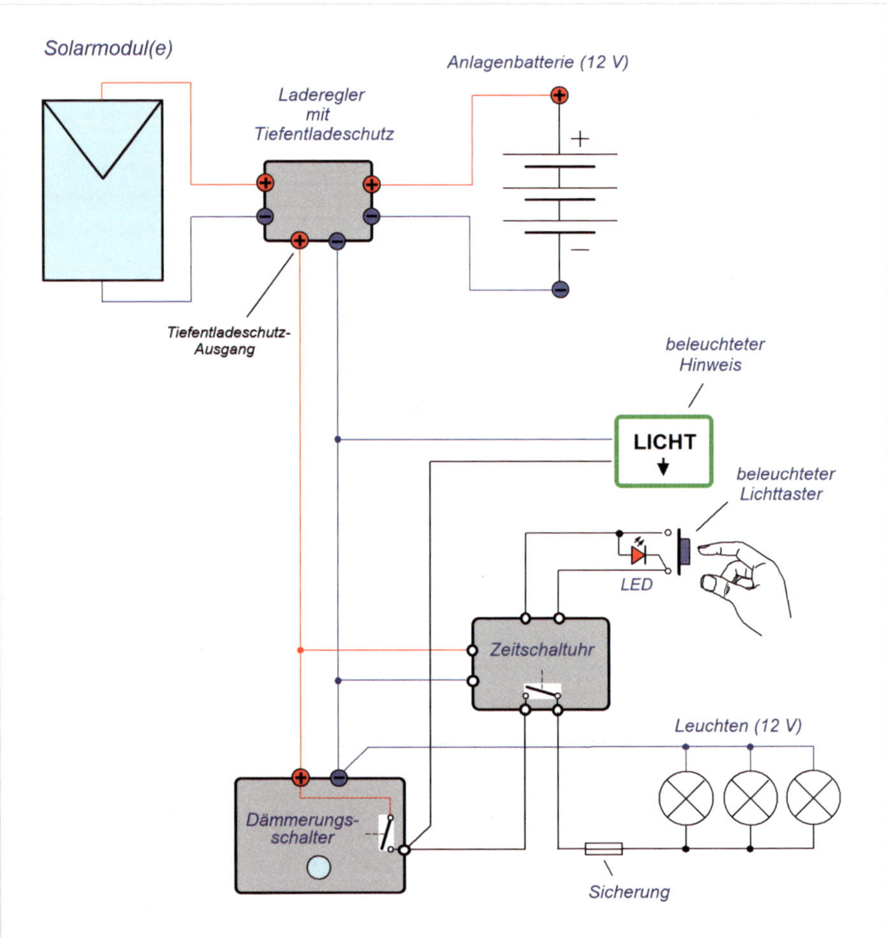

Abb. 5.14: Ein beleuchteter Lichttaster und ein beleuchtetes Hinweisschild machen die Anlage aus vorhergehender Abbildung bedienungsfreundlicher.

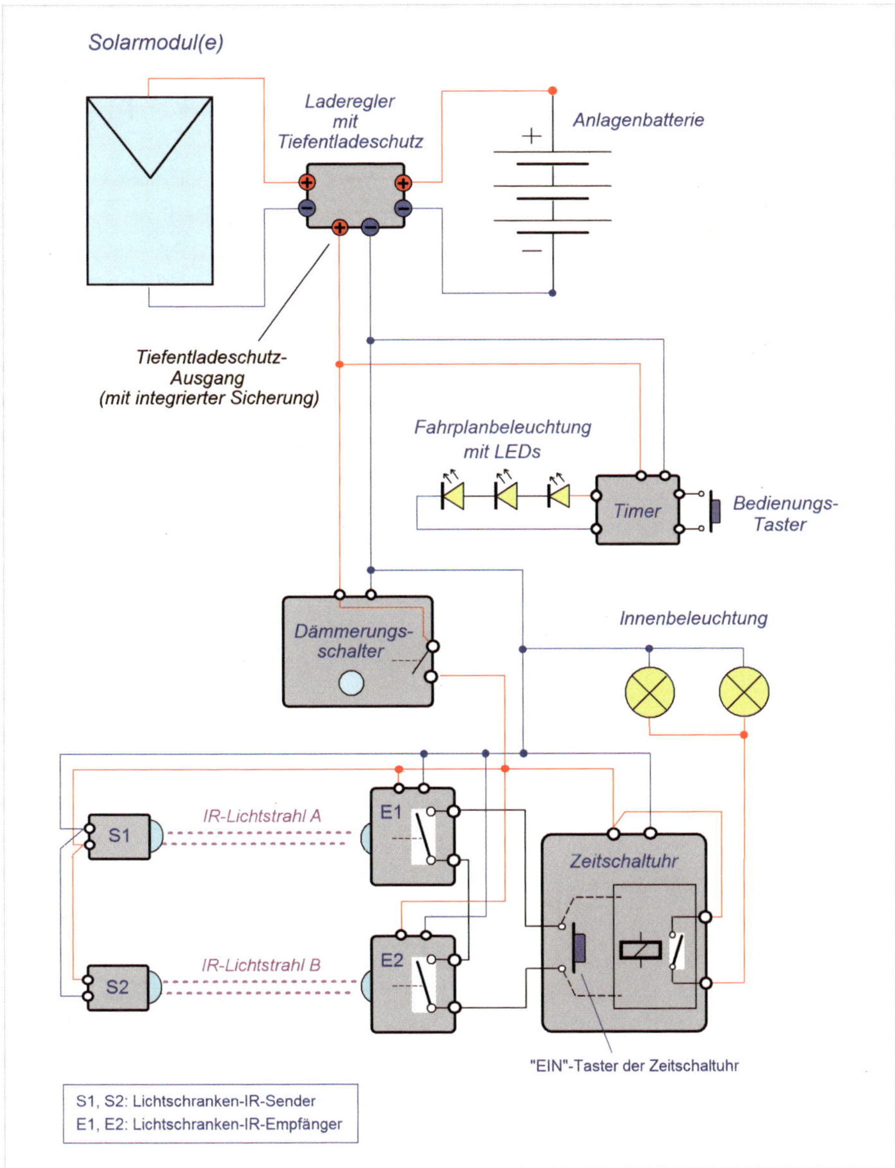

Abb. 5.15: Schaltung einer solarelektrisch beleuchteten Bushaltestelle, bei der eine Zweistrahlen-Lichtschranke das Innenlicht des Wartehäuschens automatisch einschaltet, sobald eine ankommende Person die beiden IR-Lichtstrahlen mit ihrem Körper unterbricht.

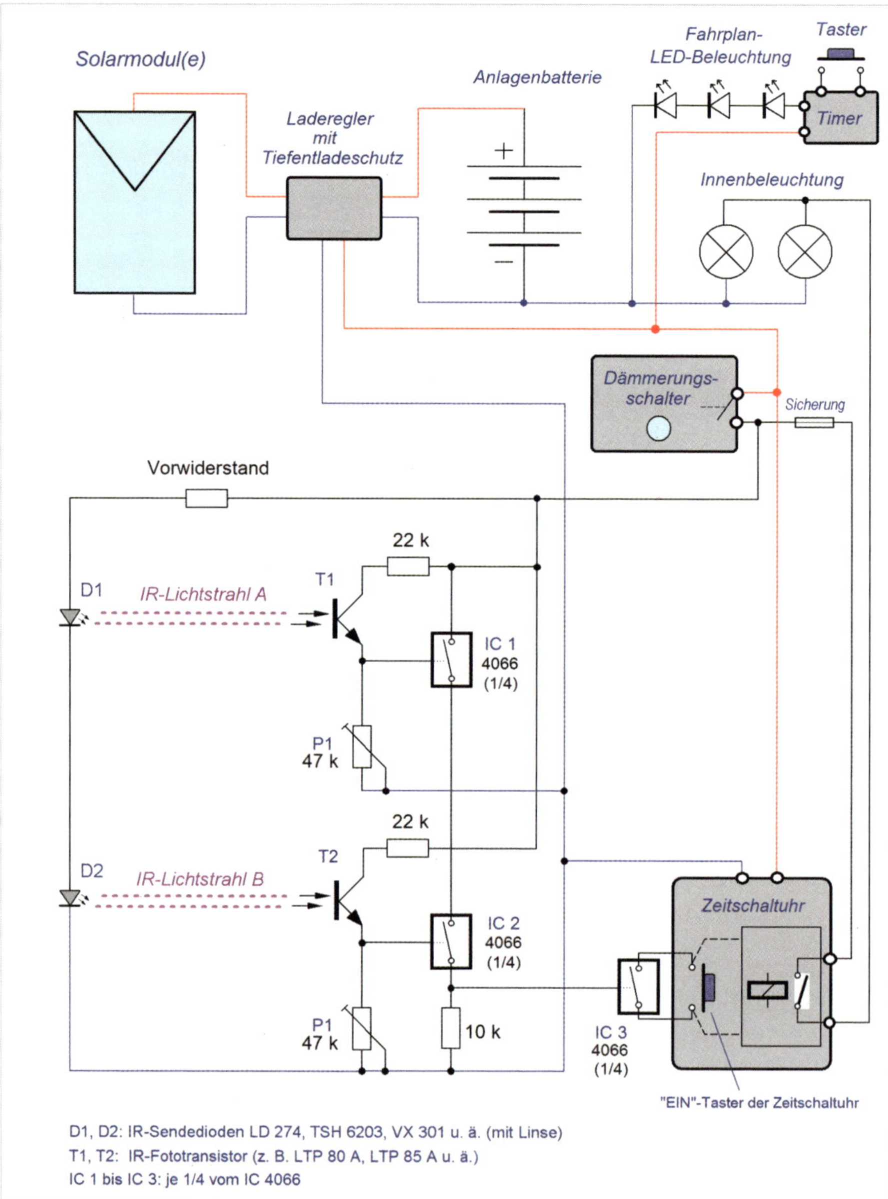

Abb. 5.16 a: Kostengünstige Lösungsalternative zur Schaltung aus Abb. 5.15: Diese Lösung eignet sich vor allem für experimentierfreudige Tüftler.

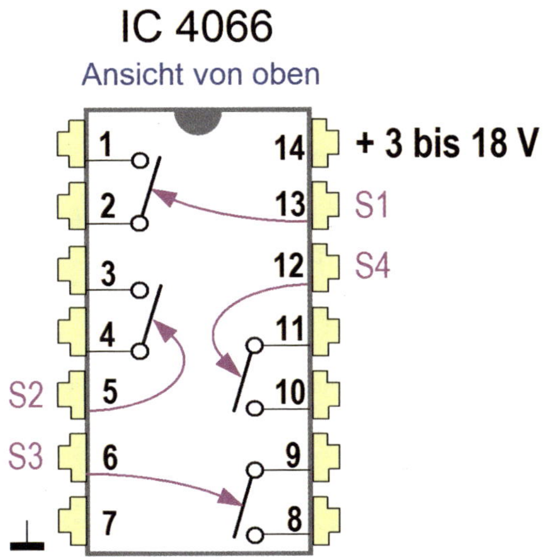

Abb. 5.16 b: Anschlüsse des ICs 4066

Die hier aufgeführten Schaltungsbeispiele können sich auch bei vielen anderen Projekten dieser Art als nützlich erweisen und bei Bedarf mit diversen anderen Schaltungen oder Vorrichtungen kombiniert werden.

5.8 Solarelektrische Beleuchtung kleinerer Gartengerätehäuser

Die Beleuchtung kleinerer Gartengerätehäuser oder ähnlicher kleiner Objekte, bei denen elektrisches Licht nur selten und kurzfristig benötigt wird, kann solarelektrisch sehr einfach und kostengünstig erfolgen. Als Leuchten können entweder kahle „superhelle" LEDs *(Abb. 5.17/5.18* oder diverse kleine LED-Fertigleuchten *(Abb. 5.19)* verwendet werden, die sich mit einer niedrigen Versorgungsspannung zufriedengeben. Dadurch vereinfacht sich auch der solarelektrische Teil, denn als Energiespeicher können z. B. kleine NiMH-Rundakkus oder Lithium-Akkus und als Ladestromquellen sehr kleine Solarmodule, z. B. „gekapselte" Solarmodule, verwendet werden.

Weiße, superhelle LED *(Hersteller: Nichia)*

Technische Daten: U_F: 3,6 V , maximal 4,0 V; I_F: 20 mA

Auszug aus dem Katalog von Conrad Electronic

Farbe	Gehäuse ϕ	Lichtstärke I_V	Abstrahlwinkel	Typ	Bestell-Nr.
Weiß	3 mm	3400 mcd	60 °	NSPW315DS	18 07 56
Weiß	3 mm	6800 mcd	50 °	NSPW310DS	18 07 55
Weiß	3 mm	15000 mcd	20 °	NSPW300DS	18 07 54
Weiß	5 mm	2300 mcd	65 °	NSPW515DS	18 07 59
Weiß	5 mm	7100 mcd	45 °	NSPW510DS	18 07 58
Weiß	5 mm	30000 mcd	15 °	NSPW500GS-K1	18 07 57

Anwendungsbeispiel:

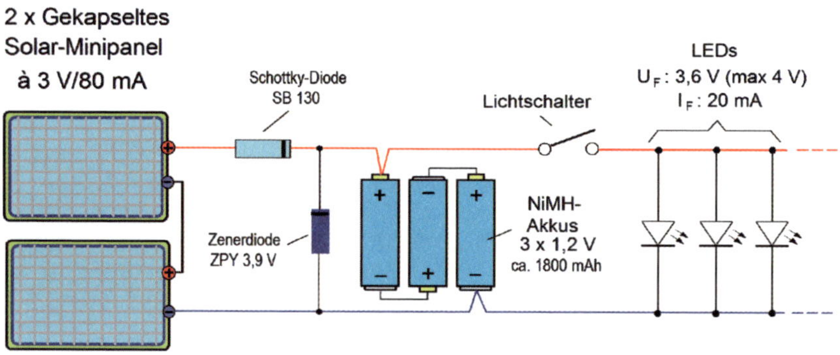

Abb. 5.17: Beispiel einer einfachen Solarbeleuchtung mit „kahlen“ LEDs und NiMH-Akkus

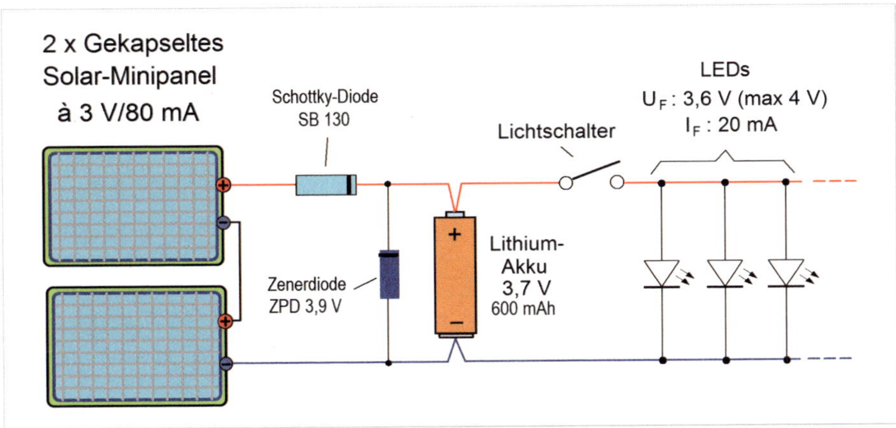

Abb. 5.18: Beispiel einer einfachen Solarbeleuchtung mit „kahlen“ LEDs (aus der Tabelle in Abb. 5.17 und einem Lithium-Akku als Energiespeicher.

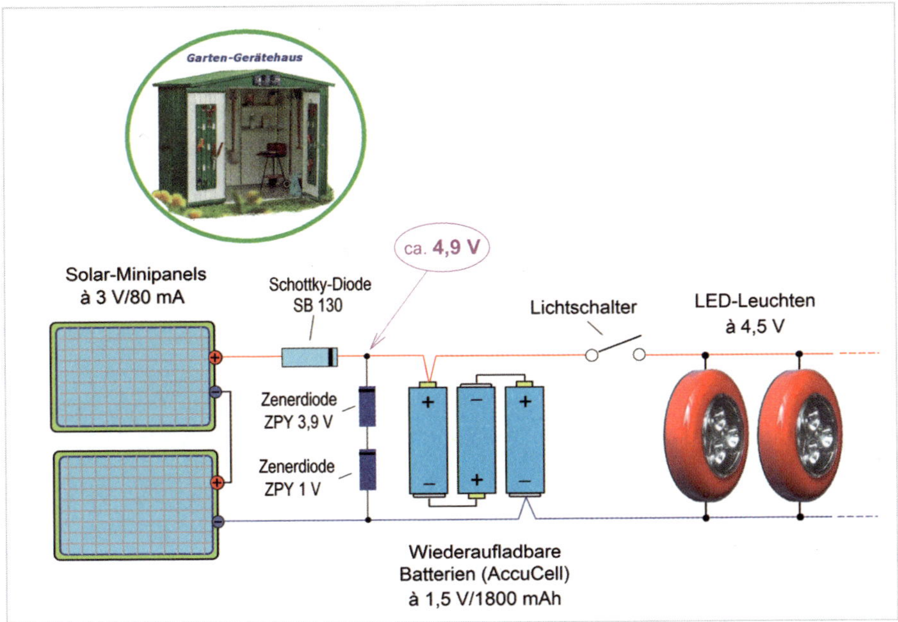

Abb. 5.19: Beispiel einer einfachen Solarbeleuchtung mit preiswerten LED-Leuchten, die für einen Batteriebetrieb von 4,5 Volt ausgelegt sind: Anstelle von Einwegbatterien können hier drei wiederaufladbare 1,5-V-Batterien (z. B. der Marke AccuCell) verwendet und solarelektrisch geladen werden.

5.9 Solaranlagen für Verkehr- und Straßenbauvorrichtungen

Unter die Bezeichnung „Verkehr und Straßenbauvorrichtungen" fallen verschiedenste Warn- und Hinweisschilder, mobile Ampeln, Notrufsäulen usw. Die solarelektrische Versorgung richtet sich jeweils nach der Leistungsabnahme der Verbraucher. Die meisten dieser Vorrichtungen sind für Versorgungsspannungen von 12 V DC ausgelegt und die Dimensionierung erfolgt nach dem in Kapitel 5.3 erläuterten Schema. Zu berücksichtigen ist bei der Planung, ob die vorgesehenen Verbraucher nur sporadisch verwendet werden oder ob ein ganzjähriger Betrieb erforderlich ist, der auch während der Wintermonate aufrechterhalten werden muss.

In Hinsicht darauf, dass die gängigen Solarladeregler nur für das Laden von 12-V- oder 24-V-Batterien ausgelegt sind, kann das Laden von „Energiespeichern" mit höheren Versorgungsspannungen sektionsweise nach dem Prinzip aus *Abb. 5.20* erfolgen. Die Nennspannung der Solarmodule sollte für das Laden von Batterien, die auch während der Wintermonate als Energiespeicher beansprucht werden, um ca. 65 bis 75 % höher sein als die Nennspannung der geladenen Batterie. Für das Laden von Batterien, die nur sporadisch oder nur während der wärmeren Jahreszeit benötigt werden, dürfte die Nennspannung der Solarmodule nur um ca. 50 % höher liegen als die Batterie-Nennspannung (darauf bezieht sich auch die „Von-Bis-Angabe" der Modul-Nennspannungen in *Abb. 5.20*). Die Nennleistung sowie auch der Nennstrom der Solarmodule sind auf den jeweiligen Nachladebedarf so abzustimmen, wie es in Kapitel 5.3 erläutert wurde.

Wichtig

Bei dieser solarelektrischen Energieversorgung sollten sowohl alle verwendeten Batterien als auch alle verwendeten Solarmodule und Laderegler baugleich sein. Die Ausrichtung der Solarmodule darf keine Unterschiede aufweisen, die Abweichungen in der Ladeleistung zur Folge haben könnten.

Abb. 5.20: Da Energiespeicher für höhere Betriebsspannungen ohnehin aus 12-V- oder 24-V-Batterien zusammengestellt werden, kann auch das solarelektrische Laden in dementsprechenden Sektionen erfolgen:
a) Laden einer 12-V-Batterie; b) Laden einer 24-V-Batterie; c) Laden einer 36-V-Batterie; d) Laden einer 48-V-Batterie; e) Laden einer 60-V-Batterie. ▶

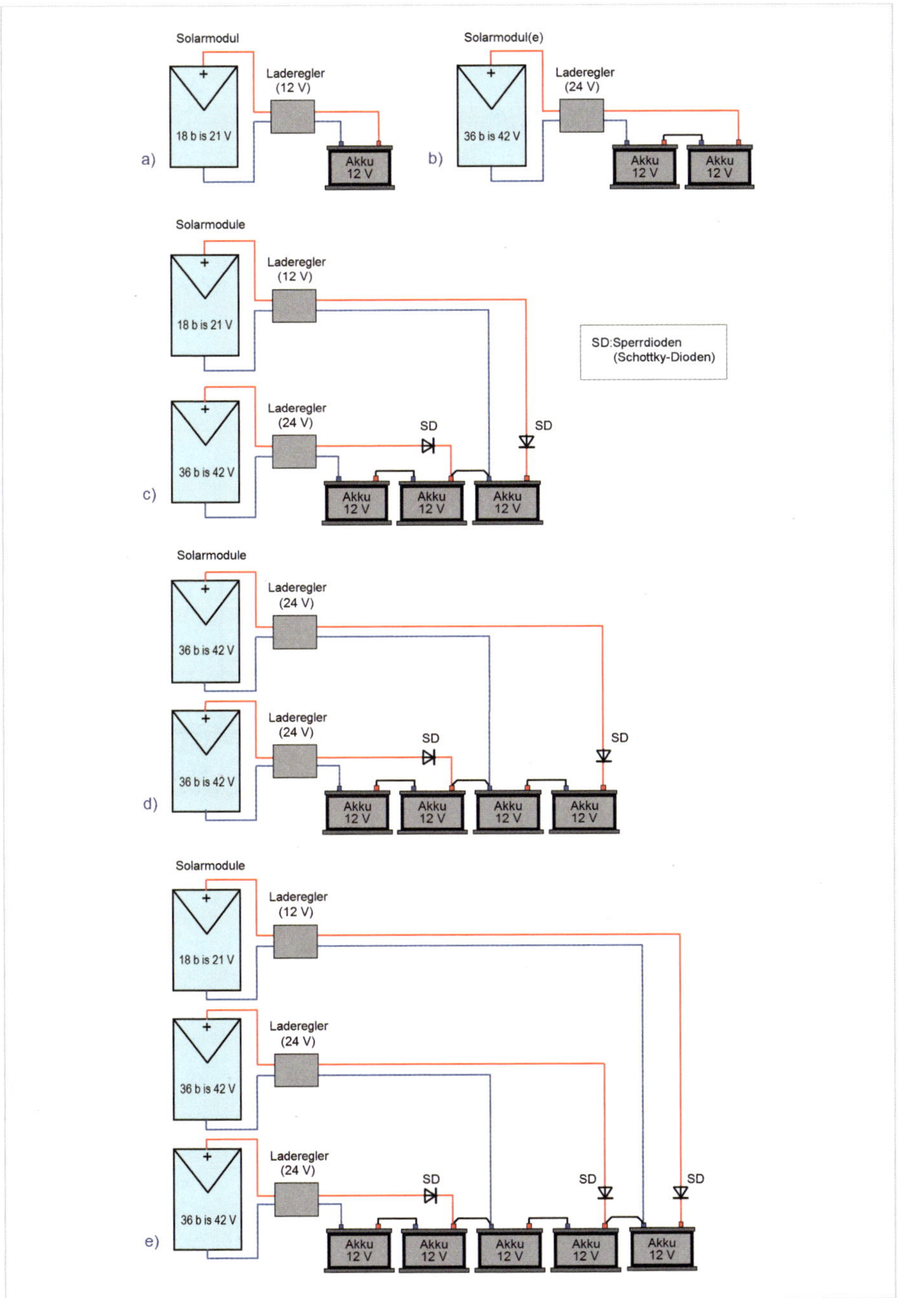
Solarmodul
Laderegler (12 V)
18 bis 21 V
Akku 12 V
a)
Solarmodul(e)
Laderegler (24 V)
36 bis 42 V
Akku 12 V
Akku 12 V
b)
Solarmodule
Laderegler (12 V)
18 bis 21 V
SD:Sperrdioden (Schottky-Dioden)
Laderegler (24 V)
36 bis 42 V
SD
SD
Akku 12 V
Akku 12 V
Akku 12 V
c)
Solarmodule
Laderegler (24 V)
36 bis 42 V
Laderegler (24 V)
36 bis 42 V
SD
SD
Akku 12 V
Akku 12 V
Akku 12 V
Akku 12 V
d)
Solarmodule
Laderegler (12 V)
18 bis 21 V
Laderegler (24 V)
36 bis 42 V
Laderegler (24 V)
36 bis 42 V
SD
SD
SD
Akku 12 V
Akku 12 V
Akku 12 V
Akku 12 V
Akku 12 V
e)

5.10 PV-Kleinanlagen für Gewächshäuser und Wintergärten

Prinzipiell kann bei der Dimensionierung einer solarelektrischen Versorgung von Gewächshäusern und Wintergärten ähnlich vorgegangen werden, wie in Kapitel 5.3 gezeigt. Durch die teils wetterabhängige Funktionsweise einiger Verbraucher kann hier jedoch eine Kombination von direkten Antrieben und einer Energieversorgung über die Anlagenbatterie(n) von Vorteil sein. So kann oft zumindest ein Lüfter ohne Zwischenspeicher solarelektrisch betrieben werden, da der erhöhte Bedarf an Belüftung von der jeweiligen Intensität der Sonneneinstrahlung abhängt. Das Prinzip dieser Konzeptlösung erläutert *Abb. 5.21.*

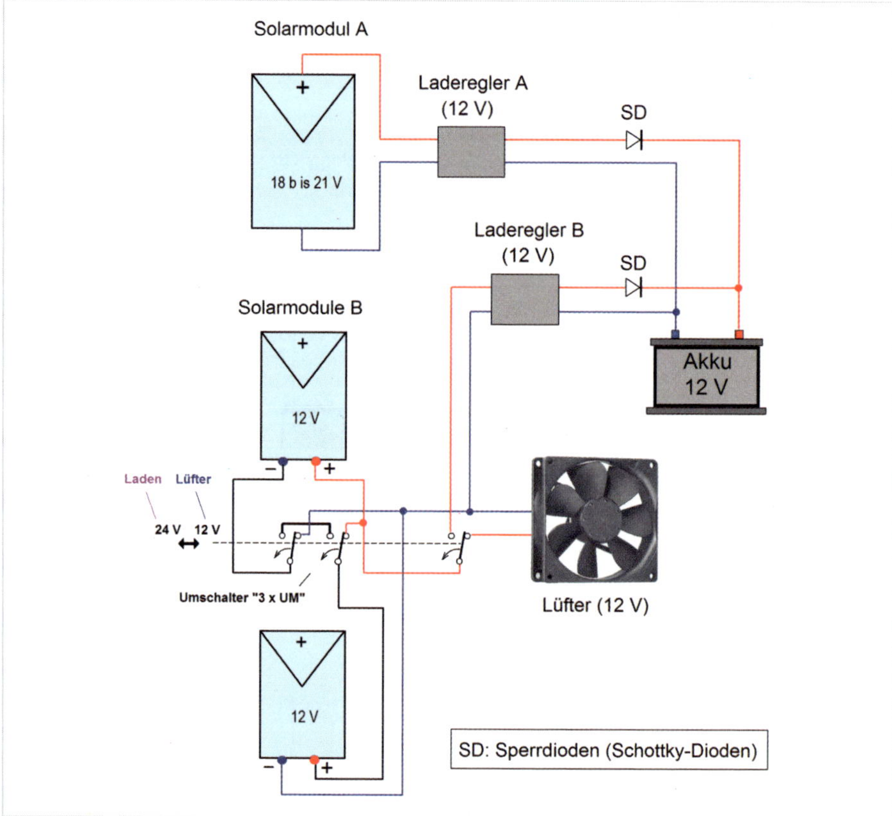

Abb. 5.21: Bei der solarelektrischen Versorgung eines Wintergartens oder eines Gewächshauses kann z. B. einer der Lüfter während der Sommermonate direkt vom Solarmodul betrieben werden.

In der Praxis kann allerdings die Luft im Gewächshaus auch nach Sonnenuntergang noch recht schwül sein und daher ist es sinnvoll, wenn einige der weiteren Lüfter über den Akku betrieben werden. Abgesehen davon können nach dem Beispiel aus *Abb. 5.21* auch andere Verbraucher wahlweise an den Akku angeschlossen oder direkt betrieben werden.

Dass der Akku (oder eine beliebige Anlagenbatterie) im hier gezeigten Beispiel teilweise mit zwei unterschiedlich hohen Ladespannungen geladen wird, ist technisch unbedenklich. Es hat zudem den Vorteil, dass die unteren zwei Solarmodule, die unter optimalen Bedingungen in Reihenschaltung eine offizielle Nennspannung von bis zu 24 V liefern können, bei ungünstigeren Wetterbedingungen unter Umständen immer noch eine brauchbare Ladespannung liefern. Darunter ist Folgendes zu verstehen: Wenn z. B. die Ausgangsspannung der Module um die Hälfte sinkt, wird das Solarmodul *A* keine ausreichend hohe Ladespannung mehr liefern können, aber die Ausgangsspannung der in Reihe geschalteten Module *B* wird unter diesen Umständen immerhin noch ca. 12 V betragen. Die Nennleistung sowie der Nennstrom der Solarmodule sind auf den jeweiligen Nachladebedarf auf die Weise abzustimmen, wie es in Kapitel 5.3 erläutert wurde.

5.11 Solarelektrisch betriebene Werbeträger und Informationssysteme

Die solarelektrische Stromversorgung von Werbeträgern und Informationssystemen (z. B. auch abgelegen installierte Touristeninformationen) arbeitet überwiegend mit 12-V-Versorgungsspannungen und kann daher nach einem der bereits aufgeführten Beispiele konzipiert werden. Bei kleineren Werbetafeln, bei denen die Solarstromversorgung nur für die LED-Beleuchtung benötigt wird, kann mit einer Betriebsspannung gearbeitet werden, die auf den Spannungsbedarf der LEDs abgestimmt ist. Dies beinhaltet, dass hier die Nennspannung der Anlagenbatterie exakt auf die Versorgungsspannung der Leuchtdioden (LEDs) angepasst wird.

Hinweis

Bei Leuchtdioden ist der wichtigste elektrische Parameter nicht die Versorgungsspannung, sondern der Strom, der in den technischen Daten als I_F angegeben wird. Die Versorgungsspannung, die oft nur in Form von „von ... bis" angegeben wird, spielt dabei sozusagen nur eine untergeordnete Rolle, denn wenn der LED-Strom überschritten wird, zerstört es die LED. Wenn er zu sehr unterschritten wird, leuchtet die LED zu schwach. Aus diesem Grund werden die LEDs an die Stromquellen bevorzugt über spezielle LED-Treiber (LED-Konverter) nach dem Beispiel in Abb. 5.22 angeschlossen, die an die LEDs nur einen fest eingestellten Strom (I_F) durchlassen.

Alternativ kann jedoch der LED-Strom auch dadurch „fest" eingestellt werden, dass einfach pro LED-Typ die Höhe der Spannung nach Abb. 5.23 so eingestellt wird, dass der LED-Strom knapp unterhalb des I_F liegt (was messtechnisch kontrolliert werden muss). Ist die Versorgungsspannung der LED (oder auch mehrerer LEDs in Parallel- oder Reihenschaltung) einmal richtig eingestellt, bleibt der LED-Strom relativ konstant, auch wenn sich z. B. die LED betriebsbedingt erwärmt oder aufheizt. Die LED-Leistung (als U x I) sinkt zwar mit zunehmender Arbeitstemperatur geringfügig, aber das hat keinen auffallend störenden Rückgang der Lichtintensität zufolge und hat auch auf die Funktionsweise und Lebenserwartung der LED keine Auswirkungen.

Es bleibt somit eine reine Ermessens- und Kostenfrage, ob die LEDs eines Werbeträgers oder Informationssystems über LED-Treiber oder direkt von einer ausreichend stabilen Spannungsquelle aus mit Strom versorgt werden. Bei den meisten der handelsüblichen LED-Lichtquellen (auch bei den neuesten LED-Taschenlampen) geben sich die Hersteller einfach damit zufrieden, dass die Taschenlampenbatterie eine ausreichend konstante Spannungsquelle darstellt. Eine weitere Strom- oder Spannungsregelung wird nicht vorgenommen. Zu achten ist hier jedoch darauf, dass die Spannung einer voll aufgeladenen Batterie (eines Akkus) nicht so hoch werden darf, dass die LED jeweils vorübergehend einen Strom bezieht, der sie zerstört. Es ist jedoch nicht nur der zu hohe Strom, der eine LED zerstören kann, sondern auch die elektrische Leistung (U x I), denn diese Leistung muss die LED (ähnlich wie ein Heizkörper) an ihre Umgebung abgeben können. Daher benötigen leistungsstarke LEDs (High-Power-LEDs) zusätzliche Kühlkörper.

Wir weisen an dieser Stelle auf die speziellen Eigenheiten der LEDs hin, auf die beim Nachbau unserer Schaltungen mit LED-Beleuchtung zu achten ist.

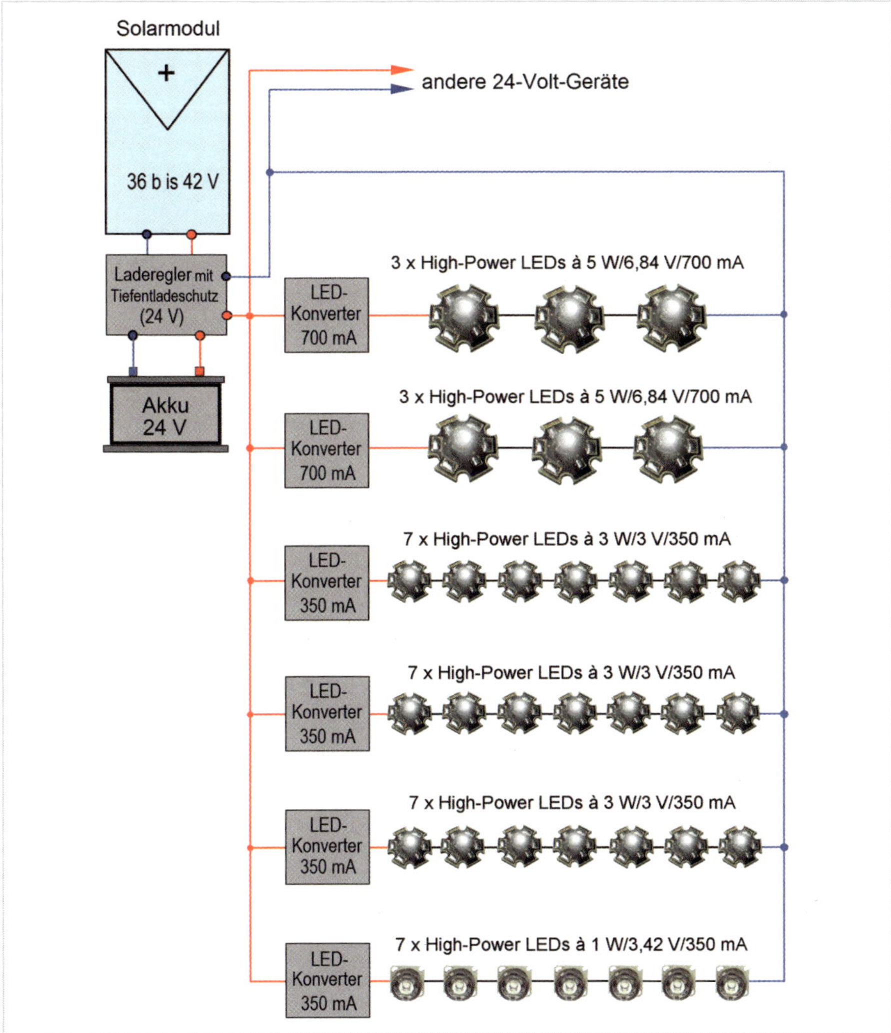

Abb. 5.22: Solarelektrische Versorgung von Werbeträgern oder Informationsanlagen, bei denen der Strom (IF) für die High-Power-LEDs über LED-Konverter bezogen wird.

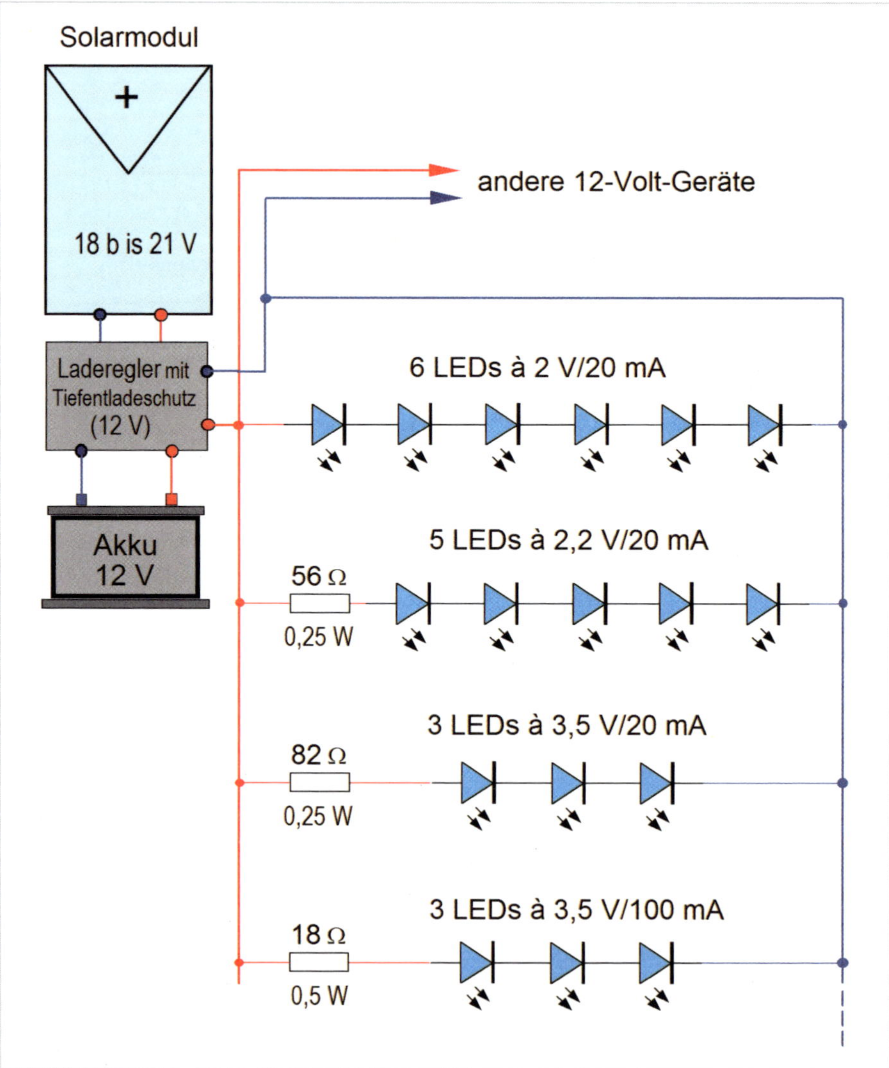

Abb. 5.23: Beispiel einer solarelektrischen Versorgung von Werbeträgern oder Informationsanlagen, bei denen kleinere LEDs direkt oder jeweils über einen Vorwiderstand an den Speicherakku (bzw. an den Tiefentladeschutz) angeschlossen sind.

Wenn Leuchtdioden solarelektrisch versorgt werden, können sie wahlweise entweder über handelsübliche Konverter oder auch nur über Vorwiderstände an den Speicherakku angeschlossen werden. Ein Anschluss über einen Konverter ist in diesem Fall bei leistungsstarken „High-Power-LEDs“ zu empfehlen, denn die Spannung des Akkus ist nicht ausreichend stabil. Kritisch ist die viel zu hohe Spannung eines voll aufgeladenen Akkus: Die tatsächliche Spannung eines Akkus, dessen Nennspannung offiziell 12 Volt betragen sollte, steigt nach dem Aufladen auf bis ca. 14,5 V und sinkt danach während des Entladens. Daher sollte bei einer LED-Kette, die nach dem Prinzip aus *Abb. 5.23* ohne Konverter an den Akku angeschlossen ist, der Vorwiderstand bevorzugt etwas höher gewählt werden, damit die LEDs von einem voll aufgeladenen Akku nicht einen zu hohen Strom beziehen.

Bei LEDs kleinerer Leistungen ist es mit der internen Erwärmung nicht kritisch, denn die Wärme wird über die Masse des (meist runden) LED-Gehäuses weitgehend problemlos in die Umgebung abgegeben. Eine Überschreitung der Nennwerte hat hier nur theoretisch eine kürzere Lebensdauer zur Folge. Wesentlich kritischer ist es bei High-Power- und bei SMD-LEDs, denn hier ist die eigentliche Dioden-Körpermasse proportional kleiner und die LED kann daher durch eine zu hohe interne Erwärmung leichter zerstört werden. Dies trifft auch für LED-Ketten zu, bei denen zwar der LED-Strom eingestellt werden kann. Aber die Verteilung der Versorgungsspannung unter die LEDs kann Unterschiede aufweisen, die durch die Herstellungsstreuung verursacht sind und eine Überbelastung und Zerstörung einiger der LEDs zur Folge haben können, an denen eine zu hohe Sperrspannung entsteht.

Beispiel: Eine superhelle LED ist für eine Spannung (U_F) von 4 V, einen Strom (I_F) von 30 mA und eine Leistung (P_{tot}) von maximal 120 mW ausgelegt.

Werden mehrere dieser LEDs in einer Reihenschaltung betrieben, verteilen sich ihre einzelnen Sperrspannungen nach dem Beispiel in *Abb. 5.24 a* manchmal recht unausgewogen. Dadurch kann bei einigen LEDs die maximal zulässige Leistung (P_{tot}) überschritten werden, wodurch sich die LED zu sehr aufheizt und bei höherer Umgebungstemperatur (vor allem während der heißen Sommermonate) intern schmilzt. Wird der LED-Strom nach *Abb. 5.24 b* um ca. 5 % niedriger eingestellt, als es theoretisch erforderlich wäre, wirkt es sich auf die Abnahmeleistung der einzelnen LEDs schonend aus. In diesem Beispiel sinkt bei der mittleren LED die Leistung, die sie in Wärme umwandeln muss, in den „grünen Bereich“ unterhalb der vom Hersteller angegebenen 120 mW. Der mit dieser Maßnahme verbundene Lichtstärkenrückgang ist bei den meisten Anwendungen subjektiv nicht wahrnehmbar.

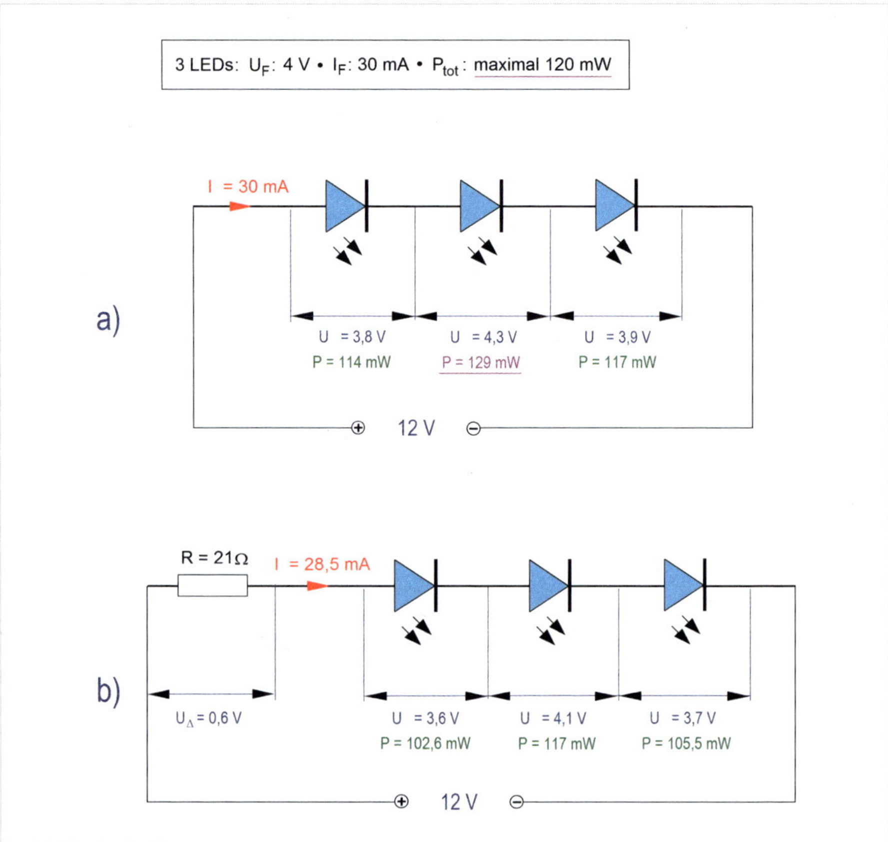

Abb. 5.24: Die Verteilung der Versorgungsspannung weist bei den LEDs einer Kette immer gewisse Abweichungen auf, die auf die Unterschiede ihrer technischen Parameter zurückzuführen sind: a) Eine zu hohe Anschlussspannung kann zur Folge haben, dass bei einigen LEDs die max. zulässige Leistung überschritten wird; b) wird der LED-Strom um ca. 5 % niedriger eingestellt, als es theoretisch erforderlich wäre, sinkt die Leistung aller LEDs in den „grünen Bereich".

Bei der Planung von LED-Beleuchtungen ist bei High-Power-LEDs auf die typenbezogene Lebensdauer zu achten: Sie beträgt bei den meisten 1-Watt-LEDs ca. 50.000 h, bei 3-Watt-LEDs ca. 20.000 h, aber bei vielen 5-Watt-LEDs nur bescheidene 1.000 h. Die letztere LED-Type eignet sich daher nur für Anwendungen, bei denen das Licht sporadisch (als z. B. selten auftretende Alarmwarnung) benötigt wird.

5.12 Solarelektrisch betriebene Pumpen für Tiertränken

Sofern es die Gegebenheiten erlauben, ist es vorteilhafter, wenn das Wasser für landwirtschaftliche Tiertränken auf Weiden durch automatisches Pumpen nachgefüllt wird, als es zu den Tränken zu transportieren. Ein solarelektrischer Antrieb der Pumpen kann dabei relativ kostengünstig ausgelegt sein, denn meist reicht zu diesem Zweck eine verhältnismäßig kleine Pumpe (kleine Fördermenge) aus, die nur ganz langsam das verbrauchte und verdunstete Wasser eines Wassertrogs nachzufüllen hat. Eine etwas höhere Pumpenleistung (Förderleistung) ist allein dann erforderlich, wenn zu diesem Zweck in der Nähe des Wassertrogs ein Brunnen gebohrt werden müsste, in dem der Wasserspiegel tief ist. Ansonsten kann z. B. eine kleine 12-V/2-A-DC-Pumpe innerhalb von 6 Minuten etwa 66 Liter Wasser nachpumpen und somit nur etwa 0,2 Ah von dem Anlagenakku beziehen. So kann bei kleineren Wassertränken bereits ein preiswerter 12-V/10-Ah-Akku (solarelektrisch geladen) für eine zuverlässige Stromversorgung während der wärmeren Jahreszeit ausreichen.

Hinweis

Für die Wasserentnahme aus öffentlichen Bächen, Teichen oder Flüssen ist eine wasserrechtliche Genehmigung vom Wasserwirtschaftsamt erforderlich.

Planungsbeispiel:
Eine Tränke soll täglich mit ca. 120 Litern Wasser nachgefüllt werden. Die hier angesprochene 12-V/2-A-Wasserpumpe benötigt laut ihrer technischen Daten theoretisch je 6 Minuten, um 66 Liter Wasser nachzufüllen. Sie müsste daher ca. 12 Minuten täglich laufen, um die erforderlichen 120 Liter Wasser nachzufüllen.

Der tägliche Verbrauch der Akkukapazität beträgt 0,4 Ah (2 x 0,2 Ah). Der Nachladebedarf liegt also (mit einbezogenen Ladeverlusten) bei ca. 0,5 Ah pro Tag und somit bei ca. 7 Ah pro 14 Tage. Geht man bei der Planung davon aus, dass während der wärmeren Jahreszeit die Sonne bis auf wenige Ausnahmen mindestens 4 bis 5 Tage lang ca. 6 Stunden lang scheint, ergibt sich daraus eine „Nachladezeitspanne" von 24 bis 30 Stunden. Man geht sicherheitshalber von 24 Ladestunden aus, während denen der Anlagenakku um 7 Ah nachgeladen werden sollte. Das ergibt theoretisch einen Ladestrom von 0,29 Ah pro Stunde (7 Ah : 24 Ladestunden = 0,29 Ah pro Stunde).

Wie bei allem, was mit solarelektrischem Laden – und daher mit den Launen der Natur – zusammenhängt, handelt es sich auch hier bei der Berechnung des Nachladebedarfs nur um eine Planung, die auf Schätzwerten beruht. Wir sind jedoch bei unseren Planungsüberlegungen von sehr ungünstigen Wetterbedingungen ausgegangen. Dennoch kann nicht fest damit gerechnet werden, dass während der vorgesehenen 24 sonnigen Stunden die Sonne das Solarmodul auch tatsächlich mit voller Intensität bestrahlen wird. Daher sollte der Nennstrom des Solarmoduls auf ca. 0,35 Ah aufgerundet werden. Ein 12-V/12-Ah-Bleiakku müsste für diesen Zweck völlig ausreichen. Sollte z. B. das Wetter einmal in 5 Jahren mehrere Wochen lang so schlecht sein, dass der Anlagenakku vom Solarmodul keinen Ladestrom erhält, kann er notfalls ausnahmsweise zu Hause aus dem Netz nachgeladen werden. Er wiegt nur ca. 3,8 bis 4 kg und ist daher leicht zu transportieren.
Eine PV-Anlage kann – bezogen auf dieses Beispiel – nach *Abb. 5.25* ausgelegt werden. Wird eine größere Tränke mit einem höheren Nachfüllbedarf benötigt, können die hier angegebenen elektrischen Werte des Solarmoduls und des Anlagenakkus einfach nur proportional erhöht werden.

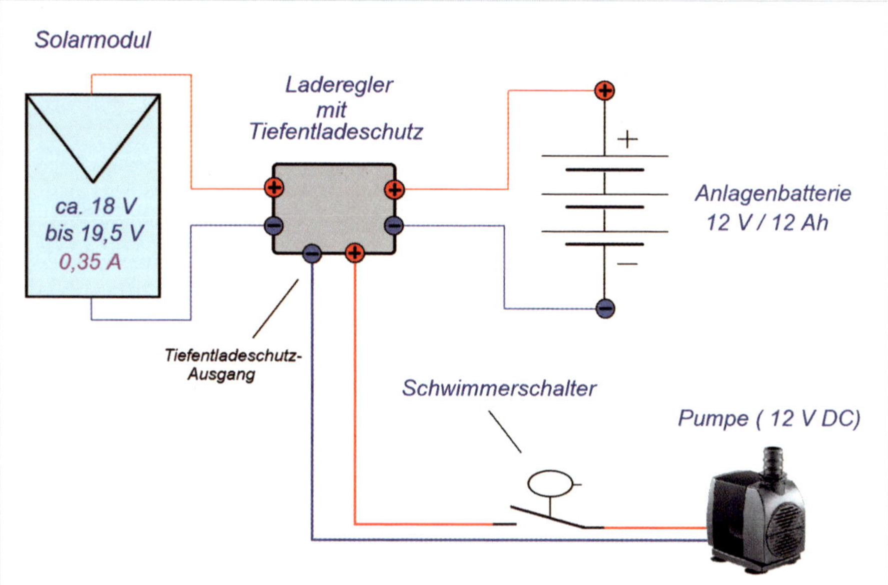

Abb. 5.25: Solarelektrische Stromversorgung der automatisch arbeitenden Wasserpumpe einer kleineren Tränke auf einer Weide: Der Schwimmerschalter schaltet die Pumpe automatisch ein, sobald der Wasserspiegel in der Tränke unterhalb des eingestellten Wasserpegels sinkt, und schaltet diese wieder ab, sobald das Wasser nachgefüllt wurde.

5.13 Solarelektrisch versorgte landwirtschaftliche Elektroweidezäune

Die handelsüblichen Spezialgeräte für Elektroweidezäune sind typenbezogen für eine Gleichspannungsversorgung von 9 V oder 12 V ausgelegt, die sie aus Batterien beziehen. Bei den 9-Volt-Systemen werden für die Stromversorgung oft nur nicht wiederaufladbare Einwegbatterien, bei 12-Volt-Systemen eher wiederaufladbare Akkus (meist Autobatterien) verwendet. Der Stromverbrauch dieser Weidezäune ist gering, wenn der Schreckdraht gut isoliert ist. Er setzt sich nur aus dem Stand-by-Strom und aus kleinen Stromstößen zusammen, die bei Berührung durch den Körper eines unvorsichtigen Vier- oder Zweibeiners als Minikurzschlüsse in die Erde fließen.
Zu den handelsüblichen 12-Volt-Systemen werden meist ziemlich große Autobatterien angeboten, deren Kapazität oft zwischen ca. 55 und 130 Ah liegt, denn es wird davon ausgegangen, dass die Batterie möglichst lange oder die ganze Saison ohne Nachladen auskommt.
Wird dagegen die Stromversorgung solarelektrisch unterstützt, kann die Kapazität der Anlagenbatterie sehr gering gewählt werden. Je nach Zaunlänge (Größe der Weide) kann bereits eine Batteriekapazität ab ca. 4,5 Ah ausreichen, wenn die Batterie nach dem Beispiel aus dem vorhergehenden Kapitel solarelektrisch nachgeladen wird. Im Gegensatz zum Betrieb einer Elektropumpe ist bei einem Weidezaungerät der größte Teil des Verbrauchs der Stand-by-Strom, der im Datenblatt aufgeführt ist. Dieser ist zwar typenabhängig sehr unterschiedlich, liegt aber dennoch in einem Bereich, der nur ein geringes solarelektrisches Nachladen beansprucht. Anstelle eines teuren Solarmoduls reichen hier zum Nachladen z. B. auch kleine gekapselte Solar-Minipanels aus, die einen 12-Volt-Anlagenakku (mit einer Kapazität von ca. 4,5 bis 7 Ah) nach *Abb. 5.26* nachladen. Nur bei sehr langen Zäunen sollte die Kapazität des Anlagenakkus entsprechend höher gewählt werden, um den Energieverbrauch, der bei regnerischem Wetter etwas steigt, kompensieren zu können. Unter Umständen könnte es sich dann als vorteilhaft erweisen, anstelle der in *Abb. 5.26* eingezeichneten gekapselten Solar-Minipanels ein etwas größeres Solarmodul zu verwenden, das für einen Nennstrom von ca. 02 bis 0,3 A (und eine Nennspannung von mindestens ca. 17,9 V) ausgelegt ist.

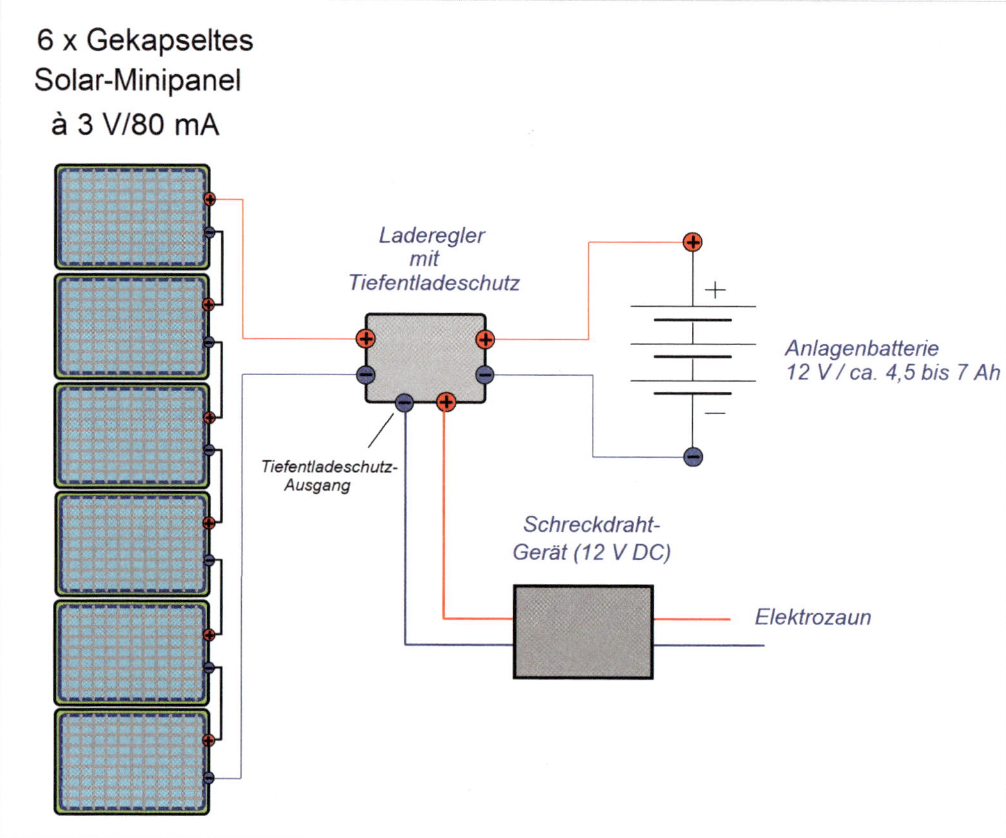

Abb. 5.26: Einfaches solarelektrisches Nachladen des Akkus eines 12-V-Weidezaun-Geräts

5.14 Solarelektrisch beheizte Gartenbänke, Parkbänke und Liegestühle

Das Frühjahr meldet sich in unseren Breitengraden oft schon Anfang März an: Die Sonne scheint verlockend und man möchte sich auf eine Garten- oder Parkbank setzen, die aber noch viel zu kalt ist. Um die Sitzfläche einer Bank auf eine Temperatur aufzuwärmen, die eventuell nur geringfügig höher ist als die Körpertemperatur, reicht eine geringe Menge elektrischer Energie aus. So kann z. B. schon ein kleines 20-Watt-Heizkissen die Sitzfläche spürbar aufwärmen, das Wohlbefinden steigern und eine eventuelle Erkältung verhindern.

Bei öffentlichen Parkbänken oder Bänken auf Kinderspielplätzen werden solche elektrischen Wärmequellen meist direkt in den Kunststoffsitzflächen von unten diebstahlsicher eingebaut. Die Sitzflächen der Bänke, die in der Sonne stehen, wärmt die Sonne an solchen Tagen automatisch etwas vor und da genügt es, wenn z. B. pro Sitzfläche für ca. 3 Personen die Heizkörper für eine Leistung von insgesamt 40 bis 50 W (ca. 14 W pro Sitz) ausgelegt sind. Bei einer privaten Gartenbank darf man sich damit zufriedengeben, dass die Bank mit einer oder zwei Solarsteckdosen versehen wird, auf die sich z. B. die Stecker von 12- oder 24-Volt-Heizkissen (Autoheizkissen) bei Bedarf anschließen lassen. Alternativ kann das Solarmodul auch in den Garten mitgenommen und provisorisch so aufgestellt werden, dass es optimal gegen die Sonne ausgerichtet ist.

Einige Dimensionierungsbeispiele passender Solarstromversorgung zeigen die *Abb. 5.27/5.28*. Bei der Dimensionierung der direkten Solarstromversorgung eines Heizkissens für eine Gartenbank wurde aus rein praktischen Gründen ein 24-V/45-W-Heizkissen verwendet, da es unter den kleineren handelsüblichen Solarmodulen kaum solche gibt, die für eine 12-Volt-Nennspannung ausgelegt sind. Die meisten der kleineren Solarmodule sind für Nennspannungen ausgelegt, die zwischen ca. 16,9 und 17,9 V liegen. Wird von einem dieser Module bei optimaler Sonnenbestrahlung das 24-V/45-W-Heizkissen elektrisch versorgt, liegt seine optimale „Heizleistung" theoretisch zwischen ca. 22,6 W (17-V-Modul) und 25 W (17,9-V-Modul) – vorausgesetzt das Solarmodul ist für einen Nennstrom von mindestens 1,2 A ausgelegt *(Abb. 5.27 a)*. Diese Heizleistung reicht für den „Wärmenachschub" gut aus.

In der Praxis ist es sowohl im privaten als auch im öffentlichen oder gewerblichen Bereich (Hotelgewerbe, Sanatorium u. ä.) oft wünschenswert, wenn z. B. auch während der kühleren und sonnenarmen Sommertage oder an Sommerabenden eine Gartenbank oder einen Liegestuhl solarelektrisch zu wärmen. In diesem Fall muss die solarelektrische Stromversorgung über eine Batterie erfolgen, die nach *Abb. 5.27 b, 5.29* oder *Abb. 5.32* solarelektrisch geladen wird.

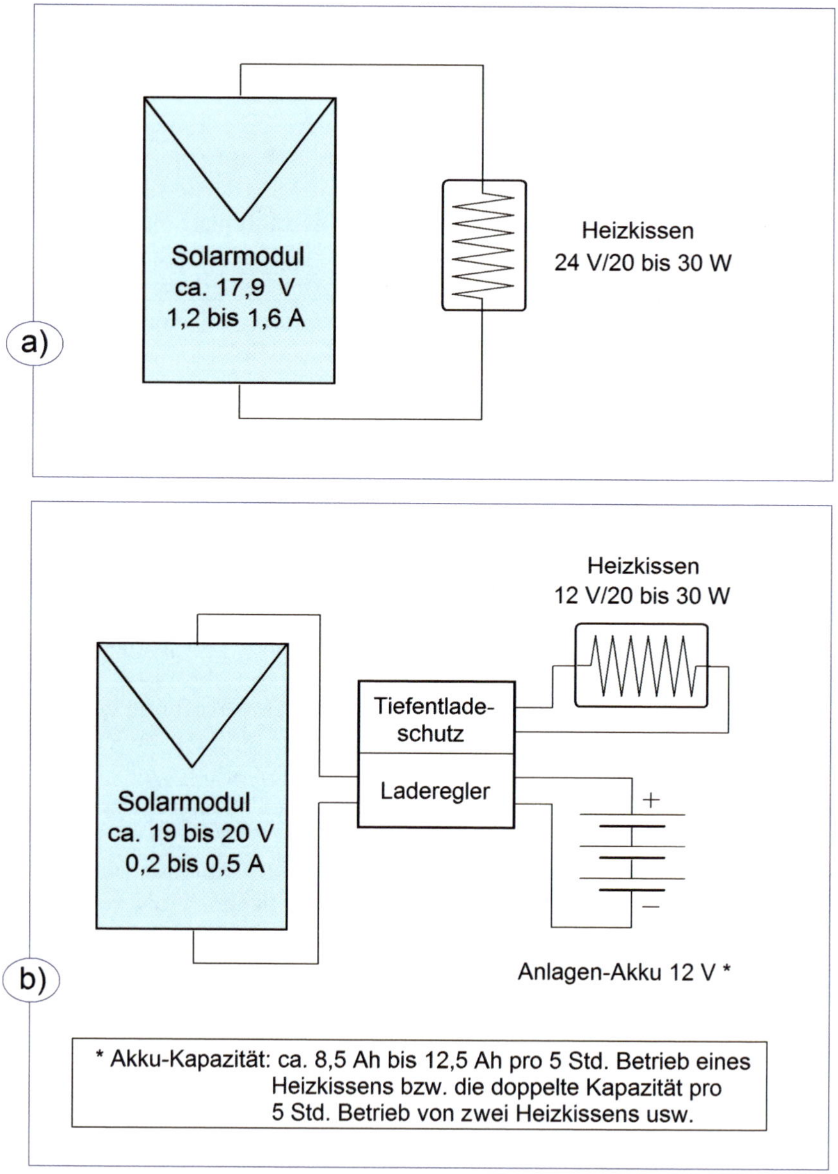

Abb. 5.27: Solarelektrische Versorgung einer beheizten Gartenbank:
a) Direktbetrieb; b) mit einem Akku als Energiezwischenspeicher

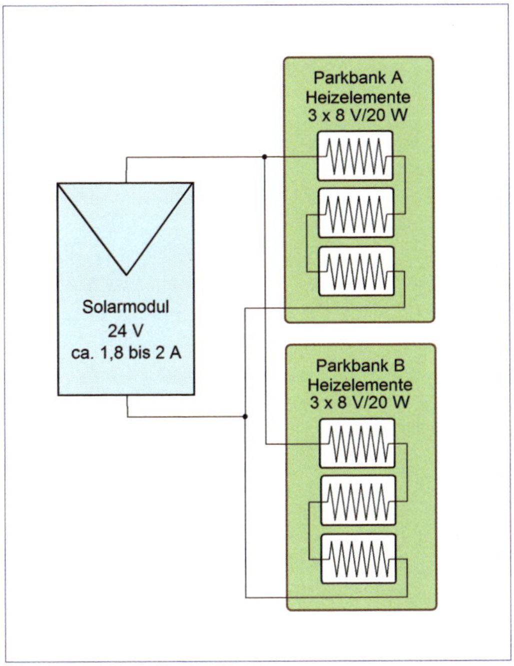

Abb. 5.28: Dimensionierungsbeispiel zweier solarelektrisch beheizter Dreipersonen-Parkbänke mit je drei beheizten Sitzen (ohne Energiezwischenspeicher)

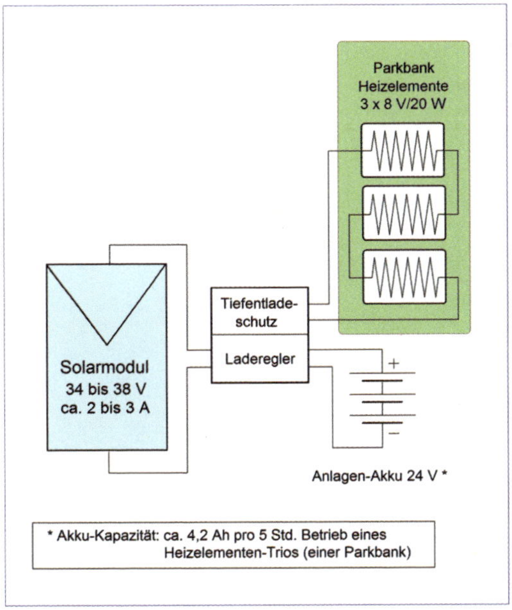

Abb. 5.29: Dimensionierungsbeispiel einer solarelektrisch beheizten Dreipersonen-Parkbank mit einem Akku als Energiezwischenspeicher

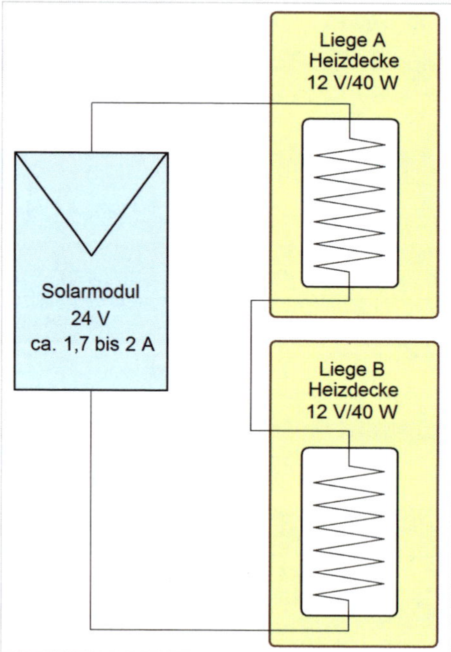

Abb. 5.30: Dimensionierungsbeispiel zweier Liegen für den Garten oder für ein Hotel, ein Sanatorium u. ä. mit solarelektrisch gewärmten Heizdecken (ohne einen Energiezwischenspeicher)

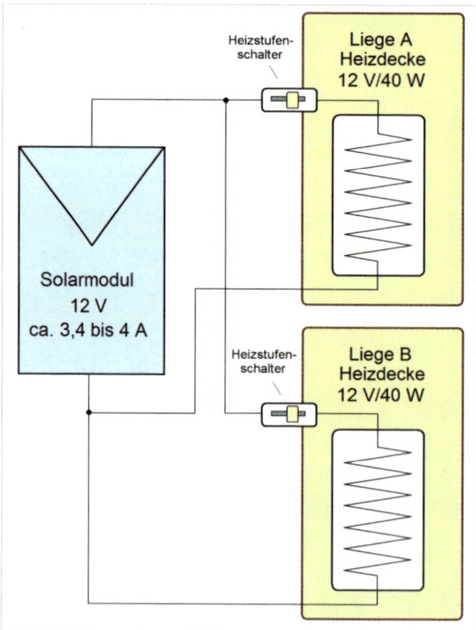

Abb. 5.31: Dimensionierungsbeispiel zweier Liegen aus Abb. 5.30 mit Heizstufenschaltern (ohne Energiezwischenspeicher)

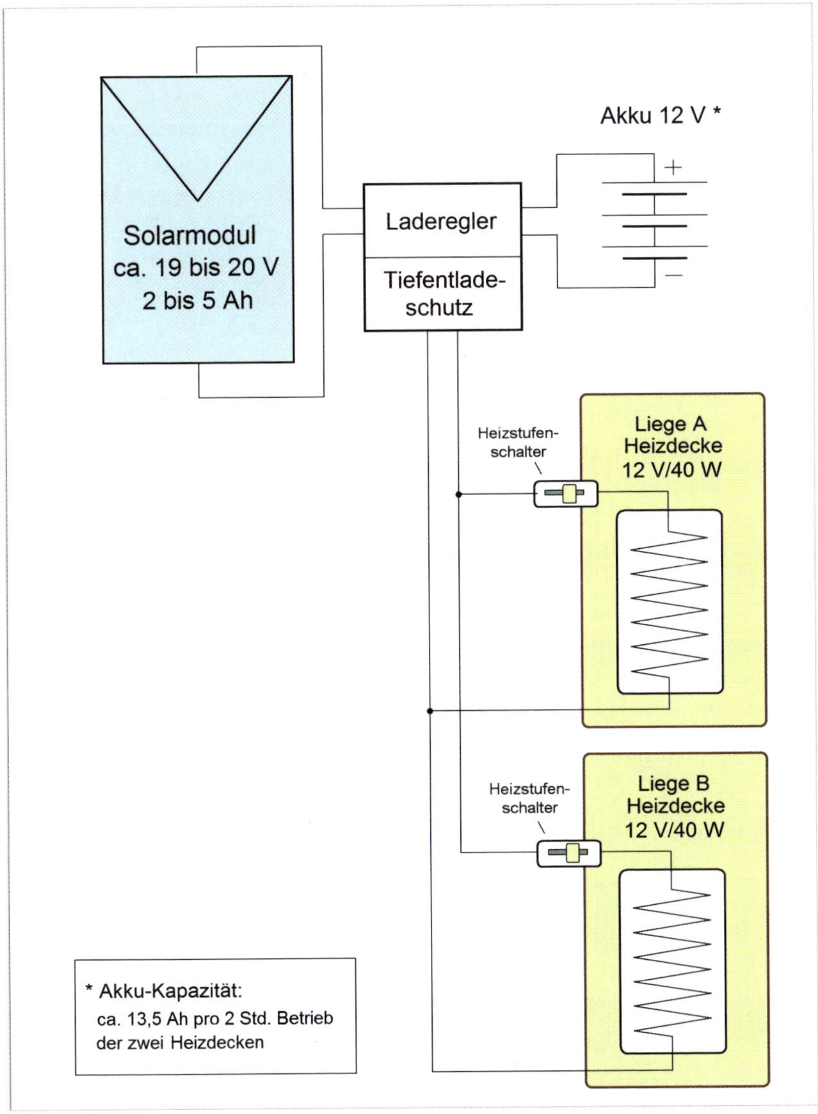

Abb. 5.32: Dimensionierungsbeispiel zweier Liegen mit solarelektrisch gewärmten Heizdecken und einem Akku als Energiezwischenspeicher

5.15 Berechnungsgrundlage der Kapazität einer Anlagenbatterie

Bei der Wahl der optimalen Kapazität der Anlagenbatterie spielt die Frage eine wichtige Rolle, ob es notfalls eine einfache Möglichkeit für ein Nachladen aus der Steckdose gibt oder ob es das Gewicht der Batterie erlaubt, sie bei Bedarf zu einem Netzanschluss zu transportieren (was z. B. bei Bleiakkus mit einer Kapazität zwischen ca. 36 und 60 Ah kein Problem wäre). Ist dem so, kann die Berechnung der Kapazität der Anlagenbatterie auf einer Zeitspanne von z. B. 14 Tagen (anstelle von 3 Wochen) beruhen, da es laut Statistik schlimmstenfalls nur einmal in 5 Jahren vorkommen dürfte, dass das Nachladen wetterbedingt nicht erfolgt.
Zu dem rechnerisch ermittelten Energieverbrauch, mit dem hier in der Form von Kapazitätsverbrauch gerechnet wird, sind bei dem Nachladebedarf noch ca. 25 % auf Ladeverluste und Selbstentladung der Batterie einzuplanen.
Als Grundlage für die Berechnung des Kapazitätsbedarfs der Batterie einer autarken Anlage sind folgende Daten erforderlich:

a) Die Anzahl der vorgesehenen elektrischen Verbraucher
b) Der Stromverbrauch einzelner Verbraucher in Ampere
c) Die vorgesehene Betriebsdauer der einzelnen Verbraucher
d) Die Zeitspanne, während der die Spannungsversorgung auch ohne Nachladen aufrechterhalten werden sollte oder unbedingt funktionsfähig bleiben müsste

Ist bei einigen der elektrischen Verbraucher nicht ihre Stromabnahme (in Ampere), sondern nur ihre Bezugsleistung (in Watt) bekannt, muss die Stromabnahme nach der Formel I = P : U (Strom [A] = Leistung [W] : Versorgungsspannung [V]) errechnet werden.
Einige Beispiele der Berechnung der Batteriekapazität wurden bereits zuvor aufgeführt. Da handelte es sich jedoch um einen verhältnismäßig leicht einschätzbaren Energiebedarf. Bei manchen autarken PV-Anlagen wird aber die Solarenergie nur sehr unregelmäßig bezogen, was die Einschätzung des tatsächlichen Energiebedarfs erschwert. Wenn dabei die solarelektrische Stromversorgung auch während der Wintermonate – vor allem im Dezember und Januar – nicht unterbrochen werden darf, wird die Einschätzung des Energiebedarfs auch noch durch die Einschätzung der sonnenarmen „Durststrecken" erschwert. Dafür gibt es leider keine zuverlässigen Formeln. Die rein mathematische Berechnung der Anlagenleistung ist dagegen kein Problem, denn die beruht auf einer einfachen Addierung des Energieverbrauchs während der vorgesehenen Zeitspannen.

5.16 Berechnungsgrundlage von Solarmodul-Nennspannung und -Nennstrom:

Wird das Solarmodul ausschließlich zum Laden einer Anlagenbatterie verwendet, muss es über eine Nennspannung verfügen, die höher ist als die der geladenen Batterie.
Für PV-Anlagen, die nur während der wärmeren Jahreszeit gebraucht werden, genügt es, wenn das Solarmodul, das für das Laden einer 12-Volt-Batterie vorgesehen ist, für eine Nennspannung von ca. 17 bis 18 Volt (laut Datenblatt) ausgelegt ist. Bei PV-Anlagen, die auch während der kalten Jahreszeit kontinuierlich betrieben werden, ist zu berücksichtigen, dass vor allem im Dezember und im Januar die Bestrahlung der Solarzellen dürftig ist.

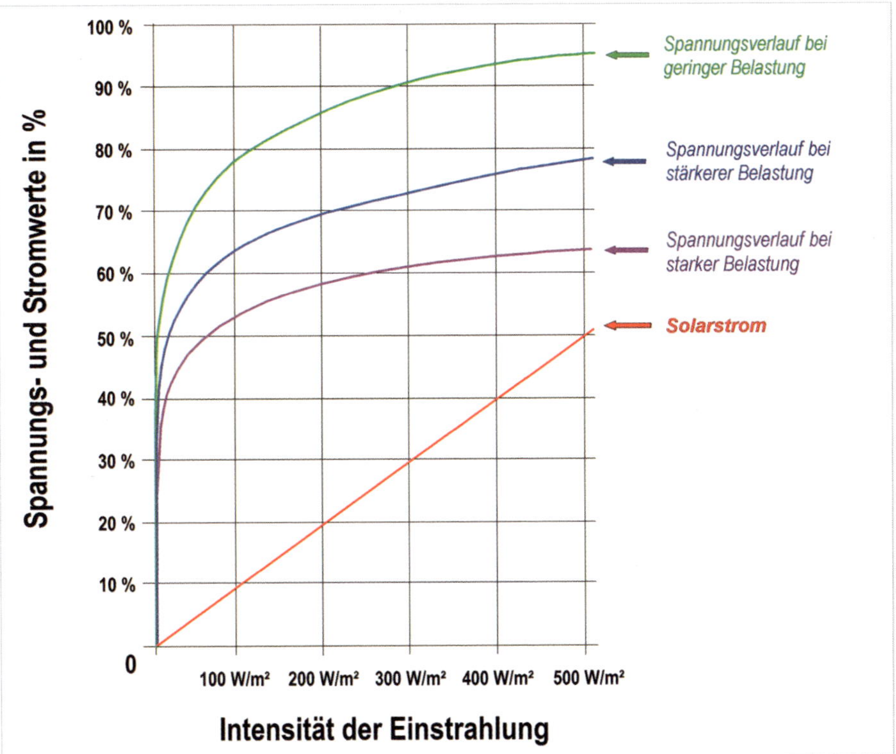

Abb. 5.33: Der Strom eines Solarmoduls steigt linear mit der jeweiligen Bestrahlung. Die Höhe der Solarspannung hängt sowohl von der jeweiligen Bestrahlung als auch von der jeweiligen Belastung des Moduls durch die angeschlossene Last, in diesem Fall die Batterie, ab (Einstrahlungs-Teilbereich von bis zu 500 W/m²).

Der Strom, den ein Solarmodul liefern kann, steigt und sinkt nach *Abb. 5.33* linear mit der Bestrahlung, von der in dieser Grafik nur der „kritischste" Bereich zwischen 0 und 500 W/m² aufgenommen wurde. Auch die an sich „weiche" Spannung, die das Modul als Ladespannung an den Laderegler jeweils liefert, steigt oder sinkt nach dem Beispiel aus *Abb. 5.33* mit der jeweiligen Bestrahlung, hängt jedoch von der Belastung ab. Der Spannungsverlauf ist – im Gegensatz zum Stromverlauf – nicht linear und weist eine starke Abhängigkeit von der Belastung der Solarzellen auf. Für einfache Planungsüberlegungen genügt es, wenn man sich an dem Beispiel aus *Abb. 5.33* orientiert und davon ausgeht, dass die Solarspannung als „Ladespannung" zwar mit der jeweiligen Belastung variiert, aber dennoch abhängig von der Bestrahlung bleibt.

Bei den Planungsüberlegungen ist zu berücksichtigen, dass der in *Abb. 5.33* eingezeichnete Verlauf des Modulstroms nur einen Schwellenwert darstellt. Von dem Solarmodul kann dieser Strom zwar (maximal) bezogen werden, aber er fließt nicht als solcher in voller Stärke automatisch z. B. als Ladestrom in die Batterie. Die Batterie bestimmt jeweils, welchen Ladestrom sie zu beziehen vermag. Dieser Vorgang beruht auf der einfachen Formel

$I = U : R$

In diese Formel müssen allerdings die richtigen elektrischen Werte eingesetzt werden:

I = jeweiliger Ladestrom in A

U = Spannungsdifferenz zwischen der jeweiligen Batteriespannung und der Ladespannung in V

R = Innenwiderstand der Batterie in Ω

Die Zusammenhänge zwischen der jeweiligen Solarspannung und der jeweiligen Belastung erläutern am schnellsten folgende Beispiele:

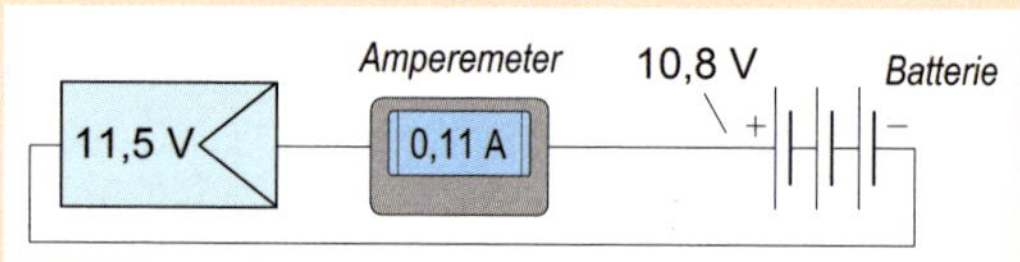

Die Solarspannung (Ladespannung) beträgt 11,5 Volt. Die Batteriespannung beträgt zu diesem Zeitpunkt 10,8 Volt. Der ermittelte Ladestrom beträgt 0,11 Ampere.

Die Spannungsdifferenz zwischen der Ladespannung und der Batteriespannung beträgt in diesem Fall nur 0,7 V (= 11,5 V – 10,8 V).

Setzt man diese Spannungsdifferenz von 0,7 V und den ermittelten Ladestrom von 0,11 A in die vorhergehende (allerdings mathematisch in „U : I = R" umgestaltete) Formel ein, ergibt sich daraus ein Batterie-Innenwiderstand von 6,36 Ω (= 0,7 V : 0,11 A).

Der Innenwiderstand (die Innenimpedanz) einer Batterie kann in der Praxis mit einem normalen Ohmmeter nicht ermittelt werden, lässt sich aber mithilfe der aufgeführten Formel leicht ausrechnen. Einen tieferen Sinn hat die Ermittlung des Innenwiderstands der Batterie u. a. nur in Verbindung mit der Erläuterung der Zusammenhänge zwischen den angesprochenen elektrischen Größen bei einem Ladevorgang. Was darunter konkret zu verstehen ist, zeigen die weiteren Beispiele:

Angenommen, man erhöht die Solarladespannung um 6 Volt auf 17,5 V:

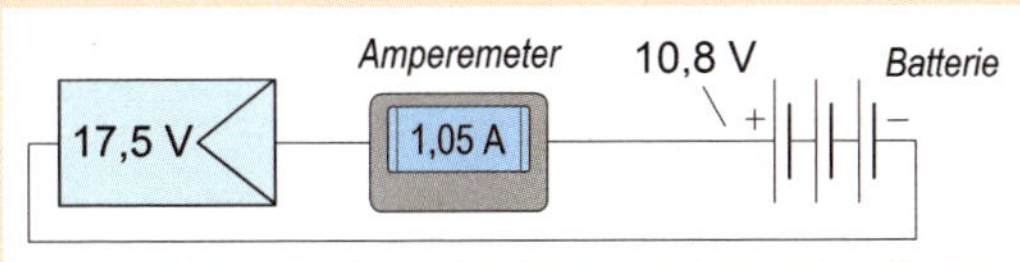

Die Spannungsdifferenz zwischen der Ladespannung und Batteriespannung steigt auf 6,7 V an. Der Ladestrom müsste nun nach der Formel *I = U : R* auf ca. 1,05 A steigen (= 6,7 V : 6,36 Ω) – vorausgesetzt, das Solarmodul kann diesen Strom in Hinsicht auf die herrschenden Wetterbedingungen und auf seine Nennleistung liefern.

Bei leicht verschleiertem Winterhimmel würde jedoch das 17,5-Volt-Solarmodul bei einer leichten Belastung möglicherweise nur eine Solarspannung von ca. 2/3 seines Nennwerts – also höchsten 11,6 Volt – aufbringen können. Um unter diesen Bedingungen eine Solarspannung von z.B. 15 V erhalten zu können, müsste man ein Solarmodul haben, das für eine Nennspannung von ca. 22,5 Volt ausgelegt ist.

Wird unter annähernd vergleichbaren Wetterbedingungen weiterhin geladen, lädt sich die Batterie gleitend auf, und ihre Spannung steigt dabei folglich zunehmend in Richtung von 14 V. Die Spannungsdifferenz zwischen der Solarladespannung und der Batteriespannung müsste demzufolge sinken. Bei diesem Vorgang manifestiert sich aber in gewissem Spielraum das Phänomen eines Spannungsanstiegs der „weichen" Solarspannung: Da der von der Batterie bezogene Ladestrom gleitend sinkt, wird das Solarmodul zunehmend geringer belastet und seine Spannung kann dabei nach der Grafik in *Abb. 5.33* in Richtung Leerlaufspannung steigen. Bei geringer Strombelastung kann dann auch bei trübem Wetter die Spannung des Solarmoduls bis in die unmittelbare Nähe der Modul-Leerlaufspannung ansteigen. ▶

Der Begriff „geringere Strombelastung" ist dehnbar: Je höher die theoretische Nennleistung und der Nennstrom des Solarmoduls sind, desto höher steigt nominal die „Ladespannung" in Richtung seiner Leerlaufspannung. Dieses Phänomen ist mithilfe der Beispiele in *Abb. 5.34* leicht nachvollziehbar: Wird von einem Solarmodul, das für einen Strom von 5 A ausgelegt ist, ein Ladestrom von „nur" 3,9 A bezogen, belastet es das Solarmodul nicht voll und die Solarspannung kann daher etwas mehr in Richtung Leerlaufspannung steigen. Versucht dagegen eine Batterie aus einem Solarmodul, das z. B. für einen Strom von nur 0,5 A ausgelegt ist, den vollen Nennstrom als Ladestrom zu beziehen, belastet es das Solarmodul stark und senkt dadurch die Modulspannung. Dies hat zur Folge, dass die Spannungsdifferenz zwischen der Modulspannung und der Batteriespannung kleiner wird, wodurch der von der Batterie bezogene Ladestrom sinkt. Die Solarspannung und der Ladestrom passen sich nach *Abb. 5.34 b* an die jeweiligen Gegebenheiten an, die vor allem von der wetterbedingten Bestrahlung des Solarmoduls abhängen.

Dieses Verhaltensmuster sollte bei solarelektrischem Laden einer Batterie vor allem bei Anlagen berücksichtigt werden, die für einen ganzjährigen Betrieb vorgesehen sind. Wird ein Solarmodul nur als Ladestromquelle einer Anlagenbatterie verwendet, wird sein Spannungsbereich in dem Feld zwischen seiner offiziellen Nennspannung und seiner Leerlaufspannung stärker benutzt als bei einer netzgekoppelten Anlage. Dies kommt vor allem dadurch, dass die Anlagenbatterie – im Gegensatz zu einem netzgekoppelten Wechselrichter – die volle solarelektrische Leistung von dem Solarmodul (oder von einem Modulstrang) nur seltener (z. B. nur während der ersten Ladestunden) bezieht. Danach gibt sich die Batterie mit einem geringeren Ladestrom zufrieden und entlastet damit das Solarmodul, dessen Spannung dadurch in Richtung der Leerlaufspannung ansteigen kann.

Die in *Abb. 5.34* dargestellten Beispiele beziehen sich beide auf einen sonnigen Wintertag. Ist der Himmel leicht trüb – was im Winter überwiegend gegeben ist, hängt das Laden der Batterie auch stark von der Nennspannung des Moduls ab. *Abb. 5.35* zeigt einige praktische Dimensionierungsbeispiele kleinerer autarker Anlagen. Die hier angegebenen Zeitspannen des Ladens beziehen sich auf optimale Bedingungen (optimale Sonneneinstrahlung und Ausrichtung des Moduls zur Sonne). Wetter- oder tageszeitbedingte Abweichungen von diesem Optimum haben proportional längere Zeitspannen des Ladens zur Folge. ▸

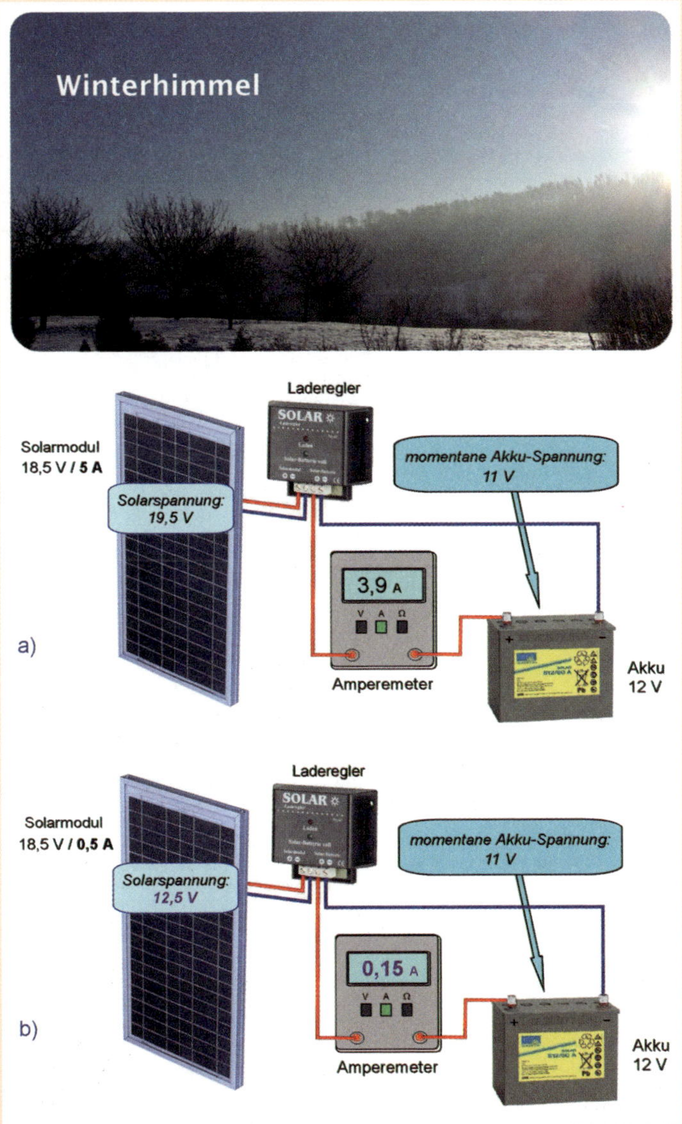

Abb. 5.34: Je höher die Nennleistung des Solarmoduls ist, desto höher sind die Ladespannung und somit auch der Ladestrom, den die Batterie bei trüberem Wetter beziehen kann: a) ein großzügig dimensioniertes Solarmodul; b) ein sparsam dimensioniertes Solarmodul.

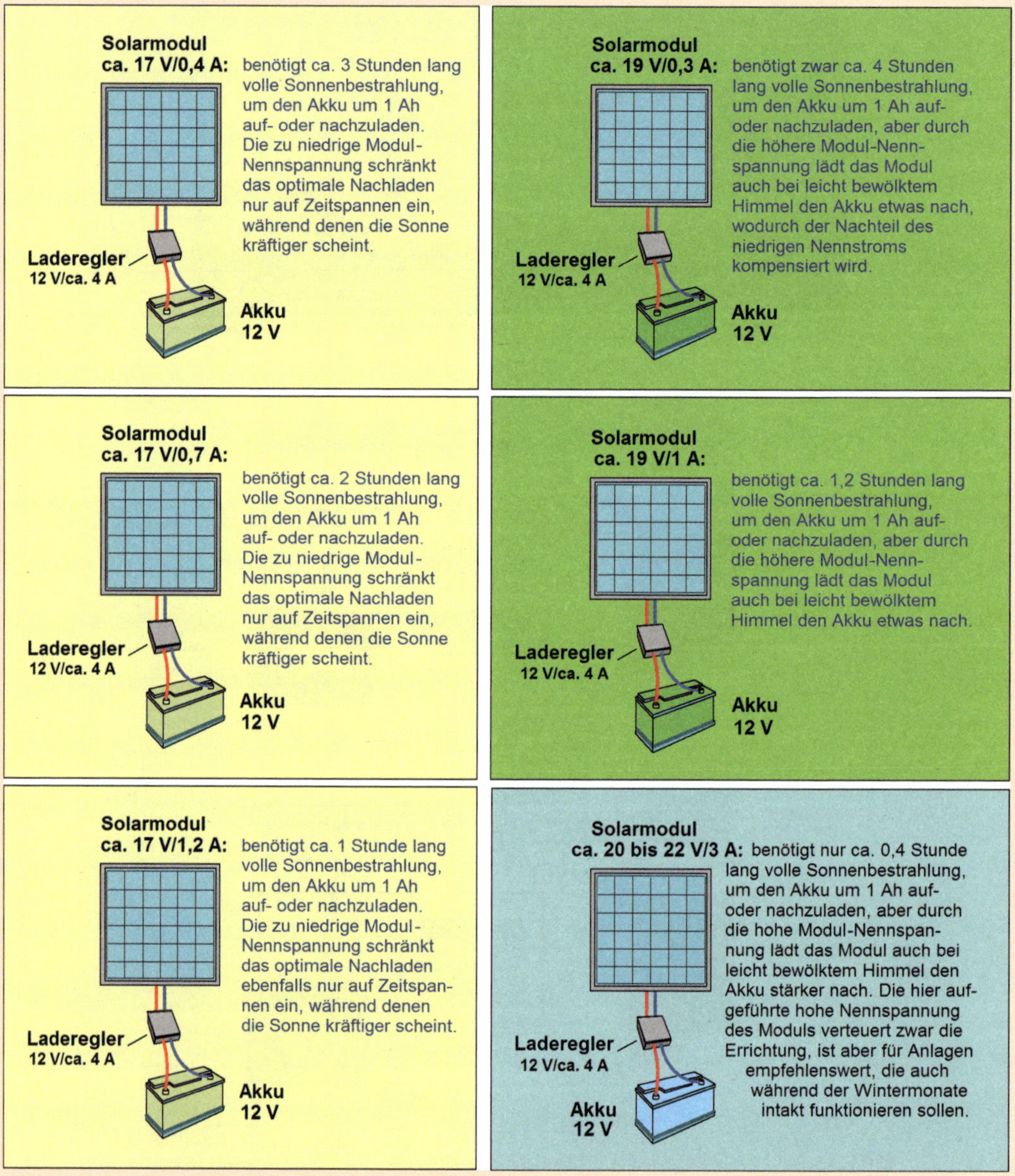

Abb. 5.35: Einige Beispiele der Dimensionierung von kleinen PV-Anlagen

6 PV-Anlagen kombiniert mit Windgeneratoren

PV-Anlagen werden oft mit Windgeneratoren kombiniert. Für kleinere autarke PV-Anlagen hat das den Vorteil, dass der Windgenerator auch dann arbeiten kann, wenn es zu wenig Sonne für den PV-Generator gibt. Hier besteht die Hauptaufgabe des Windgenerators darin, sich wirkungsvoll am Laden der Anlagenbatterie zu beteiligen.

Bei größeren Anlagen, deren Energie ins öffentliche Netz eingespeist wird, fungiert der Windgenerator einfach als eine weitere Energiequelle. Die Attraktivität dieser Kombination hängt dann vor allem von dem Vergleich des Preis-Leistungs-Verhältnisses ab, das in Hinsicht auf die Häufigkeit des Windaufkommens standortbezogen sehr unterschiedlich ist.

Ein großer Nachteil der Windgeneratoren besteht darin, dass die von ihnen erzeugte elektrische Energie mit abnehmender Windstärke stark logarithmisch sinkt. Sie können daher ihre nominale Leistung nur unter optimalen Wetterbedingungen – also bei sehr starkem Wind – erbringen. Sinkt z. B. die Windgeschwindigkeit auf die Hälfte, sinkt die erzeugte elektrische Leistung auf 1/3. Sinkt die Windgeschwindigkeit auf 1/3 (z. B. von 17 m/s auf 5,66 m/s), sinkt die tatsächlich erbrachte elektrische Leistung unter ca. 8,3 % der „installierten" Nennleistung.

Viele der riesigen Windgeneratoren, die z. B. in der Südhälfte Deutschlands in Gebieten aufgestellt wurden, in denen die Windstärke häufig bei unter 4,5 m/s liegt, bringen oft im Durchschnitt weniger als 2 % der „installierten Leistung". Sie sind somit keine umweltfreundlichen Energiequellen, sondern nur Denkmale einer Umweltverschmutzung, denn für ihre Herstellung und Installation wurde erheblich mehr Energie verbraucht, als sie während ihres ganzen Daseins zurückgewinnen werden. Zudem wird für ihre – oft sehr kostenintensive – Wartung und spätere Entsorgung erneut mehr Energie verbraucht, als sie je ins öffentliche Netz eingespeist haben.

Diese Tatsache ist ein wichtiger Faktor für einen gewissenhaften Planer. Bei einem Preis-Leistungs-Vergleich von Photovoltaik-Anlagen mit Windgeneratoren ist u. a. auch der Unterschied im Wartungsaufwand zu berücksichtigen. Dieser hängt bereits mit der in der Technik bekannten Faustregel zusammen, dass alles, was sich mechanisch bewegt, einem höheren Verschleiß unterliegt als unbewegliche Bauteile. Auch dieser Aspekt spielt beim Vergleich einer an sich anspruchslosen PV-Anlage mit einem relativ wartungsintensiven Windgenerator eine Rolle, die bei Planungsüberlegungen mitberücksichtigt werden sollte.

6.1 Kleine PV-Anlagen in Kombination mit Windgeneratoren

Solargeneratoren werden mit Windgeneratoren bei kleineren autarken Anlagen oft kombiniert, um die Anlagenbatterie auch während sonnenarmer Perioden laden zu können. Das ist in vielen Fällen eine sinnvolle Lösung. Die Wahl des optimalen Windgenerators hängt dann maßgeblich vom Standort ab: Für einem Standort mit viel Windaufkommen kommt als Windgenerator ein „Schnellläufer", für einen Standort mit wenig Windaufkommen ein „Langsamläufer" (mit z. B. einem Savonius-Windrad) infrage. Ein Langsamläufer ist so konzipiert, dass er bereits bei niedrigerer Windstärke eine brauchbare elektrische Leistung – und somit auch eine brauchbar hohe Ladespannung und einen brauchbar hohen Ladestrom – erbringt.

Der Entwicklung und Herstellung von Langsamläufern wurde in Europa bisher nur wenig Aufmerksamkeit gewidmet. Dies ändert sich nun etwas und auf dem europäischen Markt werden auch kleinere – und vor allem kostengünstige – Langsamläufer auftauchen. Mit ihnen kann dann auch bei geringerer Windstärke quasi Tag und Nacht die Anlagenbatterie geladen werden. Das Preis-Leistungs-Verhältnis solcher kleinen Generatoren könnte dann dafür sprechen, sie bei autarken (Insel-)Anlagen zumindest als Lückenbüßer mit kleineren PV-Anlagen auch in Gegenden mit schwächerem Windaufkommen zu kombinieren.

Es gibt viele Standorte, an denen das Windaufkommen vor allem für „Langsamläufer" hoch genug ist und den energetischen Ertrag eines kleinen Windgenerators kräftig steigern kann. Da kann dann unter Umständen (vor allem während der kühleren Jahreszeit) ein Windgenerator eine Anlagenbatterie zumindest genauso kräftig nachladen wie ein Photovoltaik-Generator.

Von den elektrischen Parametern des „kleinen" Windgenerators hängt dann ab, ob er sich z. B. mit einem Solarmodul einen gemeinsamen Laderegler nach *Abb. 6.1 a* teilen kann oder ob er einen eigenen Laderegler nach *Abb. 6.1 b* benötigt. Dabei ist darauf zu achten, dass einige der kleinen Windgeneratoren ausgangsseitig (an ihren Anschlussklemmen) eine Wechselspannung liefern, die noch gleichgerichtet oder erst transformiert und anschließend gleichgerichtet werden muss. Beides erledigen in der Regel spezielle Laderegler, die als Zubehör der Windgeneratoren erhältlich sind. Wenn dabei die Laderegler auf die Anlagenbatterie parametrisch abgestimmt sind, können sich beliebig viele „Ladeenergiequellen" nach *Abb. 6.2* das Laden der Batterie teilen. Die Summe aller Ladeströme sollte jedoch in diesem Fall ca. 10 % der Batteriekapazität in Ah (Amperestunden) nicht überschreiten. Diese Anforderung kann z. B. dadurch erfüllt werden, dass die Kapazität der Anlagenbatterie bei Bedarf angemessen erhöht wird.

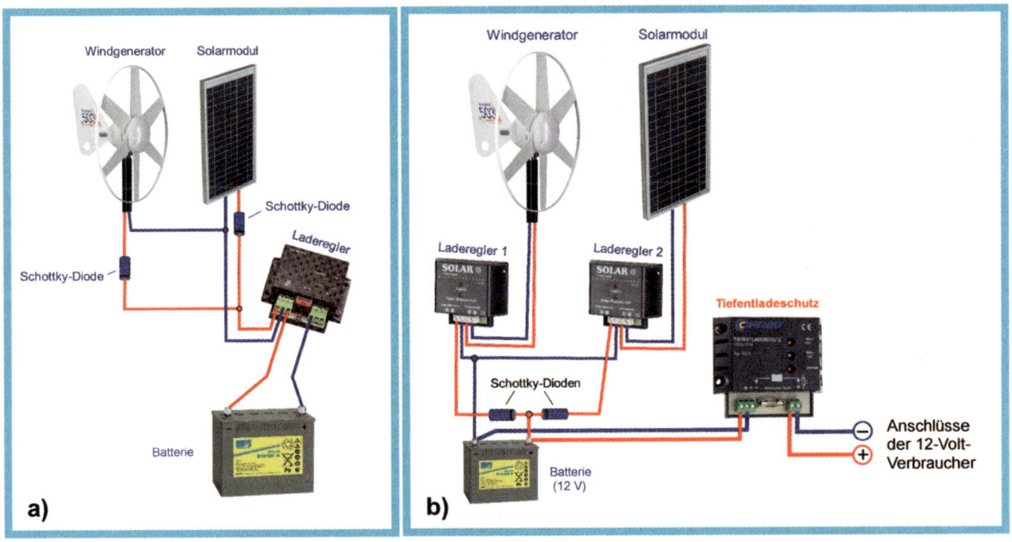

Abb. 6.1: a) Wenn es die elektrischen Parameter des Windgenerators und des Solarmoduls erlauben, können sich diese beiden Energiequellen einen gemeinsamen Laderegler teilen; b) Weisen die elektrischen Parameter des Windgenerators und des Solarmoduls technische Unterschiede auf, die das Benutzen eines gemeinsamen Ladereglers nicht erlauben, muss jede dieser Energiequellen einen eigenen Laderegler erhalten.

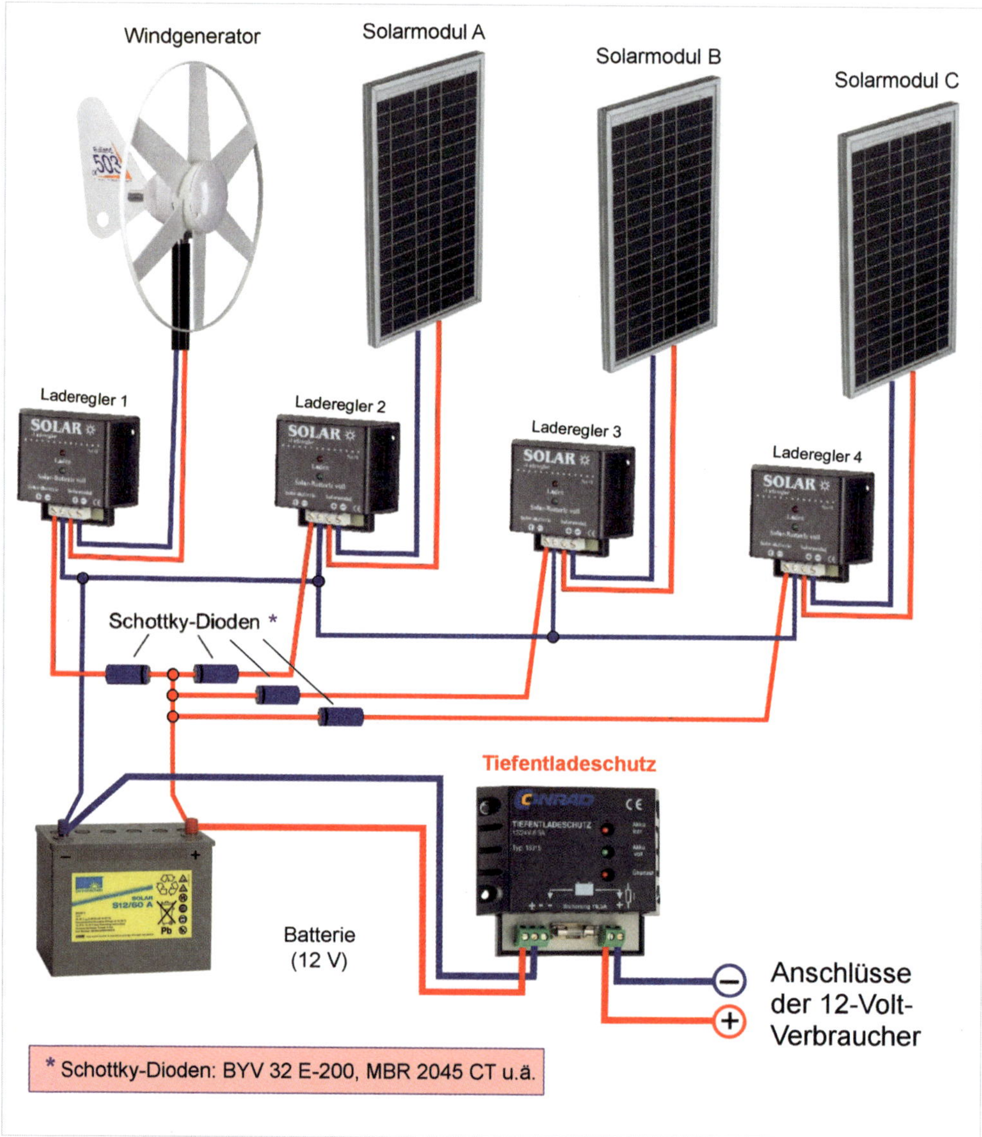

Abb. 6.2: Die Anzahl der Energiequellen, die eine gemeinsame Anlagenbatterie laden, kann bei Bedarf beliebig groß sein, aber bis auf technisch begründete Ausnahmen benötigt jede dieser Ladestromquellen einen eigenen Laderegler.

6.2 Größere Anlagenkonzepte

Bei großen Solaranlagen, deren Energie ins öffentliche Netz eingespeist wird, muss keine direkte Zusammenarbeit des PV-Generators (oder der PV-Generatoren) mit dem Windgenerator (oder mit mehreren Windgeneratoren) angestrebt werden. Sie speisen die von ihnen erzeugte Energie in der Regel über ihre eigenen speziellen Wechselrichter unabhängig voneinander nach dem Beispiel aus *Abb. 6.3* in das öffentliche elektrische Netz ein.

Größere Windgeneratoren benötigen spezielle *Windenergie-Wechselrichter*, die typenbezogen für die vorgesehenen Windgeneratoren ausgelegt sind (wie z. B. die *Windy Boy-Wechselrichter* von *SMA)*. Die Höhe des Ertrags eines Windgenerators hängt hier stark davon ab, wie genau der Wechselrichter auf seine Leistungscharakteristik abgestimmt ist. Weiterhin muss der Wechselrichter – im Gegensatz zu einem universalen Photovoltaik-Wechselrichter – den ständig auftretenden schnellen Lastwechsel effizient verarbeiten können.

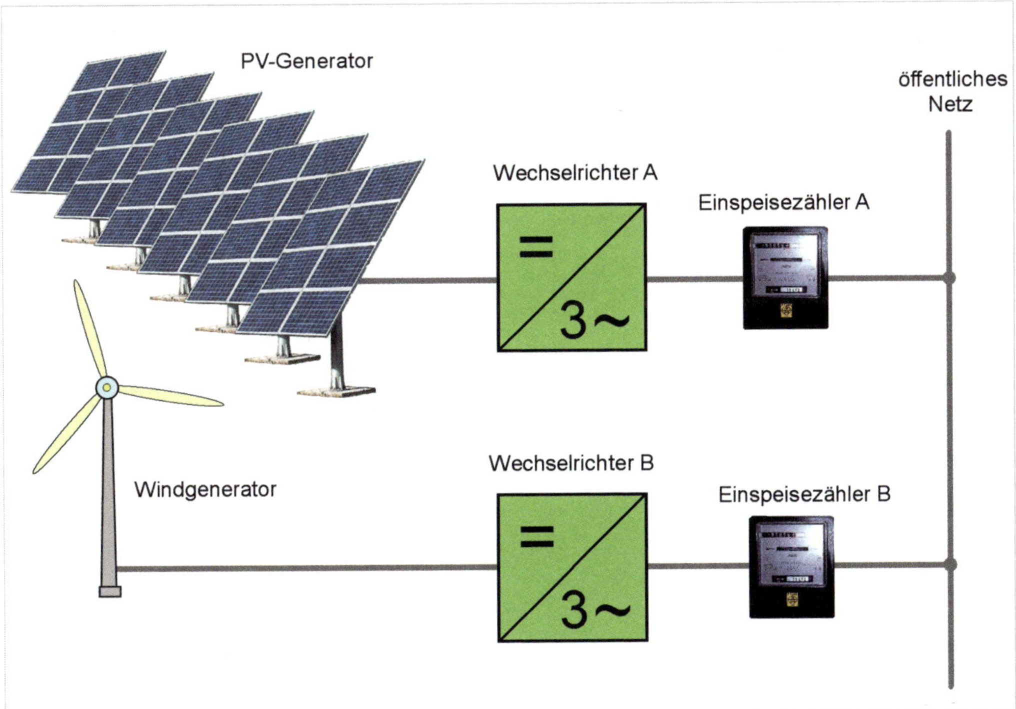

Abb. 6.3: Bei größeren Anlagen arbeiten die Photovoltaik- und Windgeneratoren unabhängig voneinander.

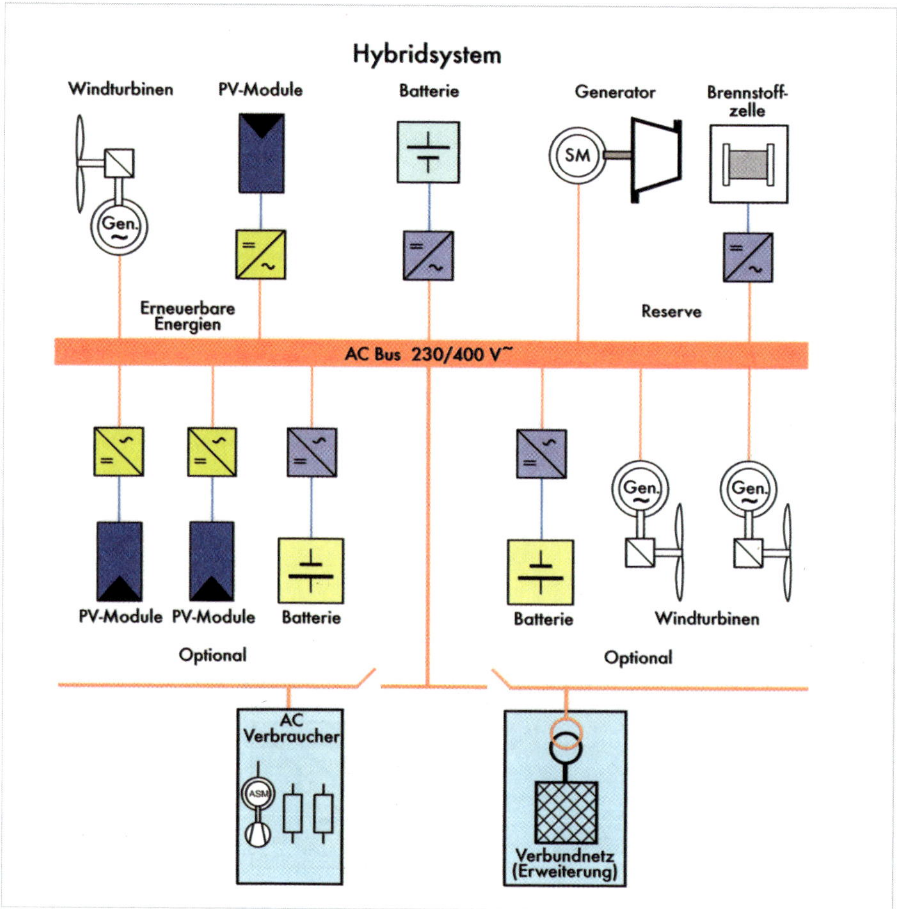

Abb. 6.4: Erweiterbare, modular strukturierte Hybrid-Anlagen mit Photovoltaik-Generatoren, Windgeneratoren (Windturbinen) und AC-gekoppelten Komponenten (SMA AG)

Technische Hinweise

A Strom aus Solarzellen

Solarzellen erzeugen genau genommen keine elektrische Energie, sondern wandeln nur die Energie von „eingefangenen“ Photonen in elektrische Energie um. Von der Menge der Photonen, die in eine Solarzelle nach *Abb. A1* eindringen, hängt die jeweilige elektrische „Abgabeleistung“ einer Solarzelle ab: Je kräftiger die Zelle mit Photonen bestrahlt wird, desto mehr Photonen kann sie in elektrischen Strom umwandeln.

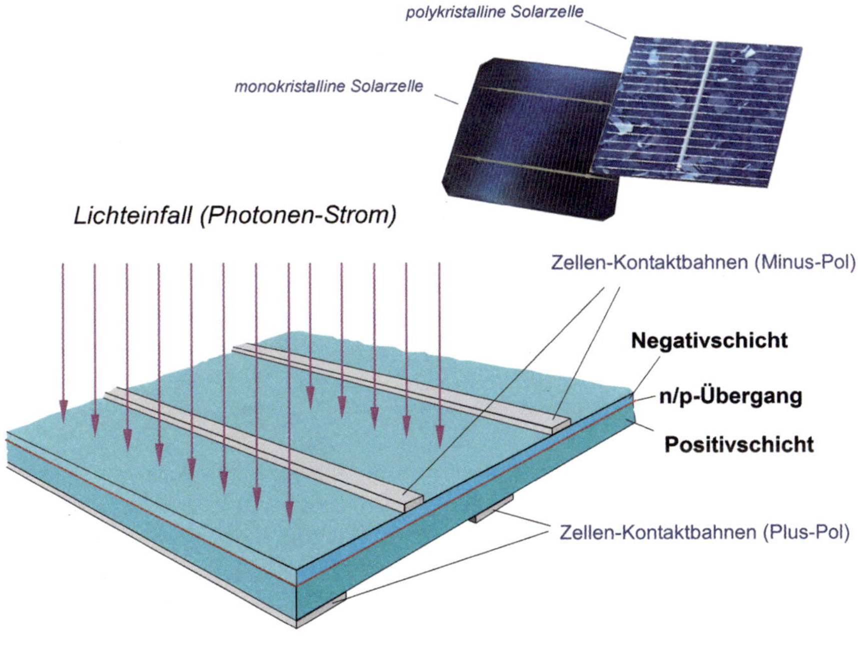

Abb. A1: Kristalline Silizium-Solarzelle im Schnitt (stark vergrößert)

Die Umwandlung der Photonen in elektrischen Strom erfolgt bei der Solarzelle unmittelbar ohne Verzögerung und ihre Dauer ist identisch mit der Dauer der Bestrahlung: In dem Moment, in dem die Solarzelle bestrahlt wird, kann sie sofort (blitzschnell) die elektrische Energie liefern, die der Bestrahlungsintensität entspricht. In dem Moment, in dem die Bestrahlung aufhört, wird die Solarzelle als Energiequelle inaktiv und stellt ihre Arbeit ein. Eine Solarzelle

kann also weder einen Teil der Energie speichern noch manifestiert sich bei ihr irgendeine Hysterese, durch die es zu einer Verschiebung des Energie-Angebots zwischen dem Augenblick der Bestrahlung und der Beendung dieser Bestrahlung kommen könnte.
Solarzellen können nicht die Sonnenwärme, sondern nur das Licht der Sonne nutzen und in elektrische Energie umwandeln. Zudem spielt hier die Art der Lichtquelle keine Rolle, denn Solarzellen wandeln auch Kunstlicht oder Tageslicht bei Bewölkung in elektrische Energie um.
Leider wirkt sich jegliche Wärme – und somit auch die Sonnenwärme – auf die Leistung der Solarzellen stark kontraproduktiv aus. Sie sinkt mit zunehmender Wärme nach *Abb. A2* und steigt wiederum mit zunehmender Kälte. Das ist gerade bei dieser Form der Sonnenenergienutzung eine unangenehme Schwachstelle der Energieumwandlung: Solarzellen nutzen also nur den Teil der Sonnenenergie, der in Form von Licht (von Photonen) in sie eindringt. Der größte Teil der eigentlichen Sonnenenergie, den die Wärme bildet, wirkt sich auf die Energieumwandlung in der Solarzelle ausgesprochen negativ aus. Je stärker die Sonne scheint, desto kräftiger ist zwar die Einstrahlung des Sonnenlichts, aber gleichzeitig wärmen die Sonnenstrahlen die Solarzellen umso mehr auf und verringern dadurch ihre Ausgangsleistung. Die innere Betriebstemperatur der Solarzellen beträgt bei einer relativ guten Einbettung der Solarzellen im Modul bei voller Belastung wetterbedingt zwischen ca. 50 und 80 °C. An heißen Sommertagen kann sie bei Windstille sogar 80 °C überschreiten, was eine spürbare Verringerung der solarelektrischen Leistung zur Folge hat. Der Leistungsrückgang ist bei den Solarzellen und Solarmodulen nicht typenabhängig.
Die negative Auswirkung der Temperatur auf die Solarzellen ist ein physikalisch bedingter Hemmfaktor, der auf alle Silizium-Halbleiter zutrifft. Solarzellen mögen Kälte und müssten eigentlich „unterstützend“ gekühlt werden, um tatsächlich auch die Leistung zu erbringen, die als ihre *Nennleistung* oder *Leistung bei max. Belastung* in den technischen Daten angegeben wird.
Das ist gut zu wissen, denn eine Lüftung oder Kühlung steigert die elektrische Leistung dieser leisen elektrischen Generatoren. Schlecht gekühlte Solarmodule heizen sich schnell auf. Die eine Ursache liegt, wie z. B. bei jeder Silizium-Diode, in der Leistung, die abhängig von dem Strom, der durch die Solarzelle fließt, multipliziert mit der jeweiligen *Zellenspannung*, physikalisch bedingt in Wärme umgewandelt wird. Die zweite Ursache ist die Umgebungstemperatur, die als Summe der direkten Umgebungswärme und der heißen Sonnenstrahlen die Solarzellen an warmen Tagen noch zusätzlich stark aufwärmt.
Die Tabellen B1 bis B4 (Kapitel B) verdeutlichen, wie sich in der Praxis das Erwärmen der Solarmodule in etwa auf den Leistungsrückgang auswirkt.

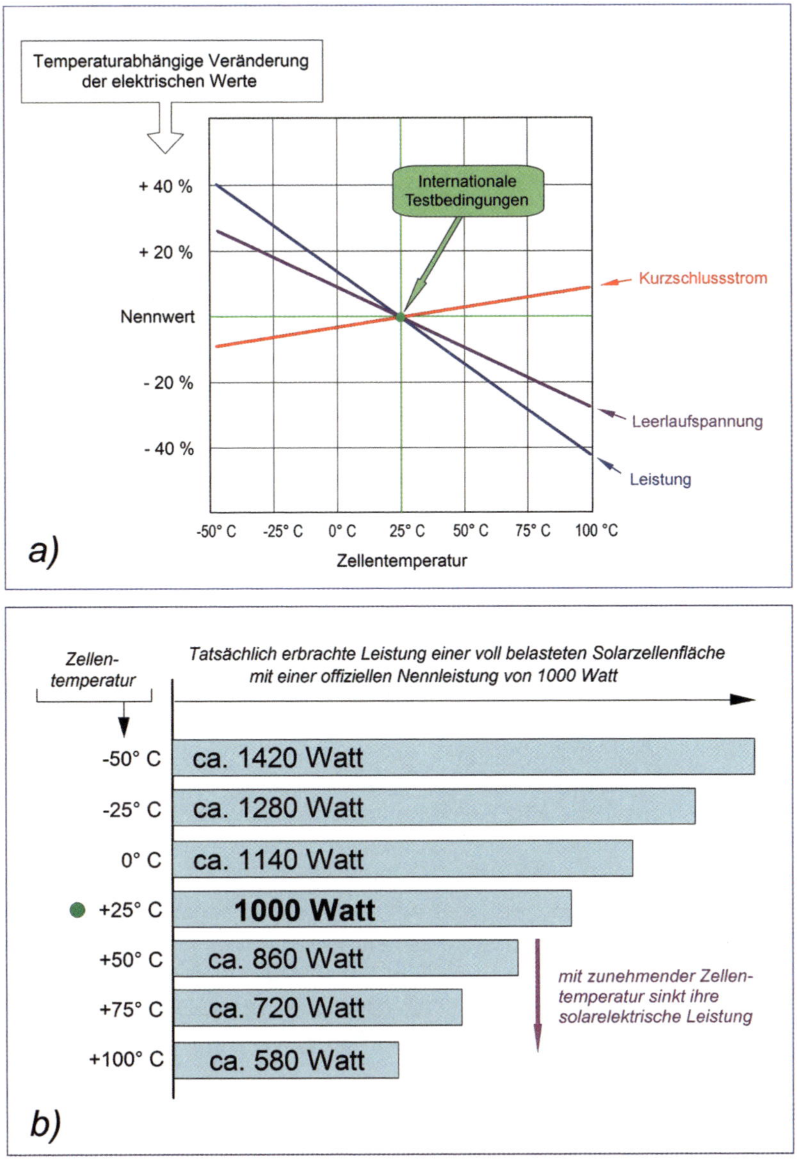

Abb. A2: Temperaturabhängigkeit der elektrischen Werte kristalliner Solarzellen und Solarmodule: a) grafische Darstellung; b) nominale Zellenleistung

Diese Eigenschaft der Zellen wirkt sich somit – wie bereits erwähnt – auch auf die elektrische Leistung eines Solarmoduls kontraproduktiv aus: Je kräftiger die Sonnen scheint, desto mehr wärmt sie mit ihren Strahlen die Zellen auf. Gleichzeitig steigt mit dem Photoneneinfall die elektrische Leistung der Zellen, wodurch diese sich noch mehr aufwärmen. Generell steigen zwar Spannung und Leistung der Solarzellen mit zunehmender Intensität der Sonnenbestrahlung, aber durch das Aufheizen der Zellen steigen sie nicht proportional zu der zunehmenden Photonendichte, die in elektrische Leistung umgewandelt werden könnte, wenn die Zellen z. B. künstlich gekühlt wären.

Hier werden allerdings nur die Energieverluste als solche angesprochen. Bei vollem Sonnenschein können trotz der damit verbundenen Hitze die Solarzellen im Sommer mehr Energie erzeugen als z. B. an einem relativ sonnigen und kalten Wintertag. Nur mit den Proportionen stimmt es nicht so optimal, wie man es von der Sonnenstrahlenintensität her erwarten dürfte, wenn dabei die Innentemperatur der Solarzellen unverändert bliebe. Leider liegt der Arbeitsbereich voll belasteter Solarzellen gerade an den ertragsreichsten Sommertagen (je nach Kühlung) im Durchschnitt oft zwischen ca. 65 und 75 °C (bei Hitze und Windstille sogar noch höher), was oft einen Leistungsrückgang von etwa 25 bis 35% zur Folge hat.

Wie sich die elektrischen Werte einer Solarzelle oder eines Solarmoduls mit der Temperatur verändern, zeigt *Abb. A2*. Für den Errichter und Anwender einer Photovoltaik-Anlage ist es wichtig zu wissen, dass der grüne Punkt in der Mitte der in *Abb. A2 a* eingezeichneten Grafik eine sehr wichtige Schnittstelle anzeigt, laut der die von ihr bezogene Leistung nur dann bei 100 % liegt, wenn die Zellentemperatur 25 °C beträgt. Gerade diese Temperatur von 25 °C als Referenztemperatur liegt den sogenannten internationalen Testbedingungen zugrunde.

Da auf diesen Testbedingungen die in den Datenblättern angegebenen Nennwerte von Solarzellen und mit Solarzellen bestückten Solarmodulen beruhen, muss man davon ausgehen, dass die Solarmodule einer arbeitenden Photovoltaik-Anlage diese Werte unter normalen Umständen nicht erreichen können. Sogar auf dem Nordpol heizen sich voll belastete Solarzellen auf eine Temperatur auf, die über den hypothetischen 25 °C liegt.

Die technischen Daten der Solarzellen und Solarmodule, die in den Datenblättern und Prospekten aufgeführt sind, beruhen auf offiziell anerkannten Testbedingungen, die ursprünglich in Form sogenannter *internationaler Testbedingungen* von folgenden Voraussetzungen ausgehen:

Sonneneinstrahlung (Solarstrahlung) $E = 1.000\ \text{Watt/m}^2$

Spektralverteilung $AM = 1{,}5$

Zellentemperatur $Tc = 25\ °C$

Die *Sonneneinstrahlung E* und die *Spektralverteilung AM* sind für einen „normalen Anwender" schleierhafte Vorbedingungen. Einfach ausgedrückt sind diese Vorbedingungen erfüllt, wenn in Mitteleuropa an einem sonnigen Tag die Sonne die Solarzelle mit voller Intensität (mit hoher Dichte der Photonen) und exakt senkrecht bestrahlt (= wenn das Solarmodul optimal gegen die Sonne ausgerichtet ist).

Als eine etwas neuere Alternative zu den internationalen Testbedingungen setzen sich zunehmend die sogenannten *NOCT-Testbedingungen* durch, auf denen die offiziellen Daten einiger Hersteller beruhen. Bei diesen Testbedingungen wird von einer *Nennbetriebstemperatur* (englisch *Normal Operating Cell Temperature)* einer Solarzelle ausgegangen, die sich bei einer *Sonneneinstrahlung (Solarstrahlung) von 800 Watt/m²*, einer *Spektralverteilung von AM 1,5* und einer *Windgeschwindigkeit von einem Meter pro Sekunde* bei einer *Umgebungstemperatur von 20 °C* einstellt.

In beiden Fällen handelt es sich eigentlich um Testbedingungen, die auf Voraussetzungen beruhen, die zwar bei diversen wenig belasteten Silizium-Halbleitern vorkommen, aber bei belasteten Solarzellen oder Solarmodulen nur einen quasi illusorischen Richtwert darstellen.

Je nach Fähigkeit der im Solarmodul eingebetteten Solarzellen, die erzeugte Wärme abzuleiten, nach Lüftung und nach Umgebungstemperatur steigt die Zellentemperatur eines von der Sonne aufgeheizten Solarmoduls an einem heißen Sommertag recht schnell über +65 °C.

Fazit: Ein Solarmodul, das normal montiert ist, kommt eigentlich während seiner Existenz gar nicht oder bestenfalls nicht länger als nur einige Sekunden dazu, die tabellarische Nennleistung und Nennspannung aufzubringen, nachdem es z. B. an einem eiskalten sonnigen Wintertag in Betrieb genommen wurde. Da es paradoxerweise an sonnigen Sommertagen zu heiß ist, heizen sich die Solarmodule sehr schnell auf. Die Ausgangsleistung und die Ausgangsspannung des Solarmoduls werden dadurch schwer in Mitleidenschaft gezogen. Tabelle 1 zeigt, in welchem Umfang sich die Innentemperatur der Silizium-Solarzellen auf die *tatsächlich erzielbare Nennleistung und Nennspannung* der Solarmodule ungefähr auswirkt.

Einfluss der Zellen-Erwärmung auf den Leistungs- und Spannungsrückgang von Solarmodulen

Zellentemperatur:	Leistungsrückgang: *	Spannungsrückgang: *
25 °C	0 %	0 %
40 °C	ca. 13,7 %	ca. 4,9 %
45 °C	ca. 18,3 %	ca. 6,6 %
50 °C	ca. 22,9 %	ca. 8,25 %
55 °C	ca. 27,3 %	ca. 9,9 %
60 °C	ca. 32,0 %	ca. 11,6 %
65 °C	ca. 36,4 %	ca. 13,2 %
70 °C	ca. 41,1 %	ca. 14,9 %
75 °C	ca. 45,7 %	ca. 16,5 %

45 °C bis 70 °C: Meist vorkommende (wetterabhängige) Innentemperatur der Solarzellen bei voller Belastung

* gegenüber den offiziellen Modul-Nenndaten und nur bei voller Belastung

Die hier aufgeführten Angaben sind nur als typenabhängige Durchschnitts-Richtwerte zu betrachten.

Tab. A1: Abhängigkeit der elektrischen Leistung und Spannung kristalliner Solarzellen und Solarmodule von der jeweiligen Innentemperatur der Zellen

B Wichtige technische Parameter von Solarmodulen

Die *elektrischen Daten* (Kennwerte) handelsüblicher Solarmodule sind in ihren Datenblättern aufgeführt und beziehen sich im Allgemeinen auf folgende Angaben:

a) Nennleistung: Unter diesem Begriff ist eine maximale Leistung oder Spitzenleistung der Solarmodule zu verstehen. Sie wird daher in den technischen Daten meist als *Wp* (Watt peak) aufgeführt.
b) Nennspannung (Spannung bei max. Leistung) in Volt
c) Leerlaufspannung in Volt
d) Nennstrom (Strom bei max. Leistung) in Ampere
e) Kurzschlussstrom in Ampere
f) Umwandlungswirkungsgrad in %
g) Leistungstoleranz in %
h) maximale Systemspannung in Volt

Beim Entwurf einer netzgekoppelten Photovoltaik-Anlage ist die vorgesehene PV-Leistung (Nennleistung) der wichtigste Ausgangspunkt. Sie sollte jedoch möglichst genau auf die Leistung des verwendeten Wechselrichters abgestimmt werden.

Die theoretische *Nennleistung der Solarmodule*, die alternativ oft auch als *Leistung bei max. Belastung* oder als *maximale Leistung* P_{max} bezeichnet wird, steht meist an erster Stelle unter den technischen Daten eines Solarmoduls. Sie wird in Watt (W) angegeben, wobei in der Solarelektrik an das „Watt" noch ein kleines, tiefgestelltes „P" angehängt wird, wodurch dann z. B. die Leistung eines 100-Watt-Solarmoduls in Form von „100 W_P" (Watt peak = Spitzenleistung) angegeben wird. Das zusätzliche kleine *p* hinter dem Watt ist ein Hinweis darauf, dass es sich bei solcher Leistung um keine konstante Leistung, sondern nur um eine maximal erzielbare und von vielen Faktoren abhängige *Peak*-Leistung handelt.

Beispiel der technischen Daten eines kristallinen Solarmoduls:

Elektrische Kennwerte

Nennleistung (P_{max})	220 W_p
Nennspannung (U_{MPP})	28,2 V
Nennstrom (I_{MPP})	7,8 A
Kurzschluss-Strom (I_{SC})	8,12 A
Leerlaufspannung (U_{0C})	34,8 V
Modul Wirkungsgrad	15,05 %
Leistungstoleranz	+/-2 %
Zellenzahl	54
Maximale Systemspannung	1.000 V

Mechanische Daten

Modul-Länge	1481 mm
Modul-Breite	992 mm
Modul-Höhe	38 mm
Modul-Gewicht	19 kg

Abb. B1: Beispiel eines Solarmodul-Datenblatts

Die Nennleistung einer Photovoltaik-Anlage resultiert aus den Nennleistungen einzelner Solarmodule, die bei einer PV-Dachanlage zu einem größeren Photovoltaik-Generator oder zu einem Modulstrang (String) in Reihe verschaltet werden. Die Leistungen (und auch die Spannungen) aller einzelnen Solarmodule eines Strangs addieren sich. Vorausgesetzt, alle Solarmodule – oder alle Solarmodule einzelner Stränge – haben identische Nennleistungen.
Besteht eine Photovoltaik-Anlage, die auch als *solarelektrischer Generator* bezeichnet werden kann, z. B. aus 15 Solarmodulen à 100 Watt (à 100 W_p), beträgt ihre nominale Gesamtnennleistung 1.500 W_p (= 15 × 100 W_p = 1,5 kW_p).
Solarmodule werden in verschiedenen Toleranzklassen gefertigt. Die vom Hersteller angegebene *Toleranz der Solarmodule* ist ein wichtiger Bestandteil der technischen Daten. Sie beträgt bei den meisten Solarmodulen beispielsweise ±2 %, ±3 %, ±5 % oder ±10 %. Es gibt aber auch Solarmodule, deren Toleranz nur mit ±1 % oder mit -0/+3 % angegeben wird.

Beträgt die Toleranz eines Solarmoduls ± 10 %, kann bei den Planungsüberlegungen davon ausgegangen werden, dass die tatsächliche *Nennleistung* des Moduls oder auch der ganzen Photovoltaik-Anlage höchstwahrscheinlich nur bei 90 % der theoretischen Nennleistung liegen könnte.
Bei Solarmodulen, deren offizielle Toleranz nur ±5 % beträgt, dürfte die tatsächliche Nennleistung höchstens 5 % unterhalb der theoretischen Nennleistung liegen. Bei Solarmodulen, deren Toleranz der Hersteller (im Datenblatt) z. B. nur mit ±2 % angibt, dürfte die tatsächliche Nennleistung höchstens 2 % niedriger sein, als es der theoretischen Nennleistung entspricht usw.
Im Gegensatz zu den Toleranzklassen, bei denen in der Elektrotechnik oder im Maschinenbau davon ausgegangen werden kann, dass sie sich in dem ganzen Spielraum in beiden Richtungen bewegen, gibt es bei den Solarmodulen wenig Hoffnung auf Abweichungen in Plusrichtung. Es kann zwar Ausnahmen geben, aber in der Regel werden die Solarzellen direkt nach der Herstellung einzeln preisklassen- und toleranzgerecht auf ihre technischen Parameter selektiert. Zellen, deren Parameter z. B. Plustoleranzen zwischen 3 und 5 % aufweisen, werden als Zellen der Toleranzklasse -0/+3 % oder -0/+5 % teurer verkauft und für den Bau von Solarmodulen der entsprechend „gehobeneren" Toleranzklasse verwendet. Solarmodule, deren Toleranz z. B. mit ±10 % angegeben wird, werden in der Praxis meist in Solarzellen eingebaut, deren technische Parameter im Bereich zwischen -5 % und -10 % liegen. Bei diesen Solarmodulen gibt es daher kaum berechtigte Hoffnung darauf, dass die Leistung des Modulstrangs außerhalb dieses Minusbereichs liegen wird.
Wird bei den Solarmodulen eine Toleranz von z. B. ± 5 % angegeben, kann automatisch davon ausgegangen werden, dass die *Nennleistung* (maximale Leistung P_{max}) der ganzen Photovoltaik-Anlage möglicherweise 5 % niedriger ist, als es der Summe der theoretischen Modulleistungen entsprechen würde.

B1 Die Nennleistung eines Solarmoduls

Die theoretische *Nennleistung* eines Solarmoduls, die oft auch als *maximale Leistung* P_{max} bezeichnet wird, ist keine Konstante, sondern hängt vom jeweiligen Zustand jeder einzelnen Zelle ab, aus denen das Solarmodul – oder auch eine längere Modulkette – besteht.
Die in den technischen Daten aufgeführte Nennleistung eines Solarmoduls beruht – ähnlich wie die Nennleistung der Solarzellen – auf den eher utopischen internationalen oder NOCT-Testbedingungen, die bereits in Anhang A erläutert wurden.

Ein kristallines Solarmodul besteht aus einer größeren Anzahl einzelner Solarzellen, die wahlweise als *monokristalline* oder *polykristalline (multikristalline)* Zellen ausgelegt sind. Monokristalline Solarzellen haben zwar im Durchschnitt (allerdings nur im Durchschnitt) einen etwas höheren Wirkungsgrad als polykristalline Solarzellen, aber das spielt momentan keine Rolle.

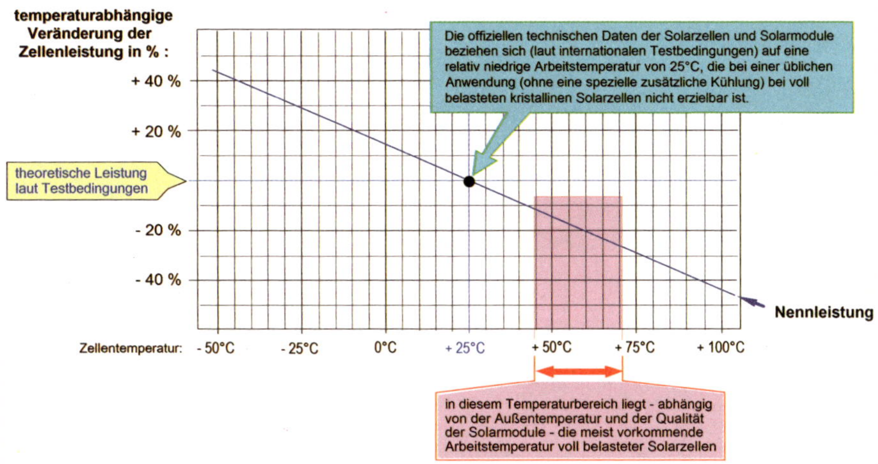

Abb. B2: Durch die betriebsbedingte Erwärmung der Solarzellen im Modul sinkt die tatsächliche elektrische Leistung des Moduls mit zunehmender Arbeits- und Umgebungstemperatur gegenüber den offiziellen (hypothetischen) Daten.

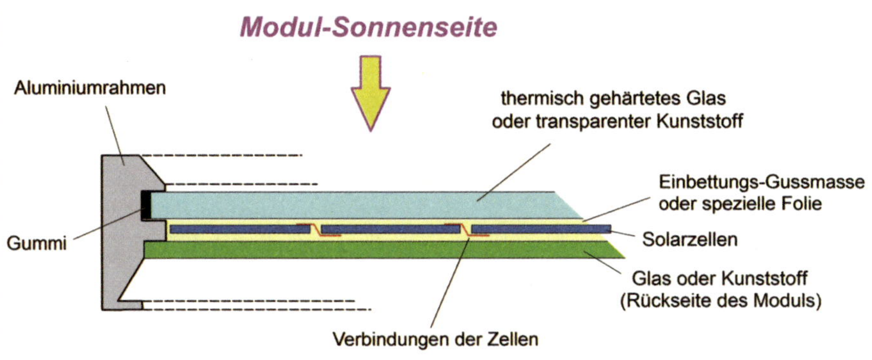

Abb. B3: Beispiel der Solarzellenanordnung im Solarmodul (Ansicht im Schnitt)

Bemerkung: die Nennleistung ergibt sich auch hier jeweils nach der Formel
***Leistung** (in Watt) = **Spannung** (in Volt) x **Strom** (in Ampere)*

Abb. B4: Die Verkleinerung der „aktiven" Fläche einer Solarzelle hat praktisch keinen Einfluss auf die Zellenspannung, sondern nur auf den Zellenstrom und somit auch auf die Zellenleistung.

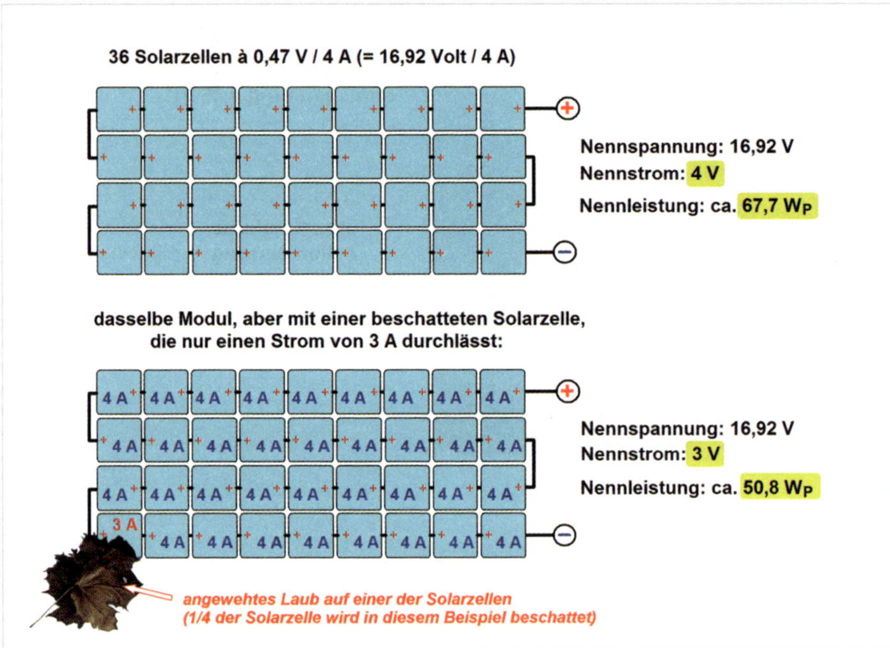

Abb. B5: Ähnlich wie eine abgebrochene Zellenecke wirkt sich auf den Strom und somit auch auf die Leistung eines Modulstrangs eine Teilbeschattung aus, die z. B. durch angewehtes Laub entsteht.

Die einzelnen Solarzellen, die als Ketten (Stränge) in Solarmodulen eingebettet werden, haben Abmessungen von ca. 100 x 100 mm bis ca. 156 x 156 mm und sind überwiegend nur ca. 0,15 mm bis 0,25 mm dick (zum Vergleich: die Seiten dieses Buchs sind ca. 0,1 mm dick). Kristalline Solarzellen sind jedoch glashart und sehr zerbrechlich. Hält man eine solche „kahle" Solarzelle mit zwei Fingern etwas zu unvorsichtig, zerbricht sie wie das Eis auf einer Pfütze. In den Solarmodulen sind die Solarzellen durch die Einbettung und Glasabdeckung gut gegen eventuelle spätere Beschädigungen geschützt. Es kann aber vorkommen, dass eine der Zellen im Solarmodul z. B. beim Transport, bei der Montage oder durch mechanische Spannungen, zu denen es z. B. bei stärkeren Veränderungen der Außentemperatur kommt, zerbricht oder dass z. B. eine ihrer Ecken abbricht, wie es *Abb. B4 (oben)* zeigt.
Eine ähnliche Auswirkung wie z. B. eine abgebrochene Zellenecke auf den Zellenstrom und die Zellenleistung hat auch die Teilbeschattung einer der Zellen. *Abb. B5* verdeutlicht, wie der Zellenstrom durch eine Beschattung „gedrosselt" werden kann. Bei vielen Solarmodulen setzt sich vor allem in den unteren

Ecken Schmutz oder Schnee an, der ebenfalls eine Zellenbeschattung verursacht. Es kann sich dabei manchmal nur um eine relativ harmlos aussehende Beschattung handeln, die dennoch einen unerwünscht großen Einfluss auf die Leistung des betroffenen Solarmoduls und somit automatisch auch auf die Leistung des ganzen Modulstrangs hat.

Dies ist darauf zurückzuführen, dass die *Nennleistung* (maximale Leistung P_{max}) eines Solarmoduls sowie auch eines aus mehreren Solarmodulen bestehenden Modulstrangs von der *Nennspannung* (Spannung bei Maximalleistung) und dem *Nennstrom* (Strom bei Maximalleistung) abhängt. Die Formel ist einfach und lautet:

Nennleistung (P_{max}) in Watt (W_p) = Nennspannung in Volt × Nennstrom in Ampere

Zu den wichtigen Eigenheiten der Solarmodule und Modulstränge gehört, dass hier das Prinzip des schwächsten Glieds einer Kette nur geringfügig von der *Zellenspannung*, dafür aber erheblich von dem jeweiligen *Zellenstrom* abhängt.

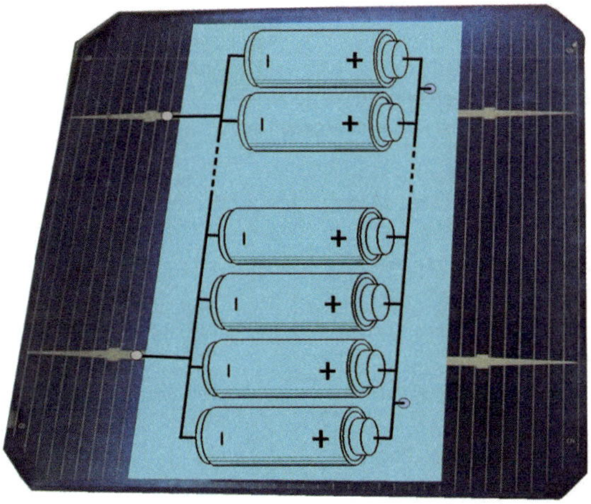

Abb. B6: Eine Solarzelle besteht aus einer großen Anzahl von „Mini-Spannungsquellen", die vereinfacht mit einer größeren Menge parallel verschalteter Batterien verglichen werden können: Die Entnahme einiger Batterien hat keinen Einfluss auf die Ausgangsspannung, sondern nur auf den Strom, den die restlichen Batterien liefern können.

Eine Verringerung der Zellenfläche hat keinen Einfluss auf die eigentliche Zellenspannung, wohl aber auf den Zellenstrom. Diese besondere Eigenschaft der Solarzelle beruht auf der Tatsache, dass eine Solarzelle (als Grundbaustein des Solarmoduls) mit einer großen Menge von Batterien verglichen werden kann, die nach *Abb. B6* alle parallel verschaltet sind. Eine Entnahme eines Teils dieser Batterien hat keinen Einfluss auf die Ausgangsspannung einer solchen Einheit. Ganz anders ist es dagegen mit dem Zellenstrom.

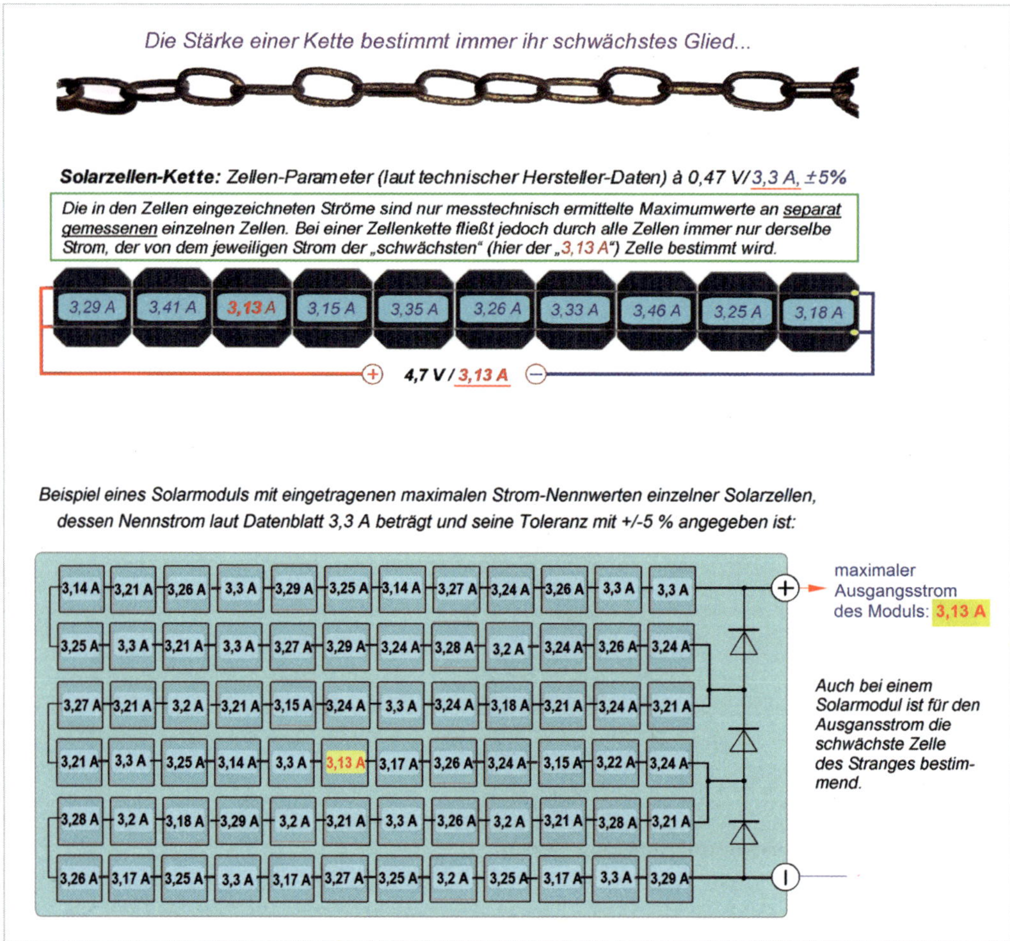

Abb. B7: Bei dem maximal beziehbaren Strom eines Zellenstrangs manifestiert sich das Prinzip des schwächsten Glieds einer Kette.

Dies hat zur Folge, dass der Nennstrom der schwächsten Zelle in einem Solarmodul für den „Ausgangs“-*Nennstrom* (Strom bei Maximalleistung) sowohl des ganzen Moduls als auch eines beliebig langen Modulstrangs nach *Abb. B7* maßgeblich ist. Somit bestimmt in diesem Beispiel die schwächste Solarzelle, die hier nur einen maximalen Strom von 3,13 A durchlässt, den Ausgangsstrom eines beliebig langen Modulstrangs. Es spielt dabei keine Rolle, ob sich in der ganzen Zellenkette nur eine einzige schwache Solarzelle befindet oder ob mehrere oder alle der Solarzellen schwach sind. Für die Nennleistung eines Modulstrangs ist die Formel P = U × I (Leistung = Spannung × Strom) bestimmend.

Prinzipiell dürfte bei einem Solarmodul der Toleranzklasse von ± 5 % die Leistung nicht unter –5 % sinken. Wenn also eine seiner Solarzellen nach dem hier gezeigten Beispiel tatsächlich den Strom auf 3,13 A drosseln würde, sollte die Nennspannung der Zellen keinesfalls im Minusbereich liegen, denn dadurch würde (nach der vorhergehenden Formel) die Modulnennleistung unter -5 % sinken. Diese an sich deutliche Vorbedingung wird zwar bei der Herstellung von Modulen berücksichtigt, aber bei einem Modulstrang kann die Ausgangsleistung unter Umständen wesentlich niedriger (theoretisch fast doppelt so niedrig sein), als es der Toleranzklasse einzelner Module entspricht.

Wenn man Pech hat, kann solch ein Modulstrang mit Modulen, deren Toleranz bei +/-10 % liegt, nach diesem Beispiel eine Nenn-Ausgangsleistung von z.B. Minus 17,9 % aufweisen

Nennwerte der Solarmodule: Nennleistung 150 W, Nennspannung 30 V, Nennstrom 5 A (Toleranz: +/-10 %)

Theoretische Ausgangs-Nennleistung: 1200 W +/-10 % = 1080 bis 1320 W

8 Solarmodule mit einer offiziellen Toleranz von +/-10 %;
die tatsächlichen Spannungen und Ströme sind in den Modulen eingezeichnet:

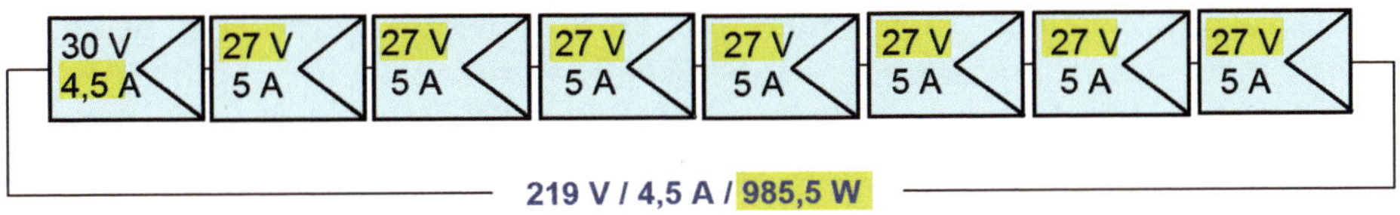

Fazit: die tatsächliche Ausgangs-Nennleistung von 985,5 W stellt hier ein Minus von 17,87 % von der theoretischen Ausgangs-Nennleistung der Module dar

Abb. B8: Durch eine zufällige Zusammenstellung der Solarmodule im Strang kann die Ausgangsleistung des PV-Generators auch dann tief unter den von der Toleranzklasse abhängigen Grenzen liegen, wenn die Toleranzen der einzelnen Module im Rahmen der angegebenen ±10 % liegen.

Ein konkretes Beispiel zeigt *Abb. B8:* Obwohl die Abweichungen der elektrischen Parameter einzelner Module den Rahmen von ±10 % nicht überschreiten, ergibt sich hier durch die Konfiguration der Module ein wesentlich höherer Leistungsrückgang. In diesem Beispiel wurden die elektrischen Parameter der einzelnen Module gezielt so gewählt, dass ein extrem hoher Rückgang der Leistung gezeigt werden kann – der in der Praxis nur sehr selten vorkommt. Dennoch kann bei einem Solarmodulstrang davon ausgegangen werden, dass die tatsächliche Ausgangsnennleistung viel tiefer liegen kann, als die Toleranzklasse der einzelnen Module andeutet. Je länger der Modulstrang ist, desto größer kann die Minusabweichung werden und die Toleranzgrenzen unter Umständen fast um das Doppelte überschreiten. Somit kann auch ein Modulstrang, der aus Solarmodulen der Toleranzklasse von ±2 % besteht, eine Minusabweichung von bis zu etwa ±3,9 % aufweisen, ohne dass dem Modulhersteller ein Vorwurf gemacht werden kann.

Auf der sicheren Seite ist in dieser Hinsicht nur ein Errichter, der Solarmodule verwendet, deren Toleranz im Minusbereich mit einer Null (z. B. -0/+3 %) angegeben wird. Hier dürfte die Ausgangsnennleistung des Modulstrangs nicht unter dem offiziellen Nennwert der Module liegen. Natürlich wirkt sich auch hier die Erwärmung der Solarzellen auf die tatsächliche maximale Leistung des Modulstrangs kontraproduktiv aus. So kann z. B. bei gleicher Bestrahlungsintensität auch die Temperatur der Luft und der Sonnenstrahlen die Module aufwärmen oder auf die ins Netz eingespeiste Leistung einen spürbar starken Einfluss haben. Die Tabellen *B1* bis *B4* zeigen, wie sich – unter Berücksichtigung der Toleranzklasse und des Wechselrichter-Wirkungsgrads – die Temperatur auf den Ertrag einer Photovoltaik-Anlage ungefähr auswirkt.

Wirklich problematisch ist bei Solarmodulen und ganzen Solarmodulketten, wenn ein zu niedriger Nennstrom einer einzigen missratenen, beschädigten oder beschatteten Solarzelle den ganzen Ausgangsstrom und somit auch die Ausgangsleistung unterbindet. Bei einer defekten oder stark beschatteten Solarzelle im Solarmodul sowie bei einer unterbrochenen Verbindung zwischen zwei Solarzellen übernimmt die für die Sektion zuständige Bypass-Diode die Umleitung des Strangstroms. Die Leistung einer Photovoltaik-Anlage – oder des betroffenen Solarmodulstrangs – verringert sich dann jeweils nur um den Teil der Modulfläche (Solarzellensektion), die von der Umleitung überbrückt wird. Diese Umleitung hat in der Praxis allerdings einen Nachteil: Befindet sich in einem der Solarmodule eine defekte Zellensektion, fällt dies bei einem PV-Generator, der aus mehreren Solarmodulen besteht, bei normalem Betrieb gar nicht auf.

Der geringere Leistungsrückgang ist zwar theoretisch ermittelbar, aber in der Praxis wird er durch die ständigen wetterbedingten Schwankungen verschleiert und kann daher nur durch eine Vergleichsmessung festgestellt werden, die an einzelnen Modulen durchgeführt wird. So können z. B. an neuen Solarmodulen noch vor der Montage die Leerlaufspannungen oder Spannungen bei einer geringen künstlichen Last verglichen werden.

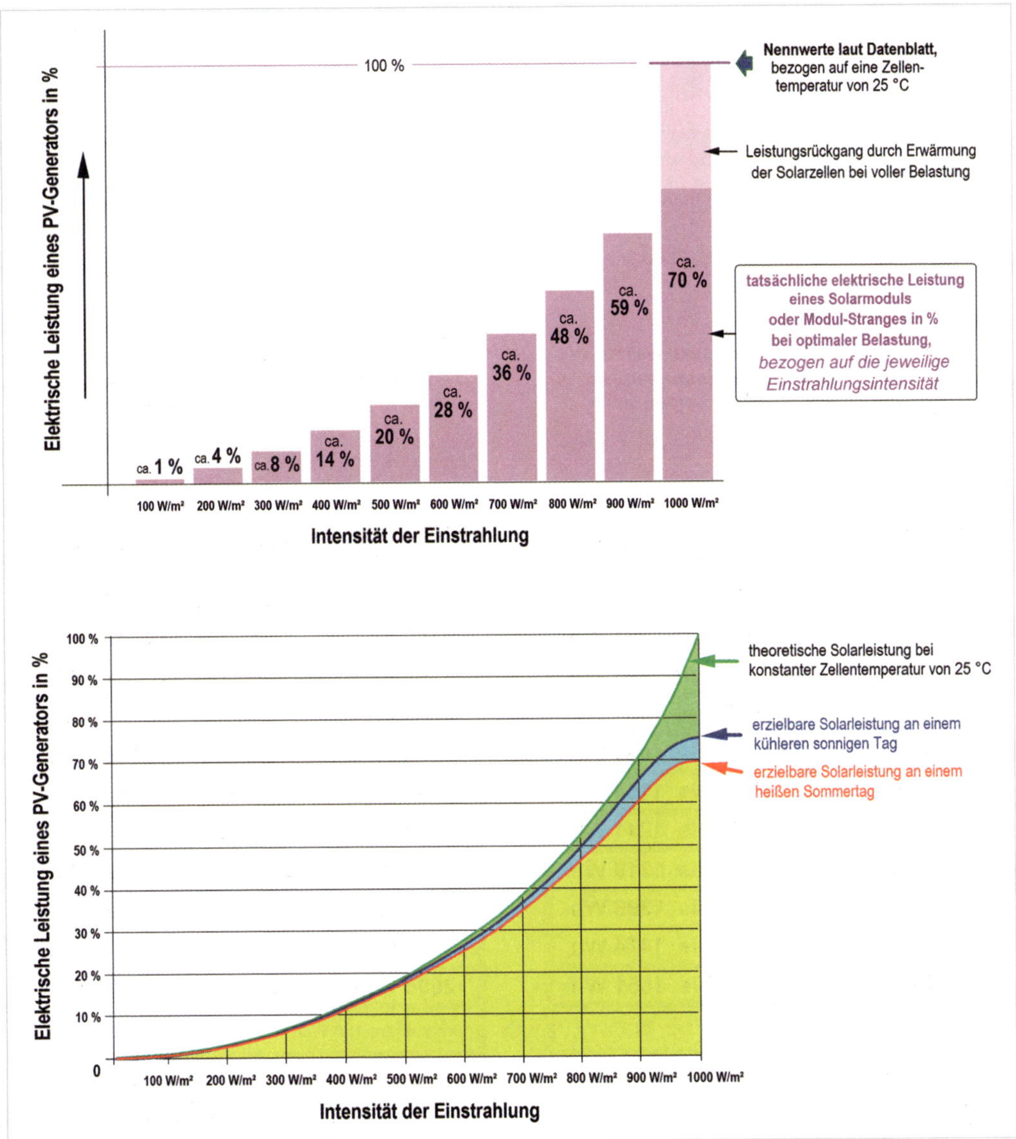

Abb. B9: Die tatsächliche Ausgangsleistung eines Solarmoduls oder Solarmodulstrangs hängt sowohl von der jeweiligen Bestrahlung als auch von der jeweiligen Erwärmung der Zellen ab.

Bekanntlich gelingt es keinem Wechselrichter, die in den Modulen erzeugte Solarenergie ohne interne Verluste ins öffentliche Netz einzuspeisen. Bei guten Wechselrichtern liegt der theoretische Wirkungsgrad über 96 %, ist jedoch abhängig von der jeweiligen Belastung des Wechselrichters und sinkt unter Umständen stark, wenn der Wechselrichter nicht in seinem optimalen Arbeitsbereich arbeitet. Dieses Verhalten ist zwar für solche Geräte technisch bedingt typisch, weist aber marken- und typenbezogen Unterschiede auf, die die Grafiken des Wirkungsgradverlaufs zeigen, die in den Wechselrichter-Datenblättern aufgeführt sind.

Optimale Leistung einer netzgekoppelten Photovoltaik-Anlage, die am Einspeisezähler in "kWh pro Stunde" ermittelt werden sollte

Beispiel A: Toleranz der Solarmodule -0/+3 % Wechselrichter-Wirkungsgrad 96,5 %

theoretische Nennleistung der Module		ins Netz eingespeiste Energie pro Stunde *
1000 W(p)	⇨	ca. 678 bis 776 Wh
1100 W(p)	⇨	ca. 753 bis 861 Wh
1200 W(p)	⇨	ca. 815 bis 931 Wh
1300 W(p)	⇨	ca. 882 bis 1009 Wh
1400 W(p)	⇨	ca. 932 bis 1086 Wh
1500 W(p)	⇨	ca. 1018 bis 1154 Wh
1600 W(p)	⇨	ca. 1086 bis 1241 Wh
1700 W(p)	⇨	ca. 1154 bis 1319 Wh
1800 W(p)	⇨	ca. 1222 bis 1396 Wh
1900 W(p)	⇨	ca. 1289 bis 1474 Wh
2000 W(p)	⇨	ca. 1358 bis 1551 Wh
pro weitere 100 Watt:		+ ca. 67,8 bis 77,6 Wh

* die niedrigeren Richtwerte gelten jeweils für sonnige, heiße und windstille Tage, die höheren Richtwerte gelten für sonnige, aber nicht allzu heiße Tage.

Tab. B1: Ins Netz eingespeiste durchschnittliche Leistung eines PV-Generators, dessen Solarmodule eine Toleranz von -0/+3 % aufweisen, und dessen Wechselrichter einen offiziellen Wirkungsgrad von 96,5 % hat.

Optimale Leistung einer netzgekoppelten Photovoltaik-Anlage, die am Einspeisezähler in "kWh pro Stunde" ermittelt werden sollte

Beispiel B: Toleranz der Solarmodule +/-2 % Wechselrichter-Wirkungsgrad 97 %

theoretische Nennleistung der Module		ins Netz eingespeiste Energie pro Stunde *
1000 W(p)	⇨	ca. 665 bis 761 Wh
1100 W(p)	⇨	ca. 738 bis 844 Wh
1200 W(p)	⇨	ca. 799 bis 913 Wh
1300 W(p)	⇨	ca. 865 bis 989 Wh
1400 W(p)	⇨	ca. 914 bis 1065 Wh
1500 W(p)	⇨	ca. 998 bis 1141 Wh
1600 W(p)	⇨	ca. 1065 bis 1217 Wh
1700 W(p)	⇨	ca. 1131 bis 1293 Wh
1800 W(p)	⇨	ca. 1198 bis 1369 Wh
1900 W(p)	⇨	ca. 1264 bis 1445 Wh
2000 W(p)	⇨	ca. 1331 bis 1521 Wh
pro weitere 100 Watt:		+ ca. 66,5 bis 76,1 Wh

* die niedrigeren Richtwerte gelten jeweils für sonnige, heiße und windstille Tage, die höheren Richtwerte gelten für sonnige, aber nicht allzu heiße Tage.

Tab. B2: Ins Netz eingespeiste durchschnittliche Leistung eines PV-Generators, dessen Solarmodule eine Toleranz von -2/+2 % aufweisen, und dessen Wechselrichter einen offiziellen Wirkungsgrad von 97 % hat.

Optimale Leistung einer netzgekoppelten Photovoltaik-Anlage, die am Einspeisezähler in "kWh pro Stunde" ermittelt werden sollte

Beispiel C: Toleranz der Solarmodule +/-5 % Wechselrichter-Wirkungsgrad 96 %

theoretische Nennleistung der Module		ins Netz eingespeiste Energie pro Stunde *
1000 W(p)	⇨	ca. 638 bis 730 Wh
1100 W(p)	⇨	ca. 702 bis 803 Wh
1200 W(p)	⇨	ca. 766 bis 876 Wh
1300 W(p)	⇨	ca. 830 bis 849 Wh
1400 W(p)	⇨	ca. 894 bis 1021 Wh
1500 W(p)	⇨	ca. 958 bis 1094 Wh
1600 W(p)	⇨	ca. 1021 bis 1167 Wh
1700 W(p)	⇨	ca. 1085 bis 1240 Wh
1800 W(p)	⇨	ca. 1149 bis 1313 Wh
1900 W(p)	⇨	ca. 1213 bis 1386 Wh
2000 W(p)	⇨	ca. 1277 bis 1459 Wh
pro weitere 100 Watt:		+ ca. 63,8 bis 73 Wh

* die niedrigeren Richtwerte gelten jeweils für sonnige, heiße und windstille Tage, die höheren Richtwerte gelten für sonnige, aber nicht allzu heiße Tage.

Tab. B3: Ins Netz eingespeiste durchschnittliche Leistung eines PV-Generators, dessen Solarmodule eine Toleranz von ±5 % aufweisen, und dessen Wechselrichter einen offiziellen Wirkungsgrad von 96 % hat.

Optimale Leistung einer netzgekoppelten Photovoltaik-Anlage, die am Einspeisezähler in "kWh pro Stunde" ermittelt werden sollte

Beispiel D: Toleranz der Solarmodule ± 10 % Wechselrichter-Wirkungsgrad 96 %

theoretische Nennleistung der Module		ins Netz eingespeiste Energie pro Stunde *
1000 W(p)	⇨	ca. 605 bis 691 Wh
1100 W(p)	⇨	ca. 665 bis 760 Wh
1200 W(p)	⇨	ca. 726 bis 829 Wh
1300 W(p)	⇨	ca. 786 bis 898 Wh
1400 W(p)	⇨	ca. 847 bis 968 Wh
1500 W(p)	⇨	ca. 907 bis 1037 Wh
1600 W(p)	⇨	ca. 968 bis 1106 Wh
1700 W(p)	⇨	ca. 1028 bis 1175 Wh
1800 W(p)	⇨	ca. 1089 bis 1244 Wh
1900 W(p)	⇨	ca. 1149 bis 1313 Wh
2000 W(p)	⇨	ca. 1210 bis 1382 Wh
pro weitere 100 Watt:		+ ca. 60,5 bis 69,1 Wh

* die niedrigeren Richtwerte gelten jeweils für sonnige, heiße und windstille Tage, die höheren Richtwerte gelten für sonnige, aber nicht allzu heiße Tage.

Tab. B4: Ins Netz eingespeiste durchschnittliche Leistung eines PV-Generators, dessen Solarmodule eine Toleranz von ±10 % aufweisen, und dessen Wechselrichter einen offiziellen Wirkungsgrad von 96 % hat.

Die Tabellen B1 bis B4 zeigen Durchschnittswerte, die sowohl auf praktischer Erfahrung als auch auf mathematisch nachvollziehbaren Vergleichen beruhen. Es handelt sich dennoch nur um Richtwerte, denen auch bei Planungsüberlegungen zu entnehmen ist, inwieweit sich z. B. teurere Solarmodule mit geringerer Toleranz gegenüber kostengünstigeren Modulen mit einer höheren Herstellungsstreuung rentieren können.

B2 Die Nennspannung eines Solarmoduls

Handelsübliche Solarmodule sind typenbezogen für unterschiedliche Nennspannungen ausgelegt und es gibt da kein Limit. Ähnlich wie die Nennleistung bezieht sich auch die offizielle Nennspannung auf einen optimalen Wert, der laut internationaler Testbedingungen bei maximaler Belastung des Solarmoduls erzielbar wäre, wenn die Solarzellen eine konstante Arbeitstemperatur von 25 °C hätten. Dies ist jedoch in der Praxis nicht erzielbar, wenn Wert darauf gelegt wird, dass das Solarmodul eine maximale Leistung liefert und dass diese auch von dem Modul bezogen wird. Der Spannungsrückgang durch Erwärmung der Solarzellen verläuft nach *Abb. B10* linear und beträgt ca. 0,333 Volt pro Grad Celsius. In Aufwärtsrichtung steigt zwar die Solarspannung in der gleichen Proportion linear, aber davon kann in der Praxis bei einer normalen Photovoltaik-Anlage nicht profitiert werden. Belastete Zellen wärmen sich auch da sehr schnell auf eine Arbeitstemperatur auf, die wesentlich mehr als 25 °C beträgt.

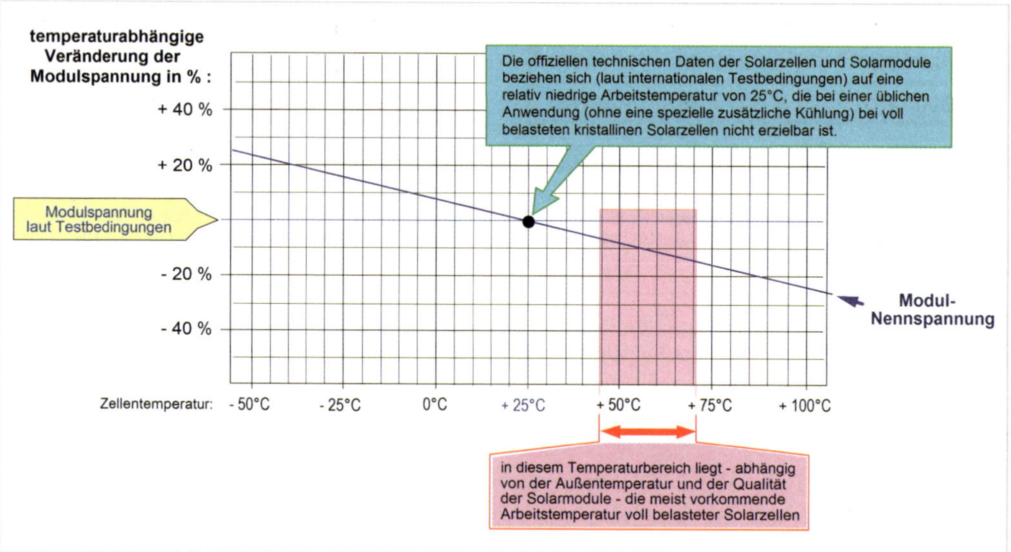

Abb. B10: Die Nennspannung der Solarzellen und Solarmodule sinkt bei Erwärmung zwar nicht so stark wie ihre Nennleistung, aber bei voller Belastung, höherer Außentemperatur und kräftigerem Sonnenschein sinkt sie dennoch ziemlich tief unterhalb des Nennwerts, der in den technischen Daten aufgeführt ist.

Bei normalen Planungsüberlegungen und Entwürfen geht man dennoch von der offiziellen Nennspannung der Solarmodule aus, da es keinen anderen festen Anhaltspunkt gibt. Es ist jedoch zu berücksichtigen, dass weder das Solarmodul noch der ganze Modulstrang die theoretische Nennspannung länger als bestenfalls über wenige Minuten nach der Ankopplung ans öffentliche Netz liefern können. Danach beginnt die Spannung bei voller Belastung zu sinken. Da es im Sinne des Betreibers ist, dass eine netzgekoppelte PV-Anlage jeweils ihre maximal mögliche Leistung ins öffentliche Netz einspeist, sorgt das MPP-Tracking des Wechselrichters dafür, dass der „Punkt der maximalen Belastung" des Systems laufend genutzt wird. Mit anderen Worten: Die Solarzellen werden bei diesen Systemen vom Wechselrichter gezielt optimal belastet, damit von ihnen die höchstmögliche Leistung bezogen werden kann.
Die erwünschte Spannung des ganzen PV-Generators, der meist aus mehreren in Reihe verschalteten Solarmodulen besteht, sollte so gewählt werden, dass sie ebenfalls möglichst optimal auf die Eingangsspannung des Wechselrichters abgestimmt ist. Die Spannungen einzelner Solarmodule addieren sich bei einer Reihenschaltung wie die Spannungen von Batterien, die in Reihe geschaltet sind.
Prinzipiell sollte die Nennspannung eines aus Solarmodulen zusammengestellten Strangs (*Strings*) möglichst nah an der Obergrenze der maximalen Eingangsspannung des verwendeten Wechselrichters liegen. Eine Ausnahme bilden Wechselrichter, bei denen herstellerseitig als maximale Eingangsspannung nicht die Summe der Nennspannungen, sondern die Summe der *Leerlaufspannungen* aller Solarmodule funktionsabhängig bestimmend ist. Was unter dem Begriff *Leerspannung* zu verstehen ist, wird im nächsten Abschnitt erklärt.
Bei einer bestehenden Photovoltaik-Anlage ist die Nennspannung einzelner Solarmodulstränge bereits festgelegt und kann bei Bedarf meist nur noch mithilfe zusätzlicher Solarmodule erhöht werden – vorausgesetzt, es steht noch Platz zur Verfügung.

B3 Die Leerlaufspannung eines Solarmoduls

Die Leerlaufspannung einer kristallinen Solarzelle – und somit auch die Leerlaufspannung eines Solarmoduls, das aus kristallinen Solarzellen besteht – ist etwa 18 bis 25 % höher als die Zellen- oder Modulnennspannung. Ihre Höhe wird in der Regel in den technischen Daten der Solarmodule angegeben (siehe hierzu *Abb. B11*).

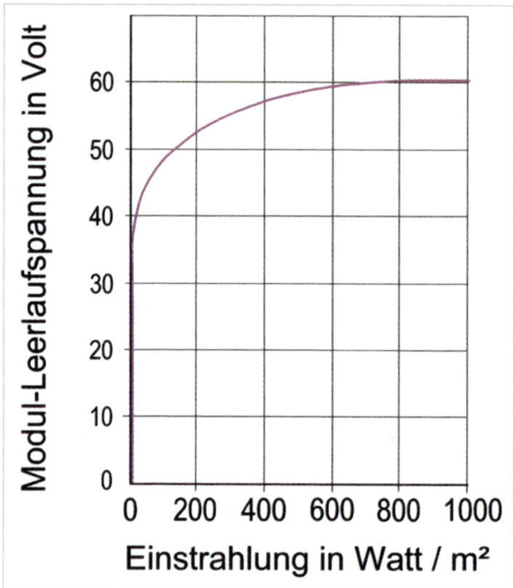

Abb. B11: Besondere Aufmerksamkeit verdient bei der Leerlaufspannung die Tatsache, dass sie bereits bei einer geringen Bestrahlung sehr schnell in die Nähe ihres Höchstwerts ansteigt.

Wie die Bezeichnung andeutet, handelt es sich bei der Leerlaufspannung um die Spannung einer unbelasteten Solarzelle oder eines unbelasteten Solarmoduls. Bei einer Photovoltaik-Anlage verdient die Leerlaufspannung nur deshalb eine gewisse Aufmerksamkeit, weil sie schon bei einer geringen Bestrahlung wesentlich höher als die Modulnennspannung ist. Damit muss man auch hinsichtlich der Verletzungsgefahr und bei der Dimensionierung des Wechselrichters rechnen.

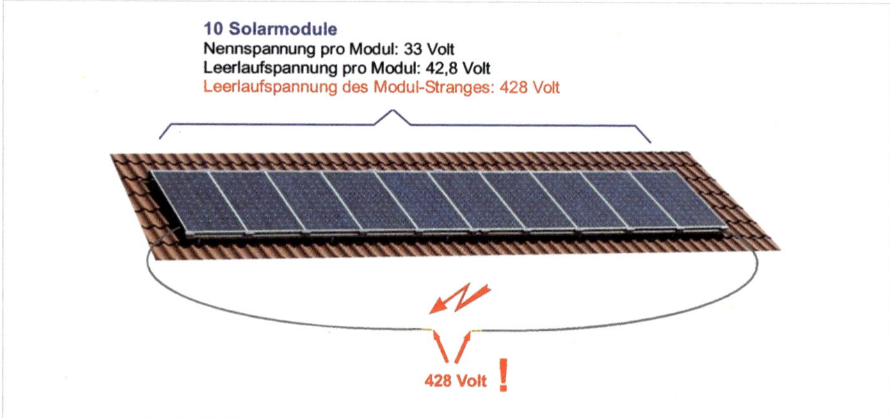

Abb. B12: Vorsicht! Die Leerlaufspannung kann am „Ausgang“ einer unbelasteten Kette mit mehreren Solarmodulen gefährlich hoch sein!

Sind z. B. nach *Abb. B12* mehrere Solarmodule seriell verbunden, darf man nicht vergessen, dass an den „Anschlussklemmen“ eines solchen elektrischen Generators eine gefährlich hohe Spannung gegeben sein kann, wenn sie völlig unbelastet oder nur gering belastet sind. Das Gefährliche daran ist, dass die Leerlaufspannung eines unbelasteten Solarmoduls oder einer Modulkette auch dann noch annähernd das im Prospekt angegebene Maximum haben kann, wenn die Solarmodule bei trübem Wetter nur gering belichtet sind.

Abb. B13: Nicht vergessen: Vor jeder Arbeit an spannungsleitenden Teilen einer Photovoltaik-Anlage sollte aus Sicherheitsgründen die Stromverbindung der Module an einer gut zugänglichen Stelle unterbrochen werden.

Aus diesem Grund sollte vor der Arbeit an einem Solarmodulstrang oder an seiner Zuleitung zum Wechselrichter eine der Verbindungen des Modulstrangs z. B. in der Mitte oder an einer zugänglichen Stelle unterbrochen werden. Dies ist bei den meisten Systemen leicht machbar, indem nur einer der Verbindungsstecker einfach aus dem Solarmodul herausgezogen wird. Falls sich der Solargenerator aus mehreren unabhängigen Strängen zusammensetzt, ist darauf zu achten, dass die vorgesehene Unterbrechung der Verbindung des Modulstrangs auch tatsächlich bei dem richtigen Strang vorgenommen wird.
Die Höhe der projektbezogenen Leerlaufspannung muss auch bei der Suche nach einem optimalen Wechselrichter mitberücksichtigt werden: Manche Wechselrichterhersteller weisen mit Nachdruck darauf hin, dass die höchste Wechselrichtereingangsspannung mindestens der Leerlaufspannung bei 1.000 W/m² und niedriger Zellentemperatur (Standard: -10 °C)“ entsprechen müsste.
Die in den Datenblättern angegebene Leerlaufspannung der Solarmodule bezieht sich oft nur auf eine Zellentemperatur von 25 °C (laut internationaler Testbedingungen) oder auf eine Zellentemperatur von 20 °C nach NOCT. Da beide der erwähnten Arten des Tests an dem eigentlichen temperaturbezogenen Verlauf der Leerlaufspannung nichts ändern, kann man anhand der Grafik aus *Abb. B14* davon ausgehen, dass die Leerlaufspannung eines Solarmoduls bei minus 10 °C ungefähr 13 % höher ist als die im Datenblatt aufgeführte Leerlaufspannung. In manchen Datenblättern führen die Hersteller auch die Leerlaufspannung der Module bei -10 °C auf.

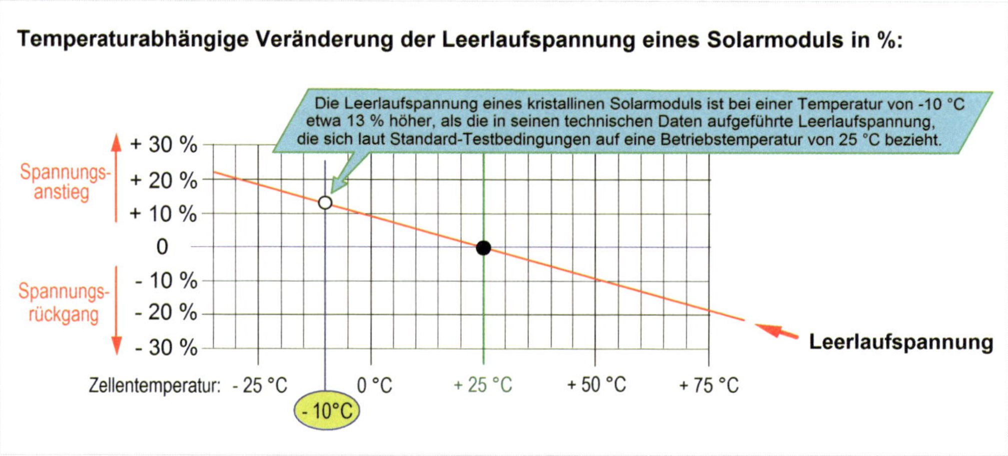

Abb. B14: Ähnlich wie die Nennspannung sinkt oder steigt auch die Leerlaufspannung temperaturabhängig linear und ist bei einer Temperatur von -10 °C ungefähr um 13 % höhers als bei +25 °C.

Erhöhte Aufmerksamkeit verdient die Leerlaufspannung auch beim solarelektrischen Laden von Akkus, denn hier wird der volle Nennstrom des Solarmoduls nicht während des ganzen Ladevorgangs, sondern nur am Anfang des Ladens benötigt: Nur solange der Akku verhältnismäßig „leer" ist, bezieht er vom Solarmodul weitgehend vollen Strom. Nachdem der Akku teilweise nachgeladen ist und seine Spannung steigt, nimmt der Ladestrom gleitend ab, das Solarmodul wird dadurch immer weniger belastet und seine Spannung steigt dabei in Richtung seiner Leerlaufspannung.
Diese Funktionsweise hat einen wichtigen praktischen Vorteil: Wenn das Solarmodul nur wenig belastet ist, kann es auch an einem trüberen Tag immer noch eine recht hohe Ladespannung liefern, wenn die Stromabnahme niedrig ist.

Fazit: Sowohl die *Nennspannung* als auch die *Leerlaufspannung* einer Solarzelle oder eines Solarmoduls sind nur anwendungsbezogene Grenzwerte. Die Spannung eines voll belasteten Solarmoduls kann sich allerdings nur zwischen Null und der Nennspannung bewegen. Die Spannung eines nicht voll belasteten Solarmoduls kann sich dagegen zwischen Null und der Leerlaufspannung bewegen. Genaugenommen kann sie allerdings nur bis in die unmittelbare Nähe der Leerlaufspannung ansteigen, denn die eigentliche „exakte" Leerlaufspannung wird nur bei absolutem Leerlauf (ohne jegliche Belastung) erreicht.

B4 Der Nennstrom eines Solarmoduls

Der Nennstrom, der von einem Solarmodul maximal bezogen werden kann, steigt linear mit der Bestrahlung *(Abb. B15)*. Das Eigenartige an den Solarzellen- und somit auch am Solarmodul-Nennstrom ist, dass er – im Gegensatz zu der Nennleistung und Nennspannung – bei Erwärmung der Zellen nicht sinkt, sondern nach *Abb. B16* mit zunehmender Zellentemperatur steigt. Der Stromanstieg beträgt allerdings nur ca. 0,04 % pro °C und braucht daher bei Planungsüberlegungen nicht berücksichtigt zu werden.
Bei einem Solarmodul oder Solarmodulstrang bestimmt der ohmsche Widerstand (oder die Impedanz) der angeschlossenen Last die Höhe des von ihm bezogenen Stroms nach der einfachen Formel:

$I = U : R$ (Strom [A] = Spannung [V] : Widerstand [Ω])

Diese Bedingung kann beim solarelektrischen Direktantrieb eines Verbrauchers, z. B. eines Pumpen-Elektromotors, leicht erfüllt und nachvollzogen werden.

Wesentlich komplizierter wird es bei einer netzgekoppelten Photovoltaik-Anlage oder beim solarelektrischen Laden einer Batterie, denn hier reicht es nicht aus, dass der eigentliche PV-Generator den vollen Strom liefern kann: Der Verbraucher muss auch imstande sein, diesen vollen Strom zu beziehen. Gelingt das nicht optimal, bleibt ein Teil der solarelektrischen Leistung ungenutzt. Bei einer netzgekoppelten PV-Anlage muss daher der Wechselrichter in der Lage sein, den Solarmodulstrang durchlaufend so zu belasten, dass er den jeweils zur Verfügung stehenden Solarstrom nach der Formel I = U : R auch voll bezieht. Das Gleiche gilt für das solarelektrische Laden, bei dem ein guter Laderegler bei einer gut ausgelegten Solarspannung den zur Verfügung stehenden Solarstrom möglichst optimal als Ladestrom nutzen müsste.

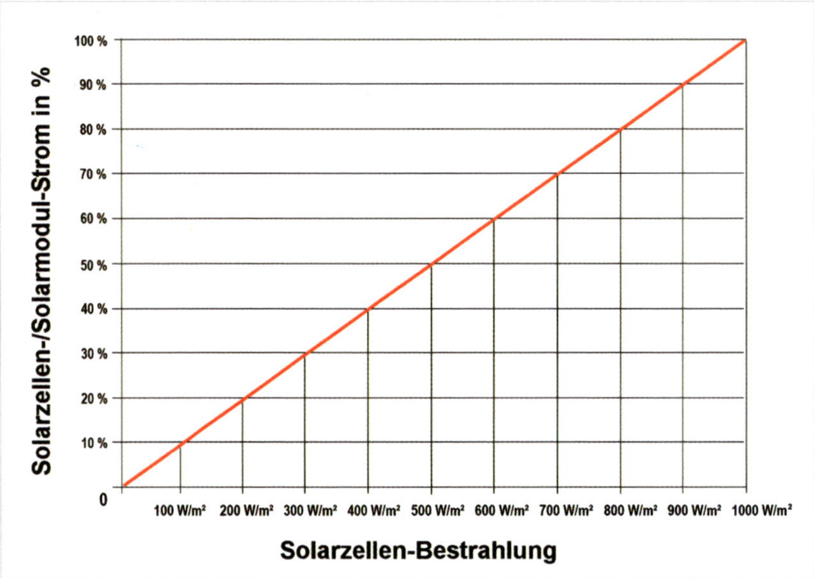

Abb. B15: Der Strom eines Solarmoduls steigt linear mit der Bestrahlung der Solarzellen.

Ein gewisses Problem sind bei einem Solarmodul die mehr oder weniger unterschiedlichen Nennströme der im Modul eingebetteten Solarzellen, denn die schwächste Solarzelle ist hier für den Modulausgangsstrom bestimmend. Da bei einem Modulstrang, dessen Solarmodule insgesamt z. B. 500 oder 700 Solarzellen beinhalten, eine einzige schwache Zelle für den Strom und somit auch für die Ausgangsleistung des Systems bestimmend ist, lohnt es sich, Module zu verwenden, deren Minustoleranz mit Null angegeben ist.

Erhält der Errichter Solarmodule, deren Parameter laut der technischen Daten eine Toleranz von ±10 % aufweisen, kann eine einzige Solarzelle, deren Strom ein Minus von 10 % aufweist, den Strom des ganzen Modulstrangs um diese 10 % abdrosseln. Aus dieser Sicht dürfte sich ein Preis-Leistungs-Vergleich mit Solarmodulen lohnen, die zwar teurer sind, aber mit einer angemessen günstigeren Toleranz von z. B. -0/+3 % gefertigt werden. Die Plustoleranz ist dabei nicht störend und kann sich nur positiv auf die Modulleistung oder Modulstrang-Leistung auswirken.

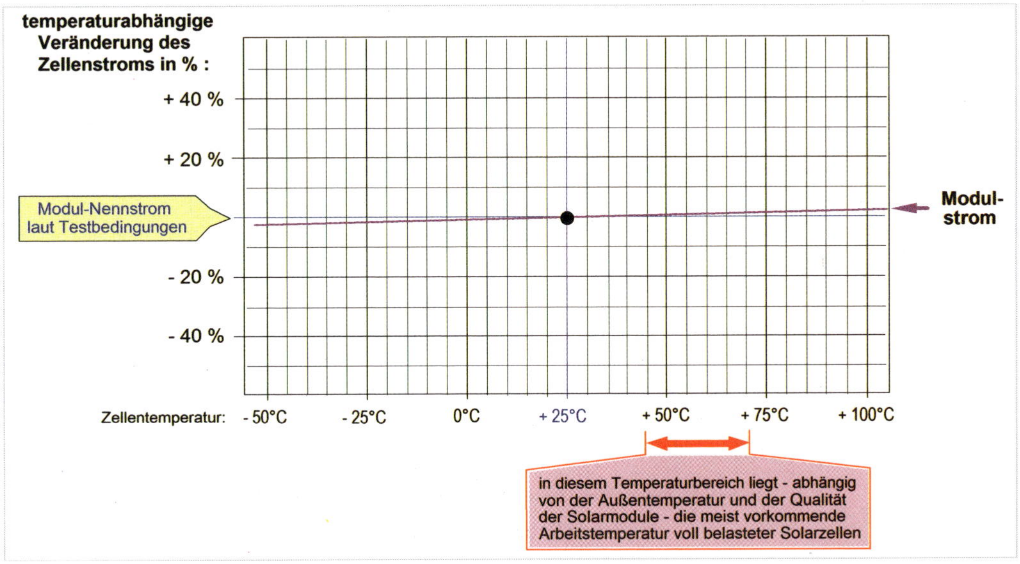

Abb. B16: Auf den Modulstrom wirkt sich die Erwärmung der Zellen positiv aus: Er steigt mit zunehmender Zellentemperatur ab 25 °C um ca. 0,04 % pro °C an.

B5 Der Kurzschlussstrom eines Solarmoduls

Bei einem Kurzschluss schmilzt der elektrische Strom auch dicke Leiter (oder Schraubendreherspitzen) und kann zu einer gefährlichen Kraft werden. Der *Kurzschlussstrom* eines Solarmoduls ist dagegen eine recht „harmlose" Kraft, die nur dann voll (aber dennoch relativ bescheiden) zur Geltung kommt, wenn das kurzgeschlossene Solarmodul kräftig von der Sonne bestrahlt ist.

Der Kurzschlussstrom der Solarmodule wird in der Regel in den technischen Daten exakt angegeben und bezieht sich – ähnlich wie der Modulnennstrom –

auf optimale Bedingungen (volle Bestrahlung des Moduls usw.). Das Sympathische am Kurzschlussstrom ist, dass er „schlimmstenfalls" nur etwa 7 % höher ist als der Nennstrom des Solarmoduls und dass er in „voller Kraft" nur dann in Erscheinung treten kann, wenn das Solarmodul auch kräftig bestrahlt ist. Entsteht beispielsweise ein Kurzschluss an einem Solarmodul, das nur geringfügiger belichtet ist, fließt durch die Solarzellen ebenfalls nur ein sehr geringer Strom.

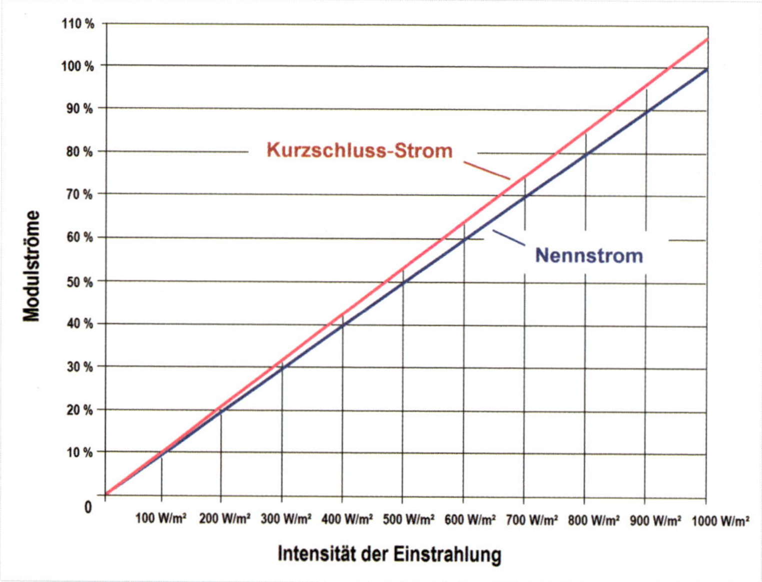

Abb. B17: Zum Vergleich: Der Kurzschlussstrom eines Solarmoduls ist nur um ca. 4 bis 7 % höher als der Modulnennstrom.

In den technischen Daten der Solarmodule ist üblicherweise der Kurzschlussstrom z. B. auf folgende Weise aufgeführt:

Nennleistung P_{max} [W_P] 110 (Watt)

Nennstrom I_{MPP} [A] 4,4 (Ampere)

Nennspannung U_{MPP} [V] 25 (Volt)

Kurzschlussstrom I_K [A] 4,7 (Ampere)

Leerlaufspannung U_L [A] 30 (Volt)

B6 Der Umwandlungswirkungsgrad

Der *Solarzellen- und Solarmodul-Wirkungsgrad* wird auch als *Umwandlungswirkungsgrad* bezeichnet, weil er angibt, wie viel Prozent der einwirkenden Strahlungsenergie (Sonnenstrahlungsenergie) in elektrische Energie umgewandelt wird. Für die Anwender ist vor allem der typenbezogene Wirkungsgrad des für ein Projekt vorgesehenen Solarmoduls von Bedeutung, denn dieser variiert typenbezogen in sehr breiten Grenzen, die sich bei monokristallinen und polykristallinen Solarmodulen stark überschneiden.
Die modernsten handelsüblichen Solarmodule weisen herstellerabhängig gegenwärtig (weltweit) folgenden Wirkungsgrad auf:

1. Module mit monokristallinen Solarzellen: ca. 10,4 bis 19,3 %*
2. Module mit polykristallinen Solarzellen: ca. 10,0 bis 17,2 %
3. Module mit amorphen Dünnschichtzellen: ca. 2,3 bis 8 %

Wie aus Tabelle B5 hervorgeht, hängt der Wirkungsgrad eines Solarmoduls nur teilweise von dem Wirkungsgrad der Solarzellen ab. Abgesehen davon bewegt sich der Wirkungsgrad diverser Solarzellentypen oft herstellerabhängig in ziemlich breiten Grenzen. Daher darf bei der Wahl der Solarmodule davon ausgegangen werden, dass die Qualität oder die Lebensdauer eines kristallinen Solarmoduls keinesfalls davon abhängt, ob dieses z. B. mit monokristallinen oder mit polykristallinen Zellen bestückt ist. Dies trifft allerdings nur für Module zu, die mit kristallinen Solarzellen bestückt sind. Bei Dünnschichtmodulen – z. B. Modulen mit amorphen Solarzellen – sollte jeweils einzeln recherchiert werden, wie es mit der tatsächlichen Lebensdauer des einen oder anderen Produkts steht. Als brauchbare Referenzen gelten hier nur nachvollziehbare Informationen seitens der Anwender, die bereits langfristige Erfahrungen mit diesen Produkten machen konnten.

---

* Einen Wirkungsgrad von 19,3 % erreichen momentan nur die speziellen Solarmodule der *Sunpower-Corporation* (USA). Die Oberfläche der Zellen ist mit winzigen Pyramiden strukturiert und zudem befinden sich alle Zellenkontakte (sowohl der Plus- als auch der Minuspol) nur auf der Zellen-Rückseite. Die ganze Fläche der Zellen-Sonnenseite kann somit von der Sonne voll bestrahlt werden und die Zwischenräume zwischen den Zellen können sehr klein gehalten werden, da alle elektrischen Zellenverbindungen an der Rückseite verlaufen.

Marktübliche Bezeichnung	Wirkungsgrad	Zellenart-Info
Amorphe Solarzellen (a-Si) – allgemein	*2,3 bis ca. 8 %*	*Dünnschichtzellen/Module*
Bandgezogene polykristalline Solarzellen	*12 bis 12,5 %*	*RGS – Ribbon Growth on Substrate*
Cadmium-Tellurid-Module (CdTe)	*6 bis ca. 9,7 %*	*Spezielle Dünnschichttechnik*
Folienlaminate (a-Si-Zellen)	*4 bis ca. 6,5 %*	*Dünnschichtlaminate oder Platten*
HIT-Zellen/Solarmodule	*16,5 bis 17,4 %*	*HIT – Hetero Junction with Intrinsic hin-Layer (Sanyo, Japan)*
LGBC-Zellen (monokristallin)	*13,9 bis 15,5 %*	*LBGC – Laser Grover Buried Contact*
Kristalline Dünnschichtmodule	*6,5 bis ca. 7,6 %*	*Crystalline Silicon on Glass*
Monokristalline Rückkontaktzellen	*16,1 bis 19,3 %*	*Pyramidenartige Zellenstruktur*
Monokristalline Standardzellen	*10,4 bis 19,3 %*	*Hochreine Silizium-Einkristalle*
Polykristalline Rückkontaktzellen	*12,7 bis 13,9 %*	*Emitter-Wrap-Through*
Polykristalline Standardzellen	*10 bis 17,2 %*	*Hochreines polykristallines Silizium*

Tab. B5: Kurzübersicht der bekanntesten Solarzellen und des Modulwirkungsgrads in alphabetischer Reihenfolge

Die angegebenen Wirkungsgradgrenzen der aufgeführten Zellentypen orientieren sich in unseren Publikationen an den jeweiligen Angeboten auf dem Weltmarkt wie auch an den neuesten Datenblättern der fernöstlichen und amerikanischen Hersteller oder der westeuropäischen Anbieter.

Durch Unterschiede in der Herstellungstechnologie ergeben sich auch sehr hohe herstellerbezogene Wirkungsgradunterschiede bei der gleichen Zellenart. Es gibt immer noch Solarzellenhersteller, die sich mit einem relativ niedrigen Wirkungsgrad zufriedengeben, aber anderseits auch Vorreiter, die manchmal wiederum mehr versprechen, als letztendlich serienmäßig realisierbar ist. Durch diese Schwankungen werden auch die in der Fachliteratur angegebenen aktuellen Solarzellen-Wirkungsgradgrenzen immer etwas variieren und sind daher nicht als absolute Festwerte zu betrachten.

Der tatsächliche Wirkungsgrad eines Solarmoduls hängt nicht nur von dem Wirkungsgrad der eigentlichen Zellen, sondern auch von den Zwischenräumen zwischen den Zellen und von der Breite des Rahmens ab. Inwiefern der Stellenwert des Wirkungsgrads projektbezogen von Bedeutung ist, hängt vor allem von dem zur Verfügung stehenden Platz für das Anbringen der Module ab. Steht ausrechend viel Platz zur Verfügung, dürfte bei der Wahl der Module das Preis-Leistungs-Verhältnis (als *solarelektrische Leistung* pro Errichtungsbetrag) ausschlaggebend sein. Steht dagegen nur wenig Platz zur Verfügung, verdienen Module mit hohem Wirkungsgrad Vorrang.

Wichtig

Der Wirkungsgrad eines kompletten Solarmoduls samt seines Rahmens kann errechnet werden, indem man die in den technischen Daten angegebene Nennleistung des Solarmoduls auf seine Fläche umrechnet und sie mit den laut Testbedingungen aufgeführten 1.000 W/m^2 (= 10 W/dm^2 oder 0,1 W/cm^2) vergleicht.

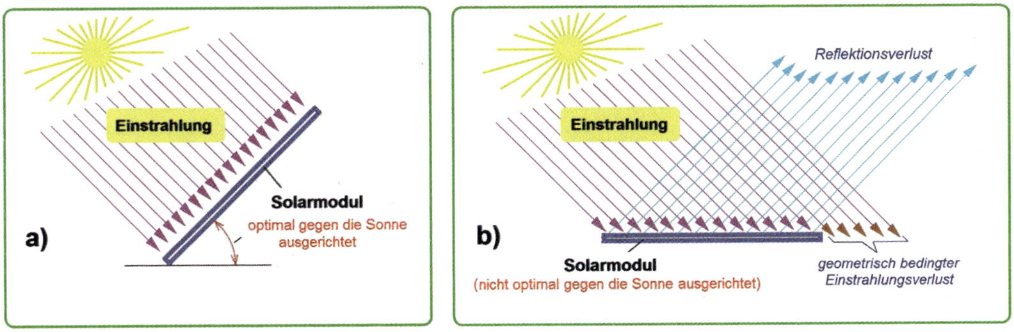

Abb. B18: Die optimale Nennleistung wird bei einer Solarzelle oder Solarzellenfläche nur dann erreicht, wenn diese exakt axial gegen die Strahlungsrichtung der Photonen (der Lichtquelle) ausgerichtet ist: a) optimale Ausrichtung; b) ungünstige Ausrichtung, bei der sowohl die Reflexionsverluste als auch die geometrisch bedingte geringere Strahlungsdichte eine Leistungsverringerung zur Folge hat.

Beispiel: Die Nennleistung eines 1.480 x 990 mm (1,48 x 0,99 m) großen monokristallinen Solarmoduls beträgt laut Datenblatt 190 Watt (Wp). Wir rechnen die Modulfläche in m² aus:

$1{,}48\ \text{m} \times 0{,}99\ \text{m} = 1{,}465\ \text{m}^2$

190 (Wp) : 1,465 (m²) = 129,69 Wp pro m² Modulfläche

Ausgehend von der laut Testbedingungen vorgesehenen Einstrahlung von 1.000 W/m² stellen die 129,69 Wp/m² einen Wirkungsgrad von 12,969 % (aufgerundet 13 %) dar.

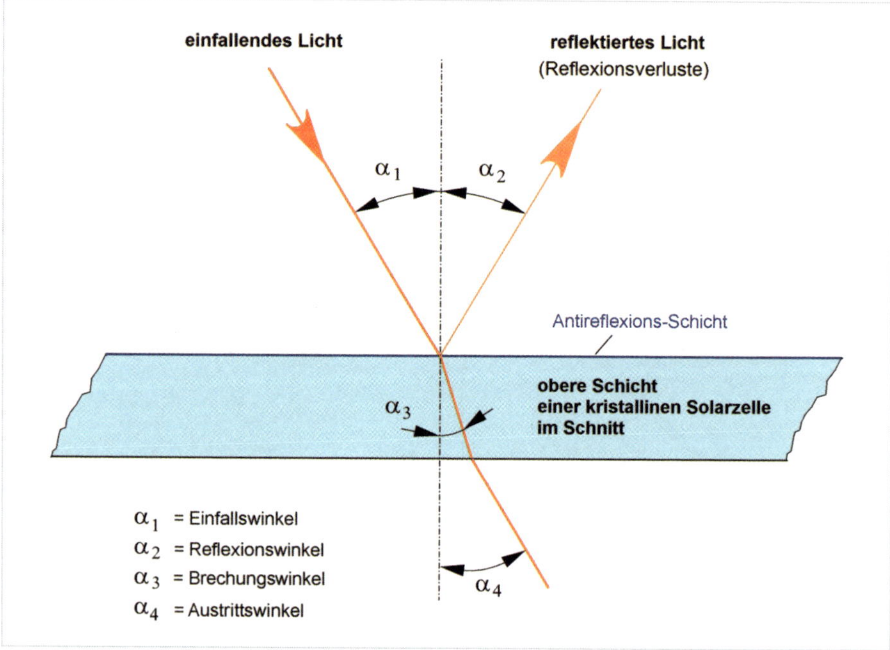

Abb. B19: Die Reflexionsverluste steigen zwar physikalisch bedingt mit zunehmendem Einfallswinkel $\alpha 1$, können jedoch durch eine Antireflexschicht, mit der die Solarzelle bereits herstellerseitig versehen ist, verringert werden.

Der Wirkungsgrad eines Solarmoduls stellt keine Konstante dar, denn die Leistung eines kristallinen Solarmoduls sinkt bis etwa 1 % pro Jahr. Dieser Leistungsrückgang, der teilweise von der Summe der Bestrahlung, Belastung und diversen weiteren „Strapazen“ des Solarmoduls abhängt, wirkt sich automatisch

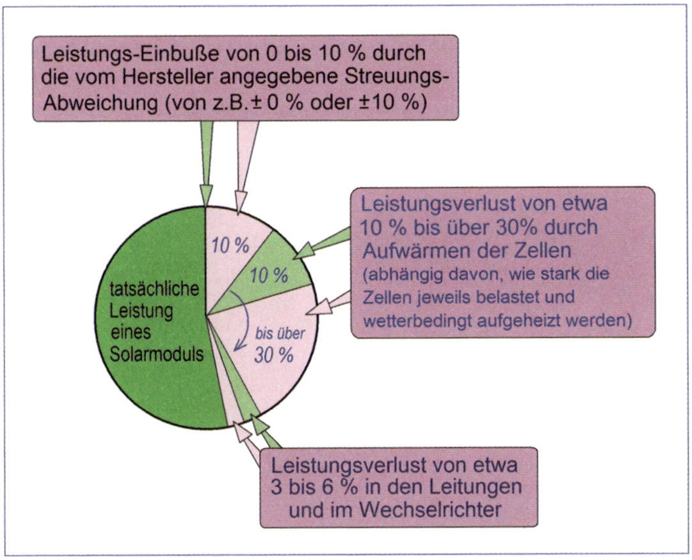

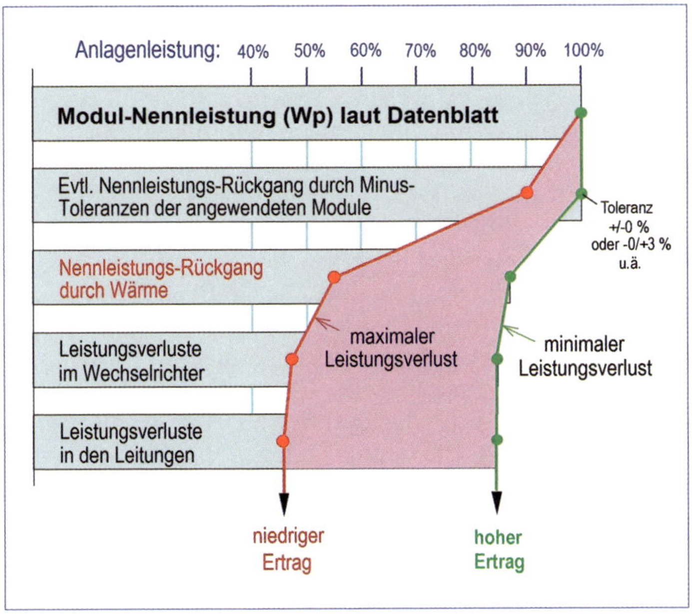

Abb. B20: Die tatsächlichen Leistungsverluste hängen bei einer netzgekoppelten PV-Anlage davon ab, wie gut ihre einzelnen Komponenten ausgewählt und installiert wurden.

im mathematisch bedingten Verhältnis entsprechend auch auf den Wirkungsgrad-Rückgang aus. Ein neues Solarmodul, das bei Inbetriebnahme z. B. einen Wirkungsgrad von 16 % hatte, büßt bereits nach dem ersten Betriebsjahr etwa 1 % seiner Leistung ein und sein Wirkungsgrad sinkt dementsprechend (theoretisch) von 16 % auf ca. 15,84 % usw.

Mit dem Wirkungsgrad der amorphen Dünnschichtzellen geht es vor allem bei der Außenanwendung oft bereits nach kurzer Betriebszeit (sogar weniger als einem Jahr) bergab. Dies kann zwar herstellerabhängig (oder auch abhängig von der Art und Dauer der vorhergegangenen Lagerung) variieren, aber der Anwender hat bei der Anschaffung eines solchen Moduls keine Möglichkeit, dessen tatsächliche Leistung ausreichend zu testen.

Im Gegensatz zu anderen technischen Anlagen und Maschinen ist der Solarzellen- oder Solarmodul-Umwandlungswirkungsgrad keine Konstante, mit der sich bei Nutzung der Sonnenenergie fest rechnen ließe. Daher hängt auch der „Ertrag pro Zeitspanne" immer von den jeweiligen Wetterbedingungen ab und kann nicht vorn vorneherein berechnet, sondern nur auf der Basis von Erfahrungswerten geschätzt werden. Wie *Abb. B20* verdeutlicht, hängt der tatsächliche Ertrag bei einer netzgekoppelten Photovoltaik-Anlage von mehreren Faktoren ab, die bereits im Planungsstadium berücksichtigt werden müssen.

Die in dieser Abbildung aufgeführten Bereiche der Verluste beziehen sich auf moderne und relativ gut ausgelegte PV-Anlagen. So wird z. B. davon ausgegangen, dass moderne Wechselrichter mit einem guten Wirkungsgrad angewendet werden und dass die Verluste in Leitungen durch angemessen großzügig dimensionierte Leitungsdurchmesser sehr gering bleiben. Es wird hier aber auch die Tatsache berücksichtigt, dass viele Planer und Anbieter mit Kunden konfrontiert werden, die nicht an einer perfekten Anlage, sondern an einem kostengünstigen „Schnäppchen" interessiert sind. Die Grafiken können solche Kunden darüber aufklären, wie unrentabel sich diverse Einsparungen auf den vermarktungsfähigen Ertrag einer Anlage auswirken können.

Am schwersten lassen sich bei den meisten netzgekoppelten PV-Dachanlagen die Leistungsverluste vermeiden, die durch das Aufwärmen der in den Modulen eingebetteten Solarzellen entstehen. Die Grafik in *Abb. B21* zeigt, wie sich der solarelektrische Ertrag – und somit auch der Wirkungsgrad eines Solarmoduls – durch das Erwärmen der Zellen verringert. Die in dieser Grafik eingezeichneten

Zellentemperaturen weisen nur auf die rein rechnerisch ermittelbaren Unterschiede der elektrischen Größen hin. In der Praxis heizen sich jedoch geringer bestrahlte Solarzellen intern weniger auf als Zellen, die voll bestrahlt und voll belastet sind. Inwieweit sich die Zellen in einem Solarmodul aufwärmen, hängt jedoch nicht nur von ihrer Bestrahlung und Belastung, sondern auch von der jeweiligen Umgebungstemperatur oder der Temperatur ab, die sich unter den Solarmodulen staut.

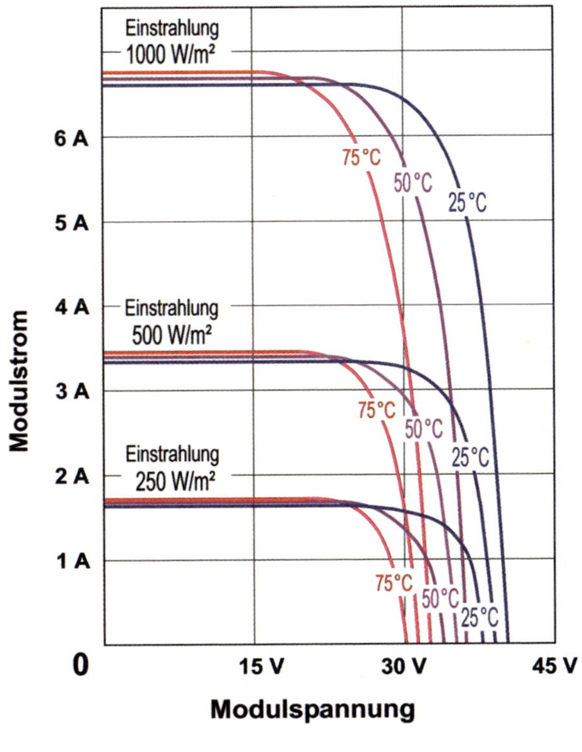

Abb. B21: Der Zellenstrom verzeichnet zwar mit zunehmender Temperatur der Solarzellen einen leichten Anstieg, aber die Zellenspannung sinkt dabei wesentlich stärker, was eine Verringerung der Zellenleistung zur Folge hat.

Solarmodul-Daten:

Maximale Leistung P_{max} [W_P]

- Die Summe der Leistungen einzelner Solarmodule ergibt die Leistung eines Modulstrangs und die Summe der Leistungen aller Modulstränge ergibt die Leistung des ganzen PV-Generators.
- Die Leistung des PV-Generators ist für die Wahl des optimalen Wechselrichters bestimmend: Die Leistung des Wechselrichters sollte bevorzugt um ca. 10 % niedriger sein als die „Maximale Leistung P_{max}" des an ihn angeschlossenen PV-Generators.

Nennspannung U_{MPP} [V]

- Die Summe der Nennspannungen einzelner Module ist so zu wählen, dass sie möglichst nahe an der Höchstgrenze des MPP-Eingangsspannungsbereichs des Wechselrichters ist. Dies gilt jedoch nur für Wechselrichter, bei denen sich die Höchstgrenze des Eingangsspannungsbereichs laut Hersteller auch tatsächlich auf die Nennspannung und nicht auf die Leerlaufspannung bezieht.

Leerlaufspannung U_0 [V]

- Die Leerlaufspannung, die sich bei einem Solarmodul-Strang aus der Summe der Leerlaufspannungen einzelner Solarmodule ergibt, ist für die Wahl des passenden Wechselrichters nur dann mitbestimmend, wenn sie sich auf sie die Obergrenze seiner maximalen Eingangsspannung bezieht (was den Herstellerangaben zu entnehmen ist).

Nennstrom I_{MPP} [A]

- Der Nennstrom darf den maximal zulässigen Eingangsstrom des Wechselrichters nicht überschreiten. Besteht ein PV-Generator aus mehreren Solarmodul-Strängen, darf die Summe der einzelnen Strang-Ströme (des PV-Generators) den maximal zulässigen Eingangsstrom des Wechselrichters nicht überschreiten.
- Damit der Wechselrichter durch eine zu hohe PV-Leistung nicht überlastet wird, darf der vom PV-Generator bezogene Strom (PV-Nennstrom) nicht so hoch sein, dass er zusammen mit der PV-Spannung nach der Formel U x I = P die maximal zulässige PV-Nennleistung des Wechselrichters überschreitet.

> ***Beispiel:*** *Die technischen Daten eines Wechselrichters lauten:*
> *Maximale PV-Nennleistung: 4 kW*
> *MPP-Eingangsspannung: 350 bis 600 V,*
> *Max. Eingangsstrom: 22 A*
>
> *Angenommen, die PV-Nennspannung soll 580 V, und die Nennleistung die vom Hersteller empfohlenen ca. 4,4 kW (= 4400 W) betragen. Der Strom dürfte in dem Fall nur 7,58 A betragen, denn 4400 W : 580 V = 7,586 A.*
> *Den Datenblatt-Eingangsstrom von 22 A würde der Wechselrichter in diesem Fall nicht verkraften: Der Wechselrichter wäre dann mit einer Nennleistung von „stolzen" 12,76 kW überfordert, denn 580 V x 22 A = 12 760 W (= 12,76 kW).*

Kurzschlussstrom [A]

- Der Modul-Kurzschlussstrom ist für Planungsüberlegungen nicht relevant.

Leistungstoleranz [%]

- Geringe Toleranzabweichungen sind vor allem bei Solarmodul-Strängen vorteilhaft, die parallel an einem gemeinsamen MPP-Tracker angeschlossen werden (das verringert energetische Verluste).

Abb. B22: Kurzübersicht der technischen Daten eines Solarmoduls, die für die Planungsüberlegungen am wichtigsten sind.

C Wichtige technische Parameter der Wechselrichter

In der Photovoltaik werden überwiegend drei Grundarten von Wechselrichtern verwendet:

1 Einfache Wechselrichter, die nur einen Gleichstrom in einen netzidentischen Wechselstrom umwandeln
2 Wechselrichter, die speziell für netzgekoppelte Solaranlagen ausgelegt sind
3 Wechselrichter, die den erzeugten Solarstrom wahlweise ins öffentliche Netz einspeisen oder bei Bedarf auch für die Solarstrom-Hausversorgung angewendet werden können

C1 Einfache Wechselrichter

Einfache Wechselrichter wechseln meist nur eine einzige Gleichspannung in eine andere einzige Gleichspannung oder in netzidentische Wechselspannung (230 V~) um. Von der Ausführung des Wechselrichters hängt ab, welchen Bereich der Eingangsspannung er in eine netzidentische oder „quasi netzidentische" Wechselspannung umwandeln kann.
Die meisten der handelsüblichen „kleineren" Wechselrichter (Abb. C1) sind für Eingangs-Gleichspannungen von 12 oder 24 Volt (teilweise von 12 V und 24 V) ausgelegt. Typenbezogen dürfen dann die Eingangsspannungen im Bereich von z. B. 11 V bis 15 V oder von 22 V bis 30 V liegen. Die Ausgangswechselspannung beträgt 230 V~ und hat zwar jeweils eine mehr oder weniger netzidentische Frequenz von 50 Hz, aber ihre Form ist nur bei teureren Wechselrichtern sinusförmig (Abb. C1 c). Preiswertere Wechselrichter liefern nur eine „sinusähnliche Wechselspannung", die als Treppenspannung (Trapezspannung) nach Abb. C2 b aufgebaut ist. Einige der Billigwechselrichter erzeugen nur eine reine Rechteckspannung nach Abb. C2 a.

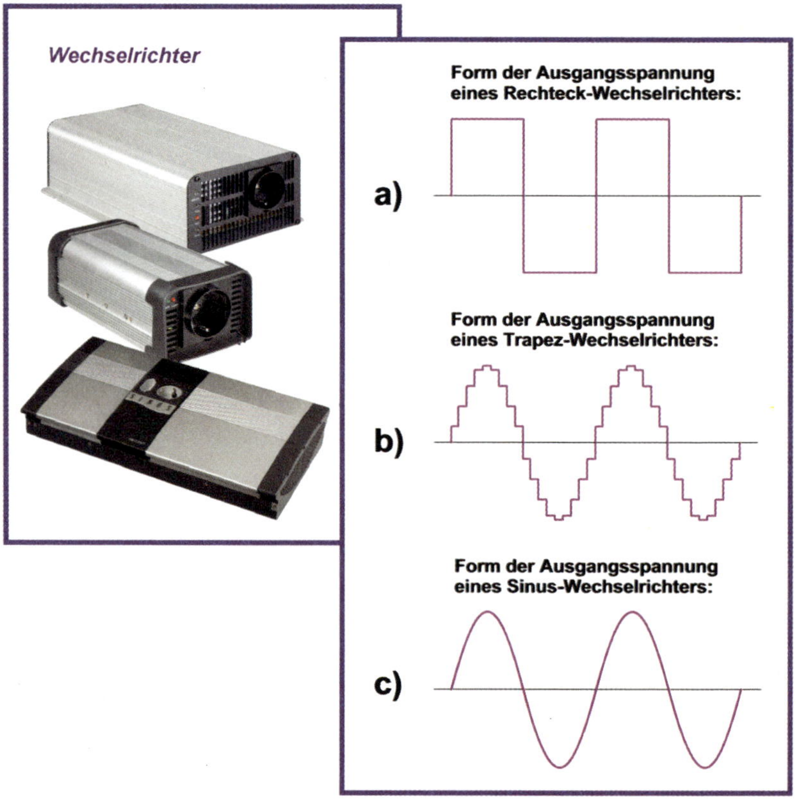

Abb. C1: Wird bei einer autarken Photovoltaik-Anlage gelegentlich auch noch eine Ein-Phasen-Netzspannung (230 V~ Wechselspannung) benötigt, kann diese von der Anlagenbatterie über einen passenden DC/AC-Wechselrichter bezogen werden. Typenbezogen wandeln die Wechselrichter die ihnen zugeführte Gleichspannung in eine Wechselspannung um, die bei besseren Wechselrichtern einen sinusförmigen, bei Billigwechselrichtern nur einen grob trapezförmigen oder einen rechteckigen Verlauf hat.

Bei autarken solarelektrischen Stromversorgungssystemen werden „zusätzliche" Wechselspannungen nur ausnahmsweise verwendet, denn der Wirkungsgrad der meisten Wechselrichter beträgt bei Last nur ca. 85 %. Daher wird hier Verbrauchern Vorrang gegeben, die für eine Gleichspannung (meist 12 V oder 24 V) ausgelegt sind, und die Spannungsnetze werden für diese Spannung ausgelegt.

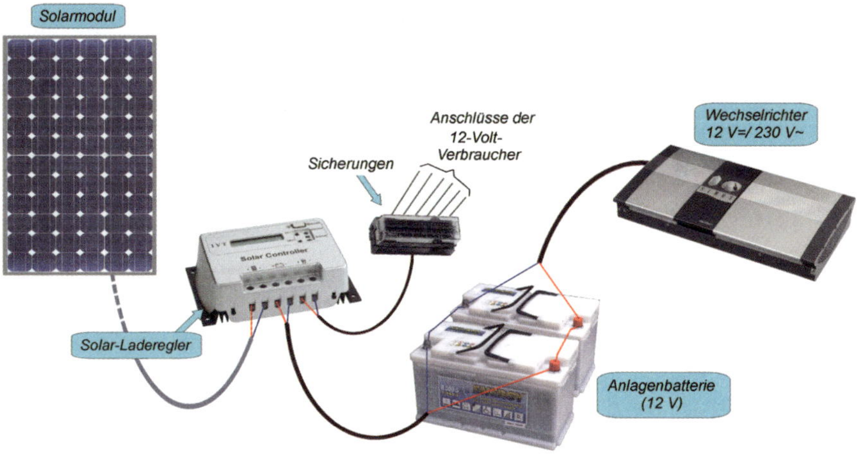

Abb. C2: Bei einer autarken PV-Anlage wird der Wechselrichter an die Anlagenbatterie angeschlossen.

C2 Wechselrichter für netzgekoppelte PV-Anlagen

Abb. C3: Wechselrichter für netzgekoppelte PV-Anlagen sind in unterschiedlichen Größen, Formen und Leistungen erhältlich.

Die Auswahl an Wechselrichtern für netzgekoppelte Anlagen ist sehr groß. Ihre Funktionsweise für netzgekoppelte Systeme hat teilweise Ähnlichkeit mit der Funktionsweise eines einfachen Camping- oder Pkw-Wechselrichters: Er muss Gleichspannung in Wechselspannung umwandeln können.
Das Gleiche muss vom Prinzip her ein Wechselrichter für netzgekoppelte Systeme leisten können. Er muss aber zudem noch über folgende spezielle Fähigkeiten verfügen:

1) Die von ihm erzeugte Wechselspannung muss eine perfekte Sinusform aufweisen und netzidentisch synchronisiert sein.

2) Die Höhe der vom Wechselrichter an den Einspeisezähler gelieferten Spannung muss auch bei Schwankungen der Spannung des öffentlichen Netzes immer angemessen höher als die jeweilige Netzspannung sein, damit das öffentliche Netz die erzeugte Solarenergie auch voll bezieht. Diese Vorbedingung hängt damit zusammen, dass der elektrische Strom nicht aus seiner Quelle wie Wasser aus einer Wasserleitung herausfließt, sondern von dem Verbraucher bezogen werden muss. Den Verbraucher repräsentiert bei diesem System das öffentliche elektrische Netz: Seine jeweilige Spannung und Impedanz unterliegen laufend recht großen Schwankungen. Somit hängt auch die optimale Einspeisung der Solarenergie ins öffentliche Netz prinzipiell nur davon ab, wie gut der Wechselrichter die von ihm bearbeitete Solarenergie in das Netz „hineinzudrücken“ versteht. Das kann er nur, indem er die Höhe der von ihm gelieferten Spannung (Wechselspannung) laufend auf die im Netz herrschenden Verhältnisse abstimmt, so dass die Spannungsdifferenz zwischen seiner Ausgangsspannung und der Netzspannung optimal hoch bleibt, um nach der Formel
$P = \triangle U \times I \times \cos \varphi$
die volle elektrische Solarleistung ins Netz einzuspeisen.
Als die Spannung $\triangle U$ zählt bei dieser Formel die Spannungsdifferenz zwischen der (höheren) „aufbereiteten“ Solarspannung und der (etwas niedrigeren) Netzspannung. Das I bezieht sich auf den Solarstrom und das $\cos \varphi$ variiert mit der jeweiligen Impedanz des elektrischen Netzes, die u. a. von der Anzahl der jeweils zugeschalteten induktiven Verbraucher wie Elektromotoren, Transformatoren, Induktionsherden u. ä. abhängt. Der Wechselrichter muss dabei imstande sein, die von ihm aus den PV-Generator bezogene Leistung mit möglichst geringen Verlusten ins Netz einzuspeisen, ohne dabei seine Leistungsgrenzen zu überschreiten. Wie gut ein Wechselrichter mit dieser Aufgabe fertig wird, geht teilweise aus seinem Wirkungsgrad hervor.

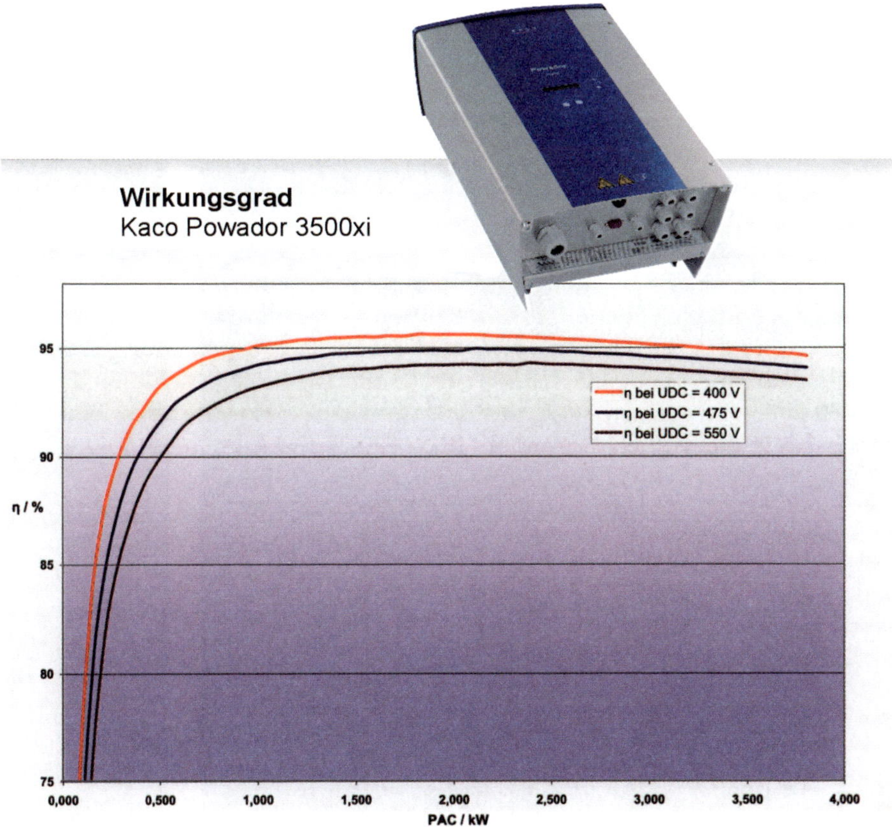

Abb. C4: Der Wirkungsgrad eines Wechselrichters ist keine Konstante, sondern variiert mit der Wechselrichterbelastung.

3) Der Wechselrichter-Wirkungsgrad sollte in einem möglichst breiten Arbeitsbereich konstant bleiben. Wie gut ein Wechselrichter diese Anforderung erfüllt, geht aus der Grafik hervor, die bei den technischen Unterlagen eines jeden guten Wechselrichters nach dem Beispiel aus *Abb. C4* aufgeführt ist. Bei dem unter den technischen Daten eines Wechselrichters aufgeführten Wirkungsgrad handelt es sich immer nur um einen *Spitzenwirkungsgrad*. Dieser Wirkungsgrad darf zwar als ein Qualitätsmerkmal betrachtet werden, aber er verrät als solcher nicht, wie sich der Wechselrichter außerhalb seines „Vorzeigebereichs" (= bei weniger günstigen Wetterbedingungen) verhält. Darüber informiert nur seine Leistungskurve *(Abb. C4)*.

4) Ein guter Netzeinspeise-Wechselrichter muss imstande sein, unter allen technisch vertretbaren Umständen aus dem PV-Generator seine jeweils volle elektrische Leistung zu beziehen und zu verarbeiten. Für diese Aufgabenbewältigung verfügt er eingangsseitig über ein sogenanntes MPP-Tracking, das den PV-Generator laufend und flexibel so belasten muss, dass aus ihm der Wechselrichter quasi als „Verbraucher" die maximale Leistung bezieht. Die Bezeichnung MPP ist eine Abkürzung von eng. *Maximal Power Point*, also dem „Punkt der maximalen Leistung". Dieser Punkt befindet sich in der Grafik eines Solarmoduls oder eines Solarmodulstrangs *(Abb. C5)* an einer Schnittstelle, bei der die Höhe der Solarspannung, multipliziert mit der Höhe des Solarstroms, die höchstmögliche Abgabeleistung erbringt. Die grafisch dargestellte Position des MP-Punkts bezieht sich hier auf eine Zellentemperatur von 50 °C. Bei einer anderen Temperatur und Einstrahlung verschieben sich der Verlauf dieser Kurve und somit auch die Position des MP-Punkts (siehe hierzu auch *Abb. B21* in Kapitel B).

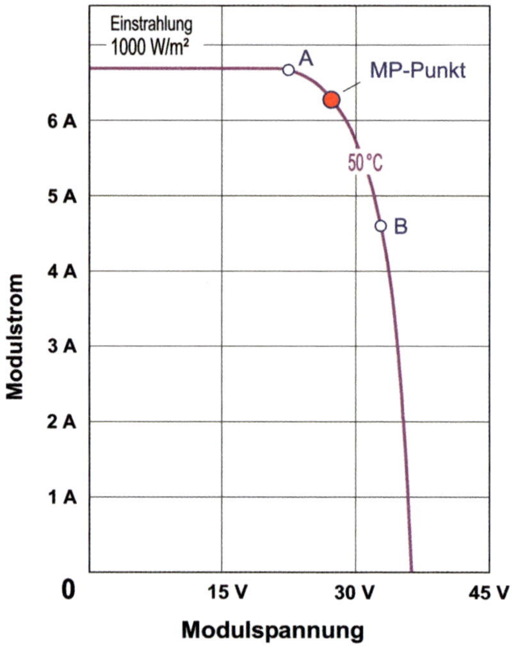

Abb. C5: Der MP-Punkt (Maximal Power Point) ist eine optimale Schnittstelle, bei der von einem Solarmodul- oder Solarmodulstrang die maximal mögliche elektrische Leistung bezogen werden kann.

Der MP-Punkt ist in der Grafik der *Abb. C5* eine Schnittstelle, an der von einem Solarmodul die höchstmögliche Leistung bezogen werden kann. Oberhalb und unterhalb des MP-Punkts – z. B. in den wahllos eingezeichneten Punkten *A* und *B* – müsste demnach auch rechnerisch nachvollziehbar die Solarleistung (nach der Formel P = U × I) niedriger als in dem MP-Punkt sein. Ob dem so ist, kann auch rein rechnerisch überprüft werden. Zu diesem Zweck haben wir in die Grafik in *Abb. C6* zu den Punkten *A*, *B* und *MP* ihre Spannungen und Ströme eingetragen. Dann wird die dazugehörende Leistung ausgerechnet:
Punkt A: 6,7 A × 22,5 V = 150,75 W
Punkt B: 4,6 A × 32,7 V = 150,42 W
MP-Punkt: 6,3 A × 24,5 V = **154, 35 W**

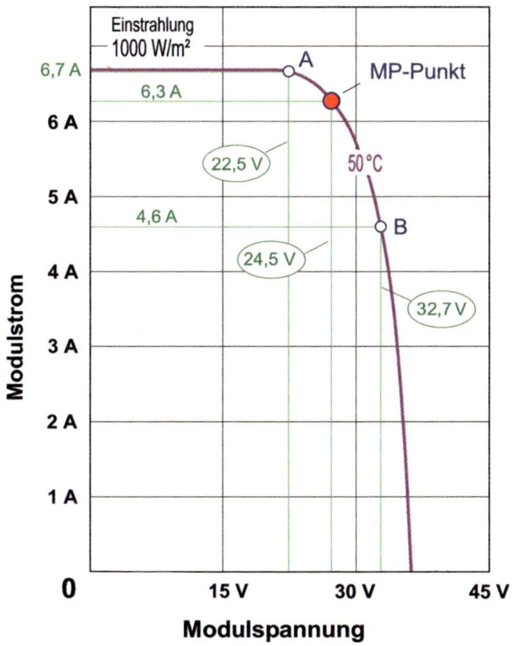

Abb. C6: Grafik aus der vorhergehenden Abbildung mit eingetragenen Strom- und Spannungsgrößen an einigen Stellen (Beispiel).

Würde man auf der Leistungskurve wahllos beliebig viele weitere „Kotroll-punkte" einzeichnen und die „positionsabhängigen" Leistungen ausrechnen, würde man feststellen, dass die Leistung mit zunehmendem Abstand vom MP-Punkt in beide Richtungen gleitend sinkt.

Der MP-Punkt hat in der Photovoltaik zwar einen sehr hohen Stellenwert, aber der Grafik fehlt eine praxisorientiert nachvollziehbare Verbindung zu der tatsächlichen Funktionsweise. Eine einfache Abhilfe verschafft hier die Schaltung in *Abb. C7,* die den „tieferen Sinn“ des MP-Punkts aus einer anderen Sicht erläutert: Wird an das Solarmodul als Last ein regelbarer Widerstand angeschlossen, dessen ohmscher Wert sich gleitend verändern lässt, wird das angeschlossene Wattmeter die Veränderungen der jeweils bezogenen Leistung anzeigen. Es wird dabei der MP-Punkt gefunden, bei dem das Wattmeter den höchsten Leistungswert anzeigt.

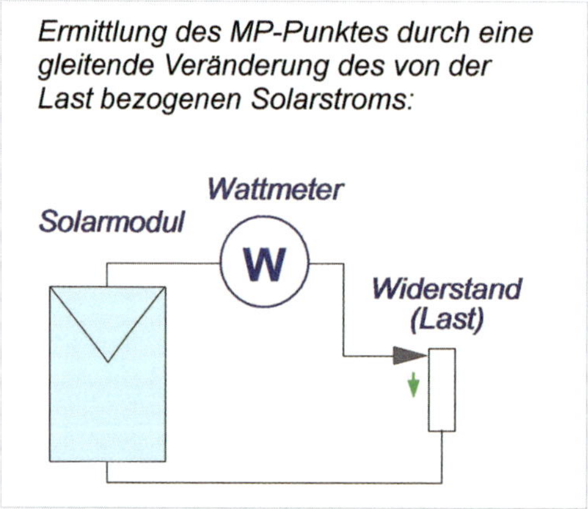

Abb. C7: Der ohmsche Wert der Last bestimmt die Abnahmeleistung. Das Optimum wird als der „Punkt der maximalen Leistung“ (MP-Punkt) bezeichnet.

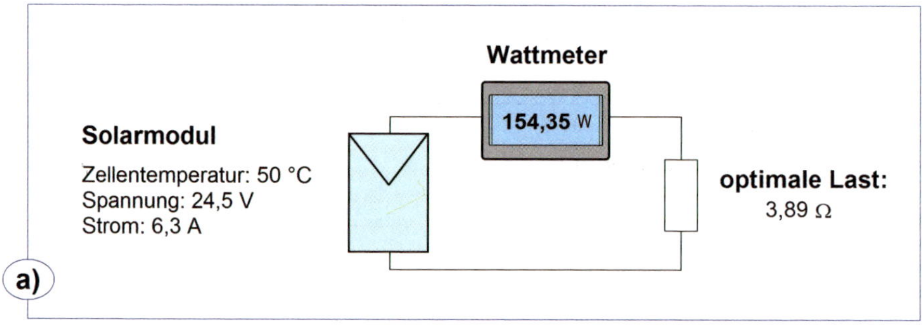

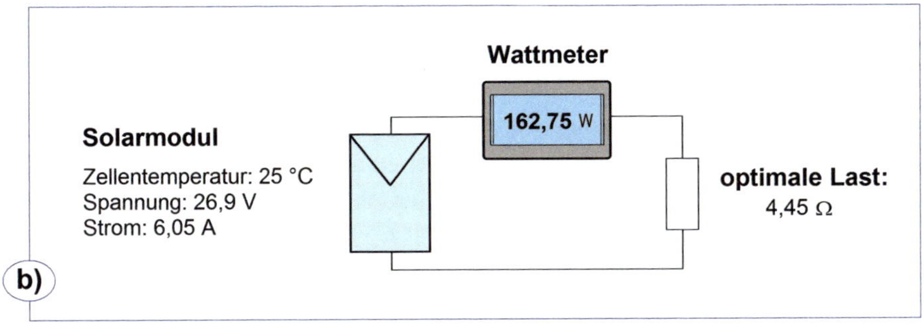

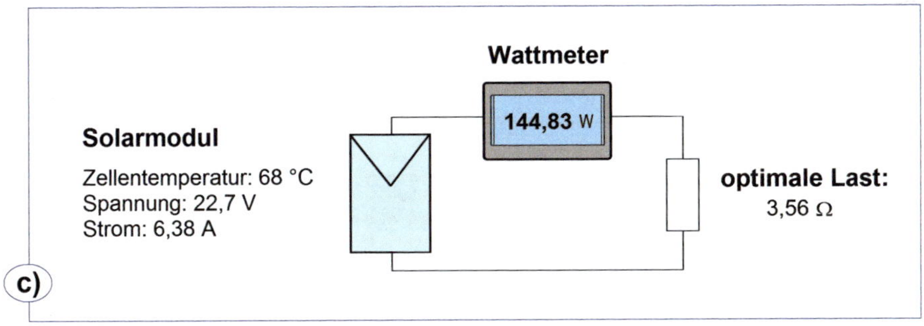

Abb. C8: Die Veränderung der Zellentemperatur hat auch bei konstanter Einstrahlung einen großen Einfluss auf die maximale PV-Leistung und die damit verbundene Verschiebung der Position des MP-Punkts.

Rein mathematisch ist der ganze Vorgang klar: Die Spannung des Referenzsolarmoduls in *Abb. C6* beträgt 24,5 V und sein Strom 6,3 A. Demnach kann aus dem Modul die maximale Leistung nur dann bezogen werden, wenn der ohmsche Widerstand der Last nach *Abb. C8 a* (nach der Formel $R = U : I$) ca. 3,89 Ω betragen würde (24,5 V : 6,3 A = 3,8888888 Ω). Das gilt allerdings nur für den Moment, in dem das Solarmodul mit 1.000 W/m² bestrahlt wird und eine Arbeitstemperatur von 50 °C erreicht hat. Bei derselben Bestrahlung, aber anderer Zellentemperatur, verändern sich die elektrischen Parameter des Solarmoduls nach der Grafik in *Abb. C9*. Demzufolge verschiebt sich auch der jeweilige MP-Punkt eines Solarmoduls oder eines Solarmodulstrangs.
Die Beispiele in *Abb. C8 b* und *C8 c* zeigen, wie sich die Veränderung der Zellentemperatur konkret auf die elektrischen Parameter eines Solarmoduls auswirkt. Eine Zellentemperatur von 25 °C *Abb. C8 b*, die sich auf die internationalen Testbedingungen bezieht und auf der auch die offiziellen Daten der meisten

Solarmodule (laut Datenblätter) beruhen, ist nur eine hypothetische „Labor-Temperatur". Die Solarzellen eines belasteten Solarmoduls wärmen sich meist bereits innerhalb einiger weniger Sekunden nach der Ankopplung des PV-Generators ans öffentliche Netz auf eine wesentlich höhere Arbeitstemperatur auf. Eine Innentemperatur von den theoretischen 25 °C haben sie daher jeweils nur vorübergehend (kurz nach dem Einschalten). Eine Zellentemperatur von 68 °C *(Abb. C8 c)* hat z. B. ein voll belastetes Solarmodul an einem warmen, sonnigen Sommertag – was jedoch von der Kühlung des Moduls abhängt und daher ebenfalls nur eine Momentaufnahme, aber keine Konstante darstellt.

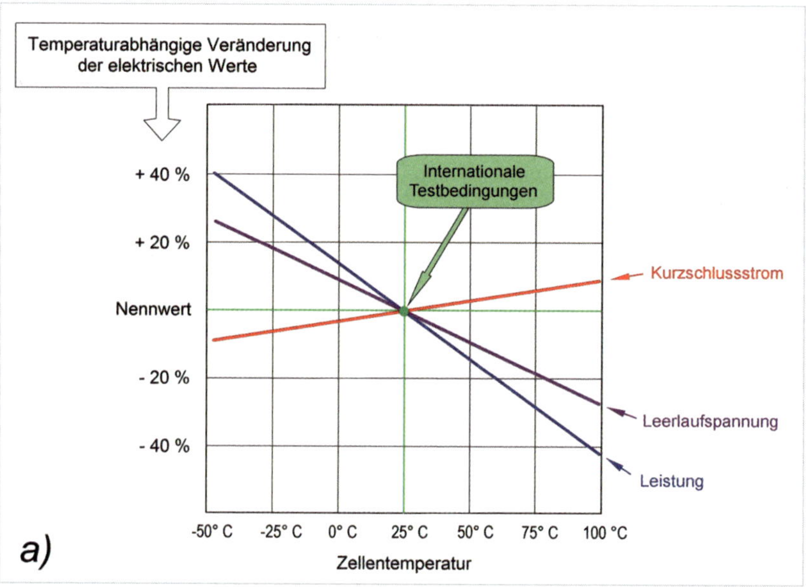

Abb. C9: Abhängigkeit der Solarzellen- und Solarmodulparameter von der Innentemperatur der Zellen

Ein Netzeinspeise-Wechselrichter muss imstande sein, den an ihn angeschlossenen PV-Generator jeweils so zu belasten, dass er von ihm die höchstmögliche elektrische Leistung beziehen kann. Zu diesem Zweck verfügt jeder Wechselrichter dieser Kategorie über mindestens eine spezielle MPP-Tracking-Schaltung, die bereits in Kapitel 2 als Schaltplan aufgeführt, aber nicht näher erklärt wurde. Die Funktion des MPP-Tracking ist nur mithilfe einer komplexen Laboranlage messtechnisch nachvollziehbar.

Weder der Errichter noch der Betreiber einer PV-Anlage hat im Nachhinein eine Kontrollmöglichkeit, um festzustellen, wie gut das MPP-Tracking tatsächlich funktioniert. Die Funktionsqualität des MPP-Tracking liegt daher in einer absoluten Grauzone. Sie hat auch nichts mit dem Wirkungsgrad eines Wechselrichters zu tun, denn dieser bezieht sich nur auf die Verluste im Wechselrichter selbst – also auf den Unterschied zwischen der von der PV-Anlage bezogenen und der ins öffentliche Netz eingespeisten Solarenergie. Inwieweit es dem Wechselrichter gelingt, aus einem Solarmodulstrang die zur Verfügung stehende elektrische Leistung auch tatsächlich voll zu beziehen, lässt sich auch mit aufwendigen Messvorrichtungen nicht ermitteln. Dies wäre nur möglich, wenn man an den Solarmodulstrang nach dem Beispiel aus *Abb. C7* eine improvisierte Last anschließen könnte, um die elektrische Leistung als „Soll“ und „Haben“ vergleichen zu können.

Die Eingangs-PV-Leistung, die ein Wechselrichter anzeigt, sagt also nichts darüber aus, ob der Wechselrichter aus dem PV-Generator auch tatsächlich die volle Leistung bezieht. Diese Problematik ist in der Photovoltaik eine eigenartige und in der Technik ansonsten recht unübliche Situation, denn normalerweise bezieht ein Verbraucher aus einer Energiequelle einfach nur die Leistung, die er benötigt. Der Wechselrichter muss hier hingegen laufend die maximal mögliche Leistung aus der PV-Anlage beziehen: Belastet sein MPP-Tracking die PV-Anlage zu stark, bezieht er aus der PV-Anlage einen zu hohen Strom, drückt dadurch die an sich „weiche“ Solarspannung zu stark nach unten *(Punkt A in Abb. C6)* und drosselt damit die PV-Leistung. Stellt das MPP-Tracking seine interne Last wiederum etwas zu hochohmig ein, arbeitet es in Punkt B der Grafik aus *Abb. C6* und nutzt dann die volle zur Verfügung stehende Leistung des PV-Generators ebenfalls nicht optimal aus.

Fazit: Das MPP-Tracking eines Wechselrichters arbeitet in einer Grauzone, die nicht kontrollierbar ist. Ein brauchbares Messsystem als Fertigprodukt steht den Planern und Errichtern von PV-Anlagen leider nicht zur Verfügung. Zuverlässige Abhilfe könnte z. B. nur ein zusätzliches Referenz-Solarmodul bieten, das nach dem Beispiel aus *Abb. C7* mit dem ganzen eingezeichneten Zubehör für Kontrollzwecke installiert wird. Es müsste sich dabei möglichst um ein baugleiches (und gleich großes) Solarmodul mit dem gleichen Standort handeln. Die Suche nach dem MP-Punkt (die Einstellung der variablen Last) müsste manuell erfolgen, um Mess- oder Funktionsfehler zu minimieren. Als Photovoltaik-Zubehör werden zwar in letzter Zeit für messtechnische Zwecke kleine Referenz-Solarmodule angeboten, aber sie sind meist nur für die Ermittlung der Einstrahlung ausgelegt.

Dies gilt jedoch nicht für Wechselrichter, die nur für netzunabhängige Inselanlagen verwendet werden: Hier genügen unter Umständen auch die einfachsten Pkw-Wechselrichter, deren Leistung auf die Abnahmeleistung der vorgesehenen Verbraucher abgestimmt ist, die für 230 Volt~ ausgelegt sind.
Je nachdem, welche elektrischen 230-Volt-Verbraucher an den Wechselrichter da angeschlossen werden (oder werden sollen), sind die Ansprüche an die vom Wechselrichter gelieferte Wechselspannung entweder nur gering oder im Gegenteil sehr hoch.

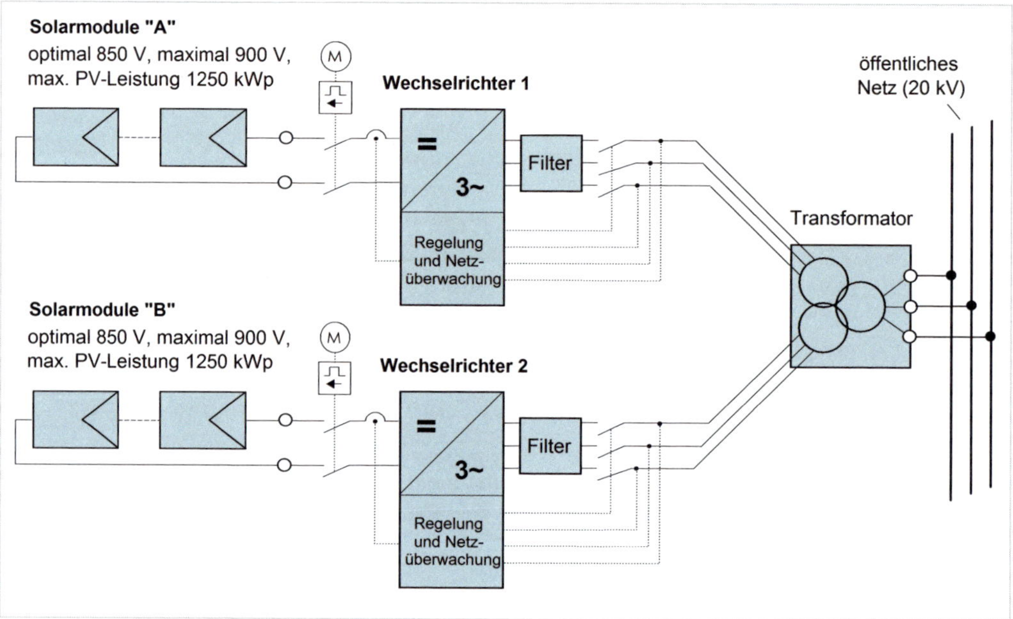

Abb. C10: Größere PV-Anlagen werden über Dreiphasen-Wechselrichter in öffentliche Netze mit höheren Wechselspannungen (oft in 20-kV-Netze) eingespeist.

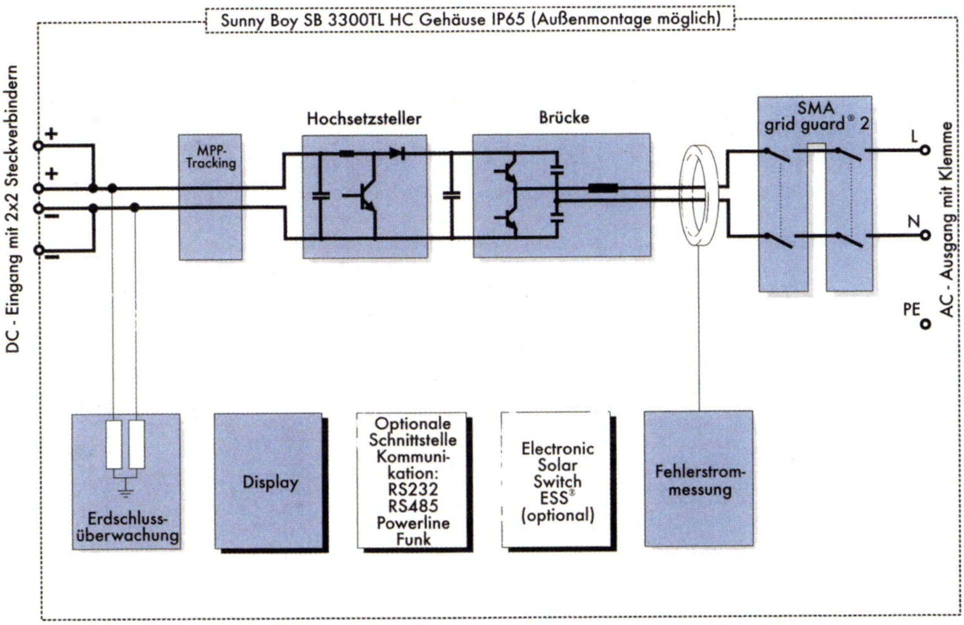

Abb. C11: Blockschaltbild eines SMA-Wechselrichters, der für den Anschluss von zwei parallelen Solarmodulsträngen (Strings) ausgelegt ist

Die gegenwärtigen Wechselrichtersysteme für netzgekoppelte Photovoltaik-Anlagen können hinsichtlich der Art der Eingänge und Stranganschlüsse (eng. *Strings*) in vier Gruppen eingeteilt werden:

1. Wechselrichter mit einem gemeinsamen Eingang (Zentralwechselrichter) – *Abb. C12*
2. String- oder Multistring-Wechselrichter – *Abb. C13*
3. Modulintegrierte Wechselrichter – *Abb. C14*

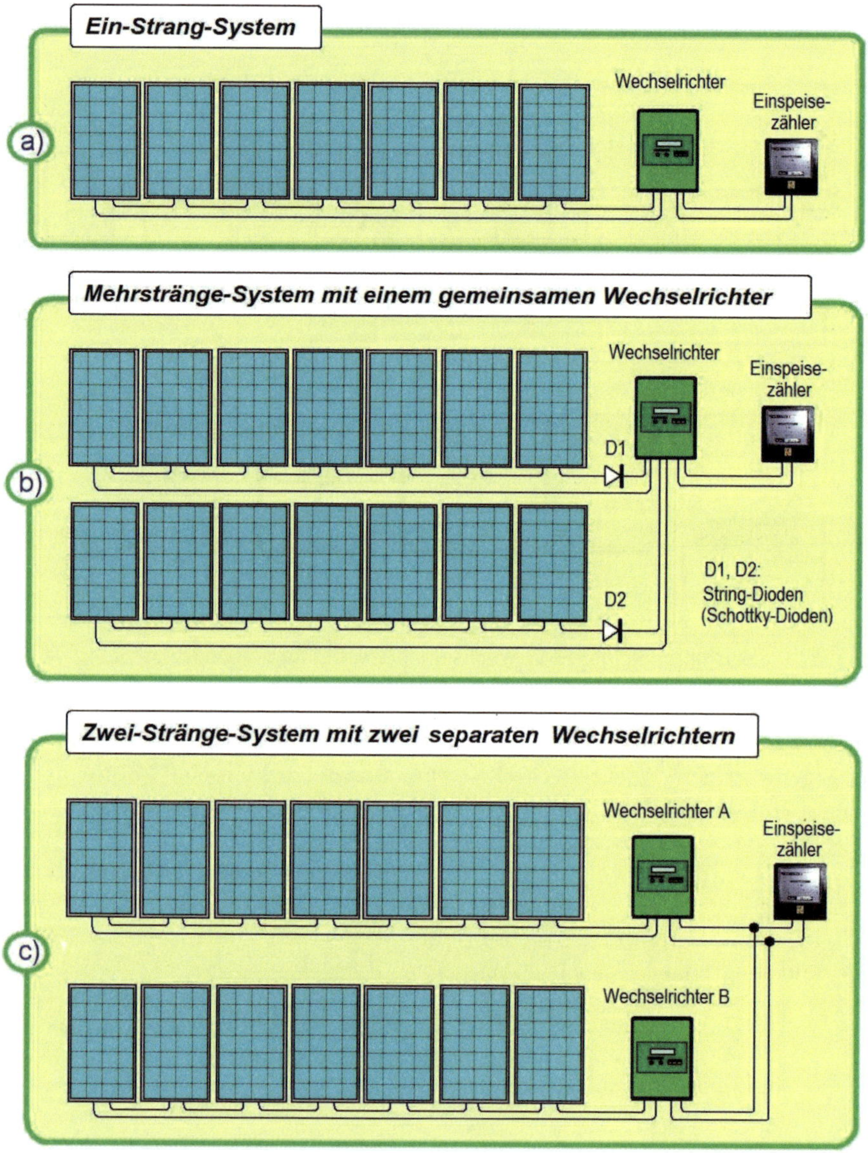

Abb. C12: Einfache Grundschaltungen von PV-Anlagen

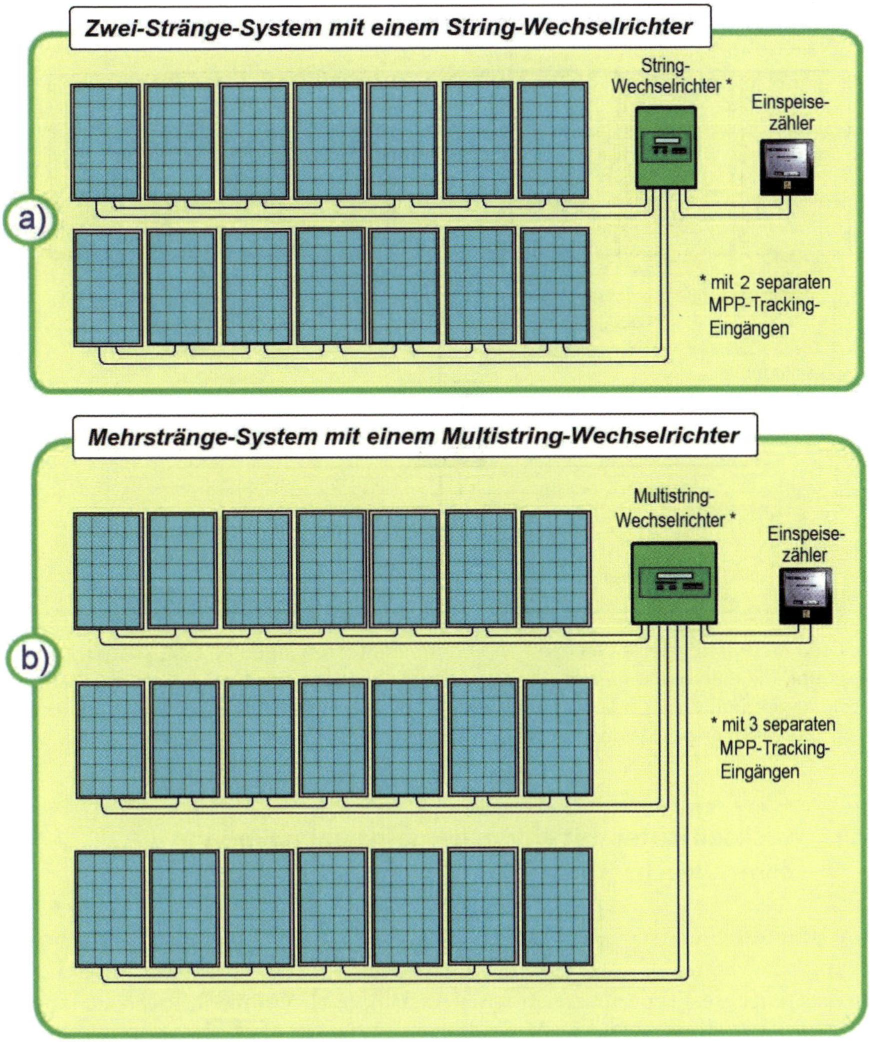

Abb. C13: Als String- oder Multistring-Wechselrichter werden Wechselrichter bezeichnet, die über separate MPP-Tracking-Eingänge verfügen, die für den Anschluss mehrerer Solarmodulstränge vorgesehen sind.

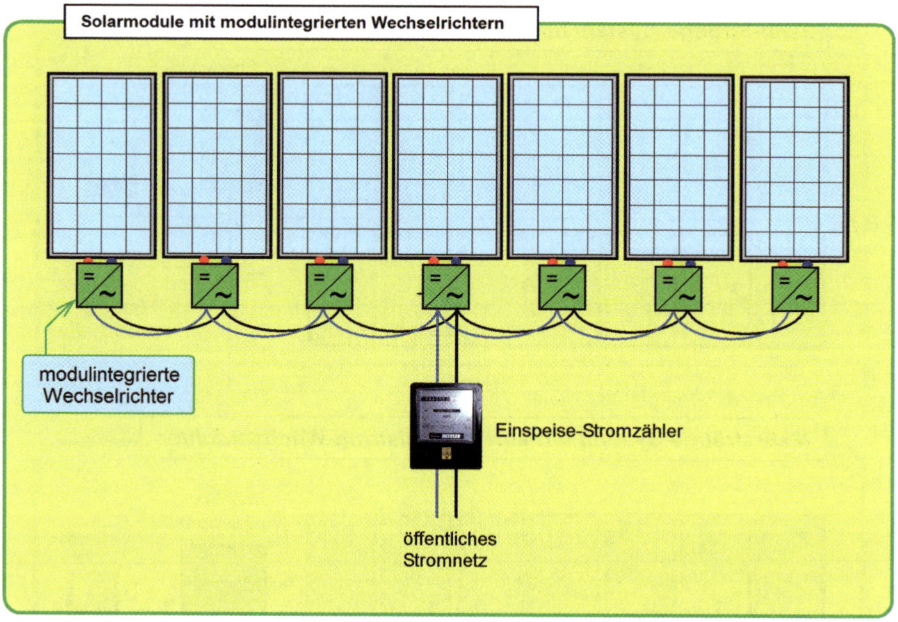

Abb. C14: Modulintegrierte Wechselrichter bilden mit ihren Modulen eine kompakte Einheit und die elektrischen Parameter der Wechselrichter sind jeweils exakt auf ihre Module abgestimmt. Der Anlagenplaner muss sich mit diesem Thema nicht auseinandersetzen.

C 2.1 Wechselrichter mit einem gemeinsamen Eingang (Zentralwechselrichter)

Die herkömmlichen Wechselrichter wurden ursprünglich für einen gemeinsamen Eingang ausgelegt. Die einzelnen Modulstränge wurden – oder werden bei dieser Wechselrichter-Type immer noch – nach *Abb. C15* einfach über zusätzliche Sperrdioden (Schottky-Dioden) parallel an „gemeinsame" Anschlussklemmen des Wechselrichtereingangs angeschlossen. Unter Umständen kann es sich um separat angeordnete (also nicht immer ersichtlich gemeinsame) Klemmen oder Stecker handeln, die z. B. nach *Abb. C16* als getrennte Stecker am Gerät angebracht, aber intern leitend verbunden sind.

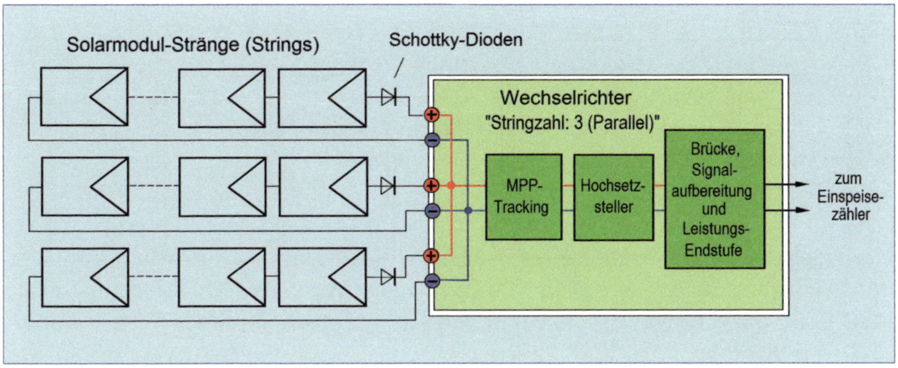

Abb. C15: Werden an einen Wechselrichter, der für mehrere parallele Eingänge ausgelegt ist, zwei oder mehrere Solarmodulstränge angeschlossen, müssen sie, der besseren elektrischen Ausgewogenheit wegen, über separate Sperrdioden (Schottky-Dioden) angeschlossen werden.

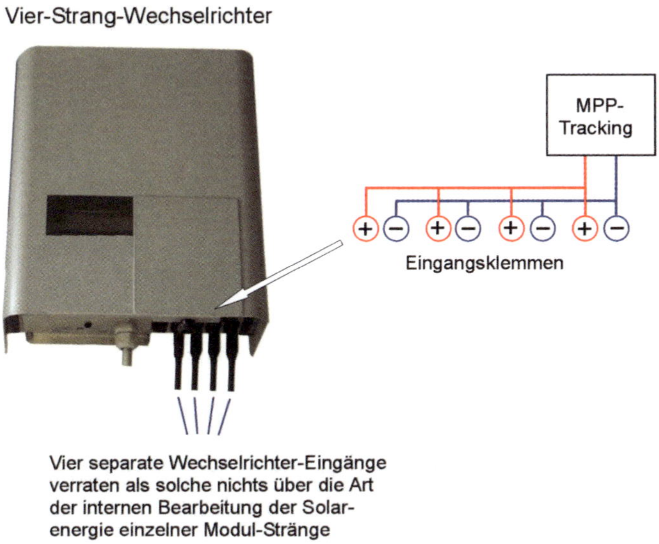

Abb. C16: Wechselrichter mit einem gemeinsamen Eingang sind oft mit mehreren Steckverbindungen versehen, die jedoch an der Rückseite der Stecker (im Wechselrichter) alle leitend miteinander verbunden sind.

Bitte beachten: Wenn in den technischen Unterlagen eines Wechselrichters z. B. „maximale Stringanzahl (parallel): 4“ steht, bezieht sich das nur darauf, dass dieser Wechselrichter eingangsseitig für vier Parallelanschlüsse (nach dem Beispiel aus *Abb. C16*) ausgelegt ist. Es handelt sich nicht um einen *Multi-String-Wechselrichter*, der mit separaten MPP-Tracking-Eingängen ausgelegt ist.

Der Nachteil dieser Konzeptlösung besteht darin, dass sie eigentlich nur dann optimal funktioniert, wenn die parallel angeschlossenen Modulstränge exakt identische Spannungen und Leistungen liefern. Abweichungen in der Anpassung der Stränge oder eine Teilbeschattung einiger Stränge verringern den Energieertrag dadurch, dass bei dem Strang (oder bei den Strängen) mit einer niedrigeren Spannung der Wechselrichter nicht ihre tatsächliche zur Verfügung stehende Leistung ins Netz einspeist. Ein Teil dieser Leistung bleibt dann quasi ungenutzt. Wie groß dieser ungenutzte Teil tatsächlich ist, hängt von dem Spannungs- und Stromunterschied zwischen einzelnen Modulsträngen ab. Je größer diese Unterschiede sind, desto höher sind die Leistungsverluste, die in der technischen Terminologie als *Anpassungsverluste* bezeichnet werden.

C 2.2 String-Wechselrichter

Die vorher angesprochenen Nachteile der Wechselrichter mit einem gemeinsamen Eingang entfallen bei der Anwendung von String-Wechselrichtern. Hier verarbeitet jeder Wechselrichter völlig unabhängig die Solarenergie seines Modulstrangs optimal. Technisch elegant heißt es, dass hier jeder Strang im eigenen Maximum-Power-Point (MPP) betrieben wird. Die Modulstränge dürfen dabei unterschiedlich lang sein und unterschiedliche Parameter (Nennspannung, Nennleistung und Nennstrom) aufweisen. Eine gelegentliche Beschattung eines der Stränge oder eines ihrer Module oder Defekte in Modulen, die von Bypass-Dioden abgefangen werden, verringern den Energieertrag nur in „mathematisch gerechtfertigtem Umfang“, der sich z. B. auf den tatsächlichen Energieverlust in einer defekten Modulsektion bezieht.
Die Anzahl der Modulstränge sowie auch die Anzahl der String-Wechselrichter pro Photovoltaik-Anlage sind praktisch uneingeschränkt. Die einzelnen String-Wechselrichter dürfen dabei für unterschiedliche Leistungen und PV-Spannungsbereiche ausgelegt sein, denn ausgangsseitig müssen sie sowieso eine exakt netzidentische – und damit auch phasenidentische – Wechselspannung an den Eingang des Netzeinspeise-Stromzählers liefern *(siehe hierzu auch die Planungshinweise in Kapitel 2)*.

String-Wechselrichter werden ausgangsseitig parallel miteinander verbunden und an den Netzeinspeise-Stromzähler angeschlossen.
Mehrere einzelne String-Wechselrichter sind allerdings teurer als ein einziger Wechselrichter mit zwei oder auch mehreren parallelen Eingängen. Sie sind dennoch vor allem dann unerlässlich, wenn die einzelnen Modulstränge der Photovoltaik-Anlage etwas unterschiedlich ausgerichtet sind, wodurch das Leistungsangebot zeitlich versetzt ist. Hier gäbe es bei Verwendung eines Wechselrichters mit gemeinsamem „Paralleleingang" viel zu große Energieverluste.

C 2.3 Multi-String-Wechselrichter

Ein Multi-String-Wechselrichter verfügt eingangsseitig über separate Eingänge, in denen die von jedem Modulstrang gelieferte Solarenergie separat aufbereitet wird, damit Fehlanpassungen vermieden werden. Ein gemeinsamer Leistungsteil, der aus einer sogenannten Brücke und einer Signalaufbereitung besteht, fügt dann die ihm gelieferten Solarenergien zusammen und speist sie ins öffentliche Netz ein.
Nach außen funktioniert ein Multi-String-Wechselrichter ähnlich wie mehrere einzelne String-Wechselrichter und ist durch den gemeinsamen Leistungsteil eine kostengünstigere Alternative zur String-Technik.
Die Anzahl der separaten Eingänge liegt oft zwischen zwei und vier, kann jedoch bei einigen dieser Geräte auch aus einer Kombination von „echten" Multistring-Eingängen und parallelen Eingängen bestehen, die als gemeinsame Eingänge eines Zentralwechselrichters ausgelegt sind. Auf diese Eigenheit ist bei der Wahl des Wechselrichters gezielt zu achten, denn nicht immer geht sie aus einer einfacheren Beschreibung des Wechselrichters deutlich hervor. Wenn da z. B. einer der Wechselrichtereingänge als „Doppelanschluss" bezeichnet wird, dürfen an ihn nur zwei völlig identische Modulstränge über Schottky-Dioden angeschlossen werden. Schottky-Dioden sind Spezialdioden, an denen (typenbezogen) nur ein geringer Spannungsverlust (von ca. 0,28 bis 0,3 Volt) entsteht. Dadurch verringert sich auch der Leistungsverlust, der an diesen Dioden als Solarstrom × Verlustspannung entsteht.

C 2.4 Modulintegrierte Wechselrichter

Modulintegrierte Wechselrichter unterscheiden sich von String-Wechselrichtern nur dadurch, dass sie für einzelne Solarmodule ausgelegt sind. Jedes Solarmodul erhält einen eigenen Wechselrichter, der – wie die Bezeichnung andeutet – mit dem Modul eine kompakte Einheit bildet. Auf diese Weise wird verhindert, dass Anpassungsverluste auftreten, die z. B. bei Solarmodulen mit einer Toleranz von ±5 % oder ±10 % praktisch unvermeidbar sind – und bei denen auch sehr hohe Anpassungsverluste entstehen können.
Modulintegrierte Wechselrichter sind oft aus Kostengründen einfacher konzipiert und ihr Wirkungsgrad fällt dadurch meist etwas bescheidener aus, als es bei guten, leistungsstarken Wechselrichtern üblich ist, die für größere PV-Generatoren vorgesehen sind, die aus mehreren (oder vielen) Solarmodulen bestehen. Der große Vorteil der modulintegrierten Wechselrichter besteht darin, dass sie exakt auf die elektrischen Parameter „ihrer" Solarmodule abgestimmt werden können und zudem keine besonderen Ansprüche an das Fachwissen des Anlagenerrichters stellen. Sie können im Prinzip – ähnlich wie z. B. Glühbirnen – einfach über eine gemeinsame Zuleitung an den Einspeisezähler angeschlossen werden.

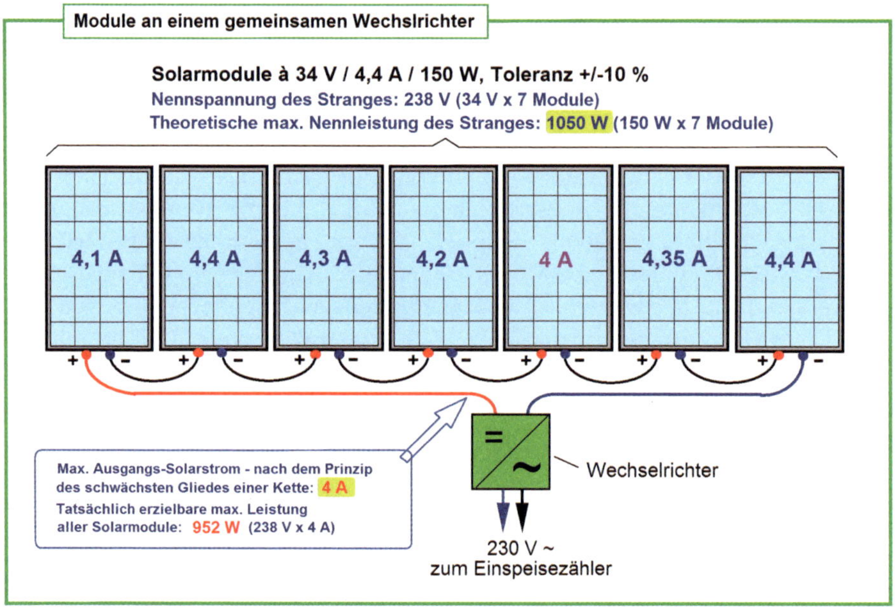

Abb. C17a: Solarmodule mit einem gemeinsamen Wechselrichter

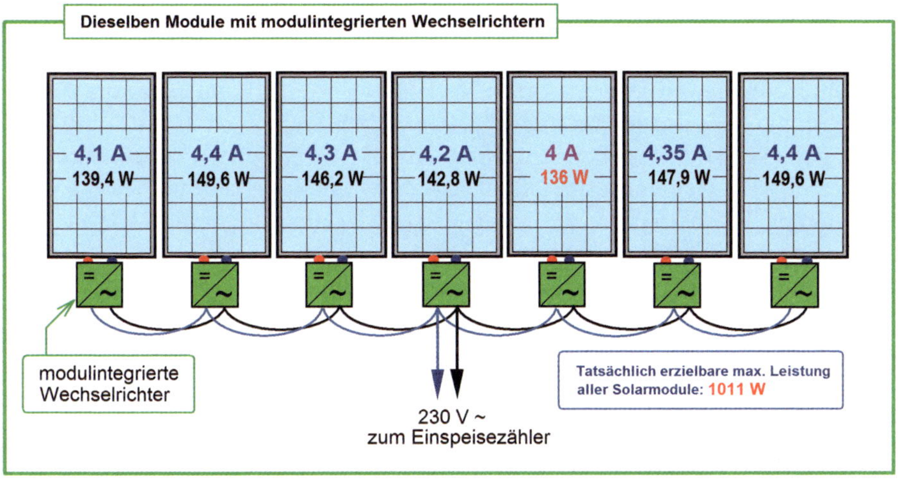

Abb. C17b: Modulintegrierte Wechselrichter haben den Vorteil, dass ein „schwaches Glied" der Solarmodulkette (mit z. B. zu geringem Strom) nicht die Ausgangsleistung des ganzen Solarmodulstrangs drosselt.

C 2.5 Wahl des richtigen Wechselrichters

Ein guter Wechselrichter muss in der Lage sein, auch geringere Solarleistungen ins öffentliche Netz einzuspeisen. Sein Eigenverbrauch sollte dabei möglichst gering sein (= er müsste einen hohen Wirkungsgrad haben).
Wichtig ist, dass der Wechselrichter die Einspeisung ins öffentliche Netz nicht erst aktiviert, nachdem die Solarspannung auf einen zu hohen Wert gestiegen ist und nachdem bereits viel Solarenergie ungenutzt verloren gegangen ist. Das Gleiche gilt auch für den Moment des Abschaltens: Viele Wechselrichter schalten sich (und damit die noch stromerzeugende Photovoltaik-Anlage) viel zu früh vom Netz ab. Hier geht oft ebenfalls ein Teil der erzeugten Energie verloren.
An einem sonnigen Tag ist der verloren gegangene Teil der Solarenergie in Bezug auf den Tagesertrag prozentual dennoch nur ein unbedeutender Verlust: Wenn der Himmel den ganzen Tag sonnig bleibt, kommen die relativ geringen Einspeiseverluste nur eine kurze Zeit am Morgen und evtl. nochmals eine kurze Zeit am Abend vor. An einem der trüben oder leicht bewölkten Tage, die bei uns stark dominieren, kann dagegen durch mangelhafte oder gar nicht zustande gekommene Netzankopplung per saldo dennoch verhältnismäßig viel Solarenergie ungenutzt verloren gehen.

Bei der Suche nach dem „richtigen" Wechselrichter ist nicht nur auf seine allgemeinen Qualitäten – z. B. seinen Wirkungsgrad –, sondern auch darauf zu achten, inwieweit sein Eingangs-MPP-Bereich auf die vorgesehene Nennspannung der Solarmodulstränge abgestimmt ist. Abgesehen davon sollte auch nicht ganz außer Acht gelassen werden, ab welcher Solarleistung der Wechselrichter den PV-Generator ans öffentliche Netz ankoppelt. Diese beiden angesprochenen Eigenschaften des Wechselrichters gehen aus seinen technischen Daten hervor (*Tab. C1*).

Wann ein Wechselrichter seine PV-Anlage an das öffentliche Netz ankoppelt oder wieder vom Netz abschaltet, hängt von seinem Eingangsspannungs-MPP-Bereich und der in seinen technischen Daten angegebenen solarelektrischen Leistung ab, die als *Einspeisung ab* in Watt angegeben wird.

Dieser speziellen Eigenschaft des Wechselrichters wird bei der Planung einer PV-Anlage oft zu wenig Aufmerksamkeit gewidmet, denn die Zusammenhänge sind vielen Planern und Errichtern nicht ganz deutlich. Dabei ist das Zusammenspiel zwischen der Einschaltspannung und Einschaltleistung leicht durchschaubar:

Der untere Grenzwert des Eingangsspannungs-MPP-Bereichs eines Wechselrichters weist grob darauf hin, bei welcher Solarspannung der Wechselrichter aktiv wird und die Anlage ans öffentliche elektrische Netz ankoppelt und wieder vom Netz abschaltet.

Wird dieser Spannungsbereich z. B. mit „125 V bis 500 V" angegeben (1. Zeile der *Tabelle C1)*, beinhaltet dies, dass der Wechselrichter die Anlage erst dann ans Netz ankoppelt, wenn die Solarspannung die ca. 125 V überschreitet. Die Anlage wird vom Netz wieder abgeschaltet, sobald die Spannung des PV-Generators unterhalb von ca. 125 V sinkt. Solche elektrischen Vorgänge weisen technisch bedingt immer eine Hysterese auf, die einen Zwischenraum zwischen dem Einschalt- und dem Abschaltvorgang beansprucht. Der hier angesprochene Wechselrichter wird daher in Wirklichkeit den PV-Generator erst dann ans elektrische Netz ankoppeln, nachdem die Solarspannung z. B. auf etwa 140 V angestiegen ist. Als Gegenleistung wird er das Anschalten vom Netz auf eine Spannungsschwelle von z. B. 110 V verschieben. Diese „Feinheiten" sind nicht immer auf den ersten Blick in den technischen Daten der Wechselrichter auffindbar, aber bei Bedarf kann man diese Auskunft direkt bei der Hotline des Herstellers erhalten.

Die Spannung eines belasteten PV-Generators ist relativ „weich" und hängt von der jeweiligen Einstrahlungsintensität und Belastung ab. Sie steigt zwar generell auch bei einer geringeren Einstrahlungsintensität relativ schnell an, wird aber dennoch von der Belastung eingeschränkt, die in diesem Fall das MPP-Tracking des Wechselrichters simuliert. Nur bei einem völlig unbelasteten Solarmodulstrang ist die Leerlaufspannung auch bei geringer Einstrahlungsintensität sehr hoch.

Max. PV-Nennleistung	MPP-Bereich	Max. Eingangsstrom	Einspeisung ab	Max. Wirkungsgrad	Europ. Wirkungsgrad	Stand-by-Verbrauch	Transformator ja/nein	Lüfter ja/nein	Umgebungstemperatur	Hersteller	Gerätetyp
1,4 kW	125 - 500 V	7,5 A	10 W	95 %	92,9 %	6 W	j	n	0 ... 40 °C	**Aixcon**	PS 1300
2,5 kW	125 - 500 V	12 A	30 W	95 %	94,2 %	6 W	j	n	-15 ... 40 °C	**Aixcon**	PT 3000
1,5 kW	75 - 225 V	6,7 A	9 W	94 %	92,1 %	9 W	j	j	-25 ... 65 °C	**ASP**	Top Class Spark
2,1 kW	125 - 350 V	7,8 A	7 W	94 %	92 %	< 3 W	j	n	-25 ... 60 °C	**Exendis**	Gridfit 1900
1,1 kW	120 - 300 V	5,9 A	10 W	92,5 %	90,5 %	5 W	j	n	-15 ... 50 °C	**Fronius**	SUNRISE MINI
1,4 kW	150 - 400 V	4,99 A	10 W	94,2 %	91,4 %	7 W	j	j	-20 ... 50 °C	**Fronius**	Fronius IG 15
4 kW	125 - 450 V	22 A	20 W	96,5 %	95,5 %	< 10 W	n	j	-10 ... 70 °C	**Ingeteam**	Ingecom Sun 3,3TL
2,7 kW	350 - 600 V	5,7 A	10 W	95,9 %	94,2 %	< 11 W	n	n	-20 ... 40 °C	**Kaco**	Powador 2500xi
3,5 kW	125 - 400 V	13,7 A	20 W	94,5 %	93,3 %	< 5 W	j	n	-20 ... 40 °C	**Kaco**	Powador 3501xi
2,2 kW	90 - 580 V	10 A	10 W	96 %	95 %	< 8 W	n	n	-25 ... 55 °C	**Magnetek**	PVI-2000-OUTD
4 kW	90 - 580 V	12 A	10 W	96 %	95 %	< 8 W	n	j	-25 ... 55 °C	**Magnetek**	PVI 3600
4,21 kW	150 - 450 V	11,7 A	1 W	> 96 %	> 94,5 %	7 W	n	n	-20 ... 55 °C	**Phoenixtec**	Sunville 4000 A
0,78 kW	119 - 200 V	7 A	4 W	93,4 %	92 %	< 4 W	j	n	-25 ... 60 °C	**SMA**	Sunny Boy 700
1,85 kW	139 - 320 V	12,6 A	5 W	93,5 %	91,8 %	< 5 W	j	n	-25 ... 60 °C	**SMA**	Sunny Boy 1700
2,2 kW	125 - 480 V	11 A	7 W	96,1 %	95,2 %	< 7 W	n	n	-25 ... 60 °C	**SMA**	Sunny Boy 2100TL
6 kW	180 - 850 V	8 A	10 W	96,2 %	95,2 %	< 0,9 W	n	n	-20 ... 60 °C	**Solar-Fabrik**	Convert 6T
2,6 kW	330 - 750 V	7,5 A	8 W	97,2 %	96,6 %	0 W	n	j	-20 ... 40 °C	**Solutronic**	SolPlus 25
3,6 kW	330 - 750 V	10,4 A	8 W	97,3 %	96,8 %	0 W	n	j	-20 ... 40 °C	**Solutronic**	SolPlus 35
2,3 kW	350 - 750 V	5,75 A	15 W	97 %	96,2 %	9 W	n	n	-25 ... 40 °C	**Sunways**	Sunways NT 2600
3,4 kW	350 - 750 V	8,5 A	15 W	97 %	96,4 %	9 W	n	n	-25 ... 40 °C	**Sunways**	Sunways NT 4000
2,1 kW	180 - 350 V	7,8 A	10 W	94,2 %	91,9 %	0,2 W	j	n	-20 ... 60 °C	**Total**	Gridfit 1900

Tab. C1: Kurzübersicht der technischen Daten einiger Wechselrichter: Neben der Wechselrichterleistung, von der bei Planungsüberlegungen ausgegangen wird, gehören auch der Eingangsspannungs-MPP-Bereich und die Spalte *Einspeisung ab* zu den wichtigen technischen Eigenschaften.

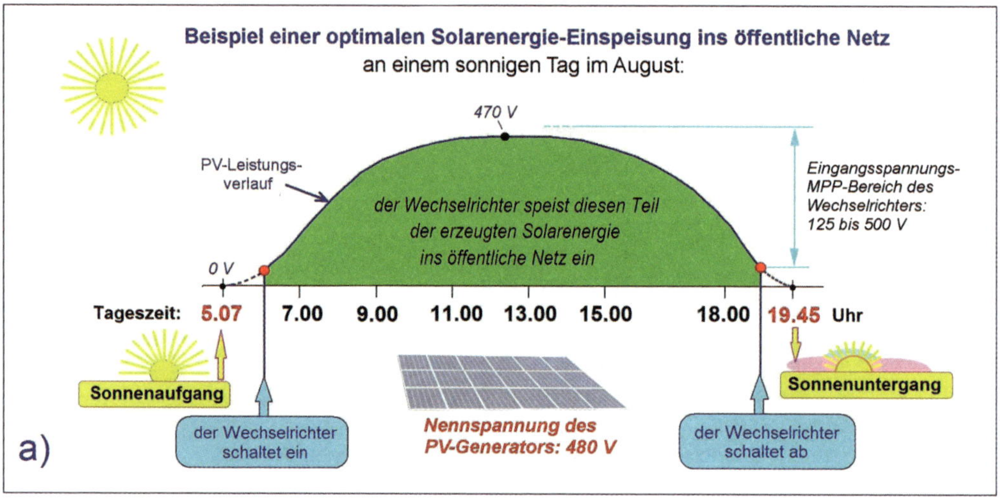

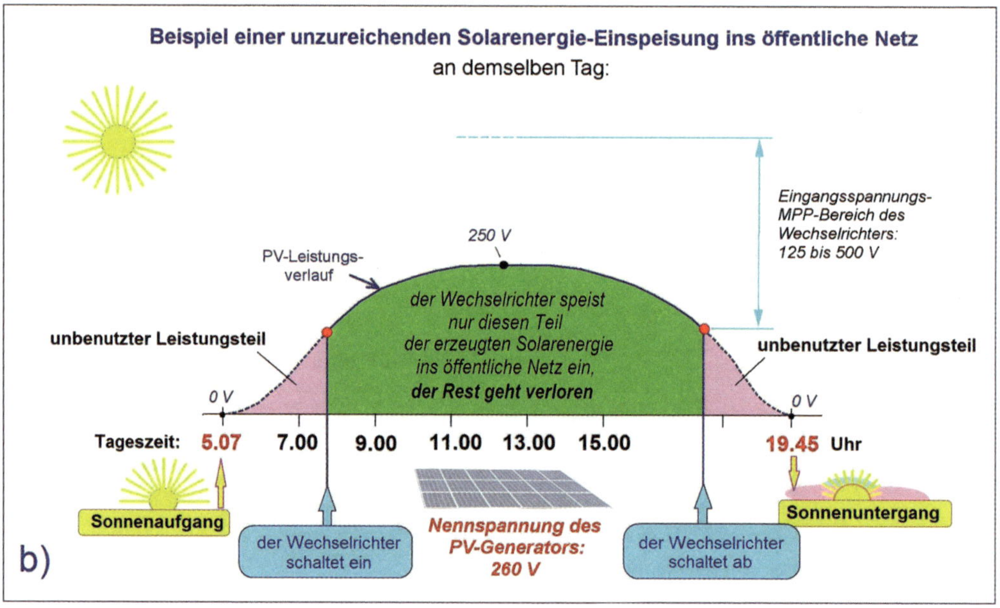

Abb. C18: Die Zeitpunkte der Netzan- und -abkopplung hängen u. a. davon ab, wie die PV-Anlage auf den Wechselrichter abgestimmt wurde: a) Die Spannung der PV-Anlage ist auf den Wechselrichter gut abgestimmt; b) Die Nennspannung der PV-Anlage ist in Bezug auf den Spannungsbereich des Wechselrichters zu niedrig.

Wird die Spannung eines Solarmodulstrangs fälschlich so niedrig gewählt, dass sie nur geringfügig über der unteren Grenze seines Eingangsspannungs-MPP-Bereichs liegt, arbeitet das PV-System hinsichtlich der Netzeinspeisung nicht ausreichend effektiv. Wir zeigen an zwei Beispielen in Abb. C18, worum es konkret geht: Bei dem Beispiel in Abb. C18 a wurde die Spannung des PV-Generators optimal hoch gewählt. Der Wechselrichter erhält gleich bei Sonnenaufgang eine ausreichend hohe Solarspannung und koppelt daher die Anlage schon sehr früh am Morgen an das öffentliche Netz an. Bei dem Beispiel in Abb. C18 b wurde die Spannung des PV-Generators sehr niedrig gewählt. Der Wechselrichter muss daher länger warten, bis die Solarspannung (und der Solarstrom) den Einschaltpegel erreicht.

Die Beispiele in *Abb. C18* beschränken sich allerdings nur auf den Vergleich von zwei unterschiedlich hohen Solarspannungen und deren Einfluss auf den Zeitpunkt der Einspeisung der erzeugten Solarenergie ins Netz. Der Wechselrichter aktiviert sich jedoch nur dann, wenn er neben der erforderlichen Solarspannung auch noch die erforderliche Solarleistung erhält, die in Tabelle C1 bei den Wechselrichtern in der Spalte *Einspeisung ab* aufgeführt ist. Bei Wechselrichtern, die so konzipiert sind, dass sie bereits bei einer sehr niedrigen Solarleistung (von z. B. 1 bis 5 Watt) den PV-Generator ans Netz ankoppeln, wenn die Solarspannung stimmt, braucht man die Solarleistung als technischen Parameter gar nicht zu beachten. Wenn jedoch ein älterer Wechselrichter die PV-Anlage ins Netz z. B. erst dann einschaltet, nachdem er eine Leistung von 40 W beziehen kann, muss er vor allem bei trübem Wetter etwas länger warten, bis der Solarstrom so gestiegen ist, dass er zusammen mit der Solarspannung die erforderliche Solarleistung (als U × I) aufbringt.

Solche Behauptungen erscheinen oft etwas undurchsichtig. Eine leicht nachvollziehbare grafische Darstellung in *Abb. C19* erklärt den Vorgang: Sobald in der Morgendämmerung die Solarmodule einer PV-Anlage mit „Stolperlichtintensität" aus ihrem Schlaf geweckt werden, beginnt die Solarspannung leicht anzusteigen. Wenn an den Solarmodulstrang oder an einen aus mehreren Solarmodulsträngen bestehenden PV-Generator eine elektrische Last angeschlossen ist, kann diese Solarstrom beziehen, dessen maximale Höhe von der jeweiligen Lichtintensität (Einstrahlungsintensität) abhängt.

In Grafik in *Abb. C19* sind gleich drei Spannungsverläufe eingezeichnet: der Verlauf der Spannung bei geringer Belastung, bei einer mittleren Belastung und bei einer Nennbelastung, die auch als *Spannung bei maximaler Leistung* bezeichnet wird.

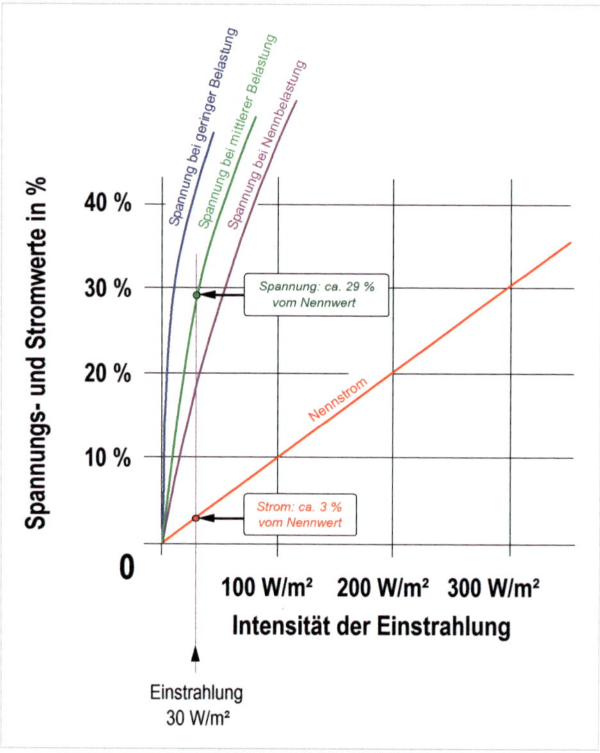

Abb. C19: Wird das Solarmodul von der aufgehenden Sonne geweckt, fängt seine Spannung an zu steigen und man kann von ihm einen zunehmend hohen Strom beziehen – wenn man es richtig anstellt ...

Die hier eingezeichnete *Spannung bei geringer Belastung* ist eine Spannung, die in nächster Nähe der Leerlaufspannung liegt. Sie steigt auch bei äußerst schlechten Lichtverhältnissen steil an, ist aber im Zusammenhang mit dem Zeitpunkt der Netzankopplung ohne Bedeutung, weil eine Netzankopplung nur dann zustande kommen kann, wenn der Wechselrichter die Solarmodule entsprechend stärker belastet.

Je nachdem, wie die Elektronik des MPP-Tracking des Wechselrichters in dem *unteren Leistungsbereich* die Solarmodule belastet, verläuft der Spannungsanstieg des einzelnen Moduls – und somit auch des ganzen Modulstrangs – entweder nach der grünen oder nach der violetten Kurve. Abhängig von der Belastung kann die grüne Kurve auch viel näher an der violetten Kurve (stärkere Belastung) oder viel näher an der blauen Kurve (geringere Belastung) sein. Die in *Abb. C19* eingezeichneten Spannungsverläufe stellen keine Festwerte dar, denn in der Praxis bestimmt das MPP-Tracking des Wechselrichters den genaueren Spannungsverlauf. Dieser müsste eigentlich technisch bedingt in grafischer Darstellung möglichst nah an der blauen Kurve sein, wenn das MPP-Tracking seine Aufgabe auch in diesem *Low-Power-Bereich* optimal bewältigen würde. Das klappt aber bei den meisten Wechselrichtern nicht vollkommen. Wir haben uns hier deshalb damit zufriedengegeben, die grüne Kurve in *Abb. C19* einfach in die Mitte der „Spielfläche" einzuzeichnen und es bliebe nur noch darauf hinzuweisen, dass es sich bei dieser Kurve um eine „Wanderkurve" handelt, die keinen Festwert darstellt. Sie dient nur der Aufklärung über den Vorgang, der den Zeitpunkt der Ankopplung eines PV-Generators an das öffentliche Netz bei einem hypothetischen Solarmodulstrang bestimmt.

Der Wechselrichter stellt für die Ankopplung des PV-Generators ans Netz zwei Vorbedingungen: Nicht nur die Solarspannung, sondern auch die Solarleistung müssen die Einschaltschwellen erreichen, die der Hersteller des Wechselrichters vorgibt.

In *Abb. C19* sind als Beispiel zwei „Schnittstellen" eingezeichnet, die sich auf eine Einstrahlung von 30 W/m² beziehen: Auf der violetten Kurve steht neben der Schnittstelle der Hinweis, dass hier die Solarspannung 29 % des Nennwerts beträgt und an der roten „Stromlinie" steht bei der Schnittstelle, dass hier der Strom 3 % des Nennwerts beträgt. Der Begriff *Nennwert* kann sich sowohl auf den Nennwert eines einzigen Solarmoduls beziehen als auch auf den eines ganzen Modulstrangs (sowie eines PV-Generators, der aus mehreren Modulsträngen besteht und an den gemeinsamen Eingang eines Wechselrichters angeschlossen ist).

Ein konkretes Beispiel zeigt, wie sich ein Solarmodulstrang bei der Einstrahlung von 30 W/m² verhält, dessen Nennspannung 400 V und dessen Nennstrom 5 A betragen:

29 % von 400 V ergeben 116 Volt

3 % von 5 A ergeben 0,015 Ampere

Und weiter geht's: 116 V × 0,15 A = 17,4 Watt

Fazit: Bei einer Einstrahlung von 30 W/m² würde ein Wechselrichter diesen Solarmodulstrang ans Netz ankoppeln, dessen Einschaltschwelle laut seiner technischen Daten z. B. mit einer Solarspannung von ca. 116 Volt und einer Solarleistung ab ca. 17 Watt angegeben wird.

Möchte man, dass dieser Solarmodulstrang unter den vorgesehenen Umständen ans Netz angekoppelt wird, müsste der Wechselrichter z. B. für einen Eingangsspannungsbereich von etwa 100 bis 425 V ausgelegt sein und in Hinsicht auf seine Hysterese die Netzankopplung bereits bei einer Solarspannung von ca. 116 V bewerkstelligen können.

In der Wechselrichter-Kurzübersicht in Tabelle C1 gibt es (in den Zeilen 10 und 11 von oben) einen Wechselrichter, der für einen Eingangsspannungsbereich von 90 bis 580 V ausgelegt ist und zudem bereits bei einer Solarleistung ab 10 W ins Netz einspeist. Die Solarleistung müsste allerdings noch genauer mit dem Hersteller geklärt werden, denn der 2,2-kW-Wechselrichter (10. Zeile) wäre etwas überdimensioniert. Man könnte allerdings den Solarmodulstrang z. B. mit einem zusätzlichen Solarmodul verlängern, um seine Nennspannung und somit auch seine Nennleistung optimal zu erhöhen.
Angenommen, der Kunde möchte jedoch bei seiner PV-Anlage die Leistung von 2.000 W (2 kW) nicht überschreiten, kann man mit der Suche nach einem passenden Wechselrichter anfangen, der für diese Leistung ausgelegt ist. Die Tabelle benennt in Zeile 14 einen Wechselrichter mit einer *max. PV-Nennleistung* von 1,85 kW. Es handelt sich dabei um einen Wechselrichter von SMA, bei dem der Hersteller empfiehlt, die optimale PV-Leistung um ca. 10 % höher als die Leistung des Wechselrichters zu wählen. Das trifft sich gut, denn 1,85 kW × 1,1 = 2,035 kW.
Der MPP-Eingangsbereich dieses Wechselrichters ist mit 139 bis 320 V angegeben. Laut Hersteller bezieht sich jedoch die Obergrenze des Eingangsspannungsbereichs nicht auf die Solar-Nennspannung, sondern auf die Solar-Leerlaufspannung bei –10 °C.
Die Leerlaufspannung bei –10 °C wird bei den meisten Solarmodulen (neben der Leerlaufspannung bei 25 °C) aufgeführt und steht im Durchschnitt im Verhältnis von 1 : 0,75 zur Modulnennspannung. Für unsere Zwecke genügt es, die vorgesehene Spannungsobergrenze von 320 um 25 % zu verringern: 320 Volt × 0,75 = 240 V.
Die Nennspannung des Solarmodulstrangs dürfte also höchstens 240 V betragen. Dieser Wert wird für weitere Überlegungen im Zusammenhang mit der Grafik in *Abb. C20* in voller Höhe übernommen. Der MPP-Eingangsbereich des vorgesehenen Wechselrichters wird zwar in den technischen Daten mit *139 bis 320 V* angegeben, aber durch den bereits erläuterten Hysteresen-Spielraum koppelt er den PV-Generator erst dann and Netz, wenn seine Spannung 150 V erreicht. Das sind in diesem Fall „stolze" 62,5 % der Nennspannung. Dagegen gibt sich jedoch dieser Wechselrichter mit einer bescheidenen Einspeiseleistung ab 5 W und demzufolge mit einem Strom von **0,0333 A** zufrieden (5 W : 150 V = 0,03333 A).
Der Nennstrom des vorgesehenen Modulstrangs beträgt – laut der Formel I = P : U (2000 W : 240 V) – theoretisch **8,33333 A**.
Wenn ein bestehender Wechselrichter die PV-Anlage jeweils zu spät ans öffentliche Netz ankoppelt, sie zu früh abschaltet und die PV-Anlage gut gegen die Sonne ausgerichtet ist, liegt das Problem höchstwahrscheinlich bei den Zusam-

menhängen, die hier erläutert wurden. Bei einer bereits arbeitenden PV-Anlage ist es leicht nachvollziehbar, zu welchem Zeitpunkt und bei welchen Lichtverhältnissen sie an- und abkoppelt. Dabei können am Eingang des Wechselrichters die jeweilige Solarspannung und der jeweilige Solarstrom notiert und mit den technischen Parametern des Wechselrichters verglichen werden.

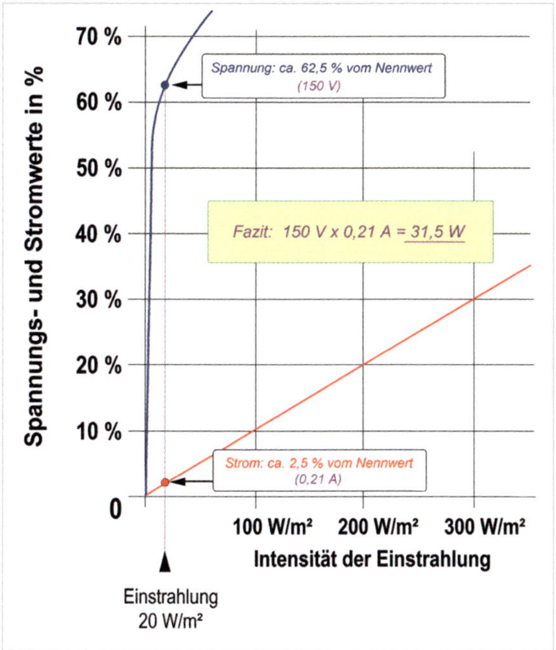

Abb. C20: Weiter geht's mit den Planungsüberlegungen (Übungsbeispiel)

Dem vorhergehenden Thema wurde besondere Aufmerksamkeit gewidmet, da es sich um eine Grauzone handelt, die in der Fachliteratur kaum erwähnt wird. Es gibt jedoch noch viele andere wichtige Parameter und Qualitätsmerkmale der Wechselrichter, die bei der Planung einer PV-Anlage zu berücksichtigen sind und daher im Rahmen dieses Kapitels auch ausreichend erläutert werden. Der *Wechselrichter-Wirkungsgrad* gehört selbstverständlich zu den wichtigsten Parametern eines jeden Wechselrichters, denn je höher er ist, desto niedriger sind die energetischen Verluste, die im Wechselrichter entstehen. Leider ist der Wirkungsgrad eines Wechselrichters nicht in seinem gesamten Arbeitsbereich konstant, sondern unterliegt vor allem der jeweiligen PV-Arbeitsleistung. Das hängt technisch bedingt von dem Umwandlungsumfang ab, der erforderlich

ist, um die Unterschiede zwischen der variierenden PV-Leistungs- und Spannungsgröße und der jeweiligen (aber relativ konstanten) Netzspannung auszugleichen.
Die interne Elektronik eines *Einspeise-Wechselrichters* muss fähig sein, eine niedrige PV-Eingangsspannung auf einen erforderlichen Schwellenwert zu erhöhen und eine zu hohe Eingangsspannung auf dieses Level zu reduzieren. Das ist zwar beim heutigen Stand der Technik prinzipiell eine Routineaufgabe, aber wenn diese Anforderung noch auf andere komplexe Funktionen abgestimmt werden muss, kompliziert es die Entwicklung und die Herstellung der Geräte erheblich.
Ähnlich wie z. B. die handelsüblichen Netzgeräte teilen sich auch die Wechselrichter in zwei Gruppen: in Wechselrichter mit oder ohne Transformator. Und man kann auch davon ausgehen, dass Geräte ohne Transformator im Durchschnitt (allerdings nicht immer) einen höheren Wirkungsgrad aufweisen als Geräte mit Transformator. Transformatorlose Wechselrichter sind meist kleiner, leichter und sogar auch noch preisgünstiger als Wechselrichter mit Transformator.
Abb. C21 zeigt zwei Grafiken zur Abhängigkeit des Wirkungsgrads von der Höhe der jeweils verarbeiteten Solarspannung bei einem transformatorlosen Wechselrichter und einem Wechselrichter mit Transformator. Zwei Unterschiede fallen auf den ersten Blick auf:

a) Bei dem transformatorlosen Wechselrichter steigt der Wirkungsgrad mit steigender Solarspannung. Bei dem Wechselrichter mit Transformator steigt dagegen der Wirkungsgrad, wenn die Solarspannung sinkt.

b) Der Wirkungsgrad des transformatorlosen Wechselrichters ist höher als der des Wechselrichters mit Transformator.

Bei den hier aufgeführten Grafiken sowie auch bei den in ihnen eingetragenen technischen Daten handelt es sich um ein Beispiel, das nicht automatisch für alle Wechselrichter gilt. Die auffallenden Unterschiede der Wirkungsgradverläufe und -werte zeigen nur den prinzipiellen Einfluss der Systeme auf die Eigenheiten der Geräte dieser zwei Gruppen. Der technische Fortschritt schreitet jedoch auch hier laufend fort und wird auf Dauer bei diesen zwei Lösungsalternativen keinen Halt machen. Das trifft sowohl für die Wirkungsgrad-Höchstgrenzen als auch die Abhängigkeit des Wirkungsgrads von der PV-Spannung und Leistung zu.

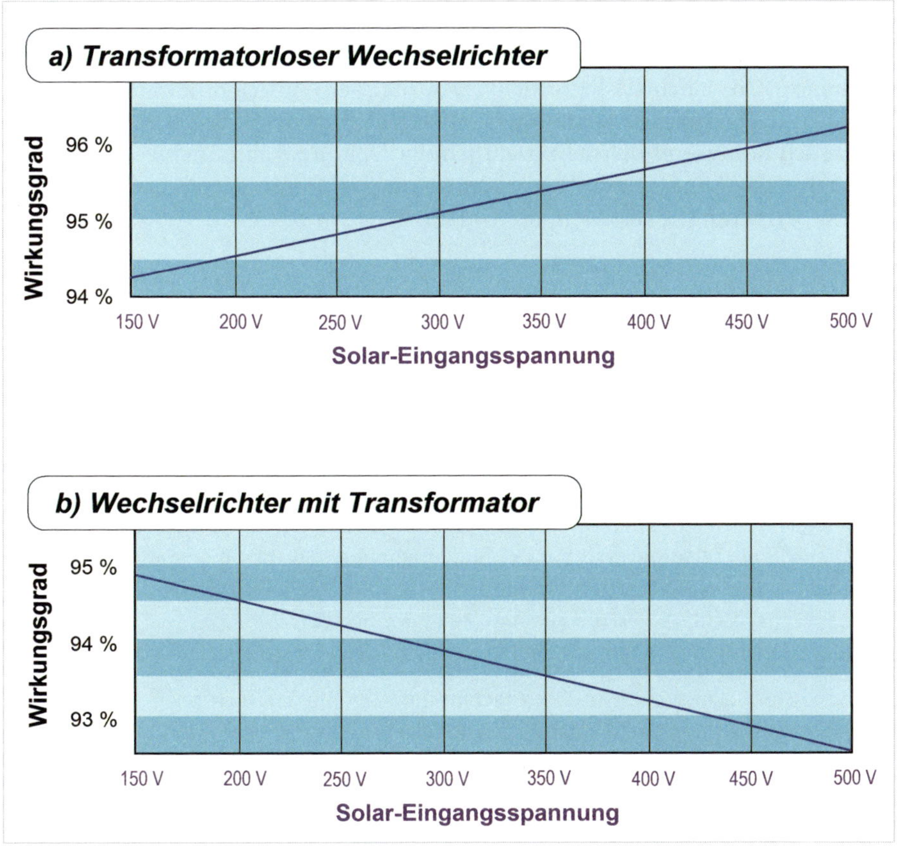

Abb. C21: Die Abhängigkeit des Wirkungsgrads von der Höhe der jeweils verarbeiteten Solarspannung bei einem transformatorlosen Wechselrichter und einem Wechselrichter mit Transformator

Für den Planer bleibt es reine Ermessensfrage, ob er es vorzieht, dass der Wechselrichter-Wirkungsgrad mit steigender Solarspannung ebenfalls steigt oder besser sinkt. Wünschenswert wäre, dass der Wirkungsgrad zumindest in einem breiteren Arbeitsbereich konstant bleibt, aber das lässt sich meist nur für einen bestimmten Leistungsbereich verwirklichen.

Der generell höhere Wirkungsgrad spricht für die Verwendung transformatorloser Wechselrichter. Sie haben gegenüber den Wechselrichtern mit Transformator allerdings den Nachteil, dass die PV-Anlage als solche vom öffentlichen elektrischen Netz nicht galvanisch getrennt ist. Dies wird als direkte Netzkopplung bezeichnet und von vielen Anlagenerrichtern mit einer Skepsis betrachtet, für die es bei modernen und auf Sicherheit geprüften Geräten eigentlich keine Gründe mehr gibt. Dies auch deshalb nicht, weil die meisten der moderneren Photovoltaik-Anlagen für Solarspannungen ausgelegt sind, deren Leerlaufspannungen wesentlich höher und daher hinsichtlich der Unfallrisiken ohnehin gefährlicher als die Netzspannung sind. Abgesehen davon sind moderne Wechselrichter mit Schutzvorrichtungen versehen, die Unfallrisiken vorbeugen.

Gut zu wissen:

Wird im Prospekt eines Wechselrichters aufgeführt, dass dieser einen Wirkungsgrad von z. B. 97,5 % aufweist, beinhaltet dies keinesfalls, dass das Gerät diesen Wirkungsgrad in seinem ganzen Arbeitsbereich erzielt. Es handelt sich in der Regel nur um ein Wirkungsgradoptimum (Spitzenwirkungsgrad), das im Allgemeinen nur in einem relativ schmalen Arbeitsbereichssegment (Leistungssegment) erzielt wird und mit der jeweiligen Höhe der Solarleistung variiert. Je nachdem, wie der Wechselrichter konzipiert ist (Netzfrequenz-Trafo, Hochfrequenz-Trafo, Hochsetzsteller usw.), steigt oder sinkt sein Wirkungsgrad mit der Solarspannung und der Solarleistung, die ihm von den Solarmodulen zugeführt werden. In vollständigen technischen Unterlagen eines Wechselrichters wird die Abhängigkeit zwischen dem Wirkungsgrad und der ihm zugeführten Solarleistung nach dem Beispiel aus Abb. C22 grafisch dargestellt.

Manche Hersteller weisen in ihren technischen Unterlagen auch noch separat den Eigenverbrauch ihrer Wechselrichter aus. Dies geschieht z. B. in der Form von „Betrieb: <5 W, Nachtabschaltung: 0 W". Die Bezeichnung Nachtabschaltung kann man mit einem Stand-by-Betriebszustand vergleichen, der sich bei den Wechselrichtern oft nicht nur auf die Nacht, sondern auch auf Tage bezieht, an denen der Wechselrichter wetterbedingt „weiterschlafen" darf. Die hier aufgeführten „0 W" sollten gegenwärtig bei der Nachtabschaltung als Standard betrachtet werden. Etwas Besseres kann es nicht geben und etwas Schlechteres sollte man nicht akzeptieren.

In manchen Datenblättern findet man zwei Wirkungsgradangaben: einen maximalen Wirkungsgrad und einen europäischen Wirkungsgrad. Der maximale Wirkungsgrad ist der technisch höchstmögliche Wirkungsgrad, den der Wechselrichter unter optimalen Bedingungen erreichen kann. Der europäische Wirkungsgrad berücksichtigt die schwankenden Häufigkeiten, mit denen in Mitteleuropa die Sonnenstrahlen wetter- und jahreszeitbedingt unterschiedliche Intensität haben. Er berücksichtigt zudem auch die Tatsache, dass der Wirkungsgrad eines jeden Wechselrichters nicht konstant ist, sondern von seiner jeweiligen Leistung abhängt und dass zudem die Wechselrichter in Mitteleuropa während der meisten Betriebsstunden nur geringfügiger belastet sind. ▶

Berechnet wird der europäische Wirkungsgrad nach folgender Formel:

$$EW = 0{,}03 \times W5 + 0{,}06 \times W10 + 0{,}13 \times W20 + 0{,}1 \times W30 + 0{,}48 \times W50 + 0{,}2 \times W100$$

EW = europäischer Wirkungsgrad in %

W5 = Wirkungsgrad bei 5 % Nennleistung

W10 = Wirkungsgrad bei 10 % Nennleistung usw. bis

W100 = Wirkungsgrad bei 100 % Nennleistung

Auf diese Weise drückt der europäische Wirkungsgrad EW die Ausgewogenheit der Umwandlungsverluste über seinen ganzen Leistungsbereich aus. Er ist daher immer etwas niedriger als der maximale Wirkungsgrad, der üblicherweise bei den Wechselrichterdaten schlicht als Wirkungsgrad aufgeführt wird.

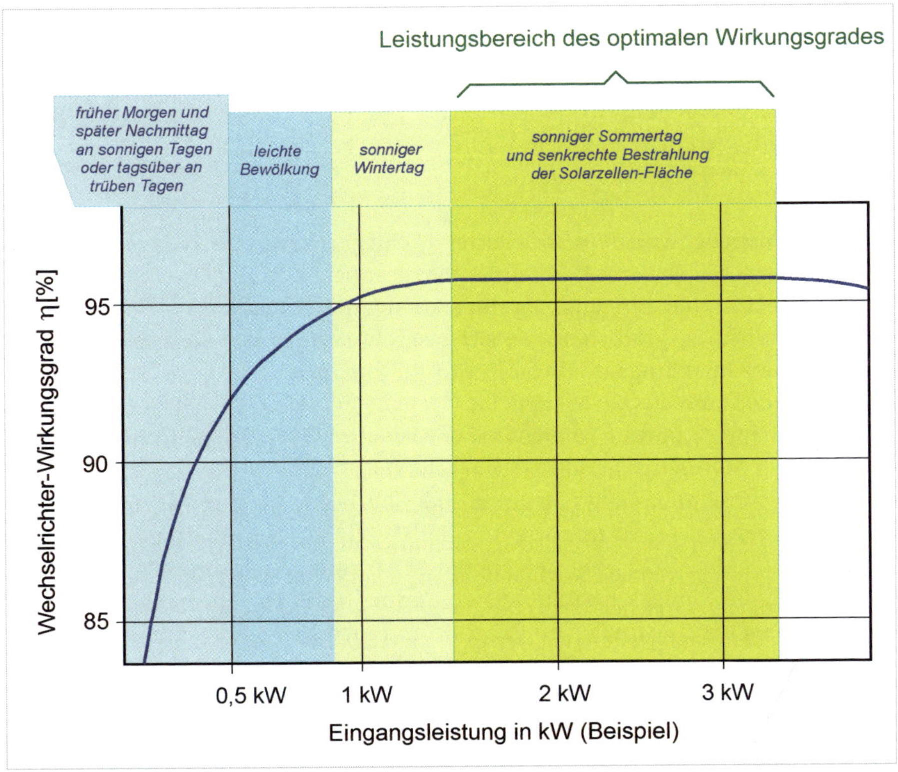

Abb. C22: Abhängigkeit eines Wechselrichter-Wirkungsgrads von der Solareingangsleistung (Beispiel)

Die in der Tabelle C1 aufgeführte Spalte *Umgebungstemperatur* bezieht sich auf den Arbeitsbereich des Wechselrichters, der bei der Planung zu beachten ist. Einige der moderneren Wechselrichter verfügen bereits über einen internen Lüfter, der sich bei Anstieg der Temperatur (bei sommerlicher Hitze) automatisch einschaltet und das Gerät innen kühlt. Bei manchen Wechselrichtern älterer Bauart fehlt jedoch ein solcher Lüfter. Das hat zur Folge, dass sich solche Wechselrichter an manchen Standorten zu sehr aufheizen und, wenn sie entsprechend mit einem Thermoschalter ausgelegt sind, vorübergehend abschalten, um nicht zerstört zu werden. So „streiken" solche Wechselrichter gerade an sonnigen warmen Tagen, an denen sie ansonsten eine größere Menge Solarenergie ins öffentliche Netz einspeisen könnten. Solche Wechselrichter können bei Bedarf auch nachträglich meist problemlos mit einem zusätzlichen Lüfter versehen werden. Falls im Geräte-Inneren für einen zusätzlichen Lüfter nicht genügend Raum vorhanden ist, kann dieser auch außen am Gehäuse angebracht und z. B. über einen Steckdosen-Temperaturwächter (Thermostat) automatisch geschaltet werden. Da eine zusätzliche Kühlung des Wechselrichters meist nur einige wenige Tage im Jahr erforderlich ist, kann sie jeweils auch nur vorübergehend installiert werden, wenn der Wechselrichters z. B. auf einem Dachboden oder in einem Raum untergebracht ist, an dem es an heißen Tagen zu einem Hitzestau kommt.

Planungsansprüche an Wechselrichter für netzgekoppelte Anlagen in Kurzübersicht:

1. Möglichst breiter Eingangsspannungsbereich.
2. Hoher Wirkungsgrad (bezogen auf einen breiteren Spannungsbereich).
3. Selektive Anpassungsmöglichkeit pro Modulstrang.
4. Niedriger Stand-by-Verbrauch.
5. Ausreichende Kühlung (damit sich der Wechselrichter nicht an heißen Sommertagen automatisch vom Netz abschaltet).
6. Angemessene maximale Leistung: Eine überhöhte Leistung verteuert unter Umständen das Gerät unnötig und der PV-Generator arbeitet zudem nicht in dem in Abb. C 22 eingezeichneten Leistungsbereich des optimalen Wirkungsgrads, sondern verschiebt sich in der Grafik zu sehr nach links.
7. Angemessener maximaler Eingangsstrom (auch hier reicht eine Reserve von ca. 50 % aus Kostengründen aus).
8. Zumutbarer Preis.

Bei einigen Wechselrichtern ist noch darauf zu achten, ob die untere Schwelle des im Prospekt angegebenen Eingangsspannungsbereichs auch tatsächlich mit der Einschaltschwelle konform ist oder ob sie sich nur auf die Abschaltschwelle bezieht.
Darunter ist Folgendes zu verstehen: Es gibt Wechselrichter, deren PV-Spannungsbereich z. B. mit „80 bis 250 Volt“ angegeben ist, die jedoch erst dann ins Netz einzuspeisen beginnen, wenn die Solarspannung auf 110 Volt gestiegen ist. Sie schalten allerdings erst dann ab, wenn die Solarspannung auf 80 Volt sinkt.
Eine solche Eigenschaft kann sich vor allem während der Wintermonate aus folgenden Gründen als nachteilig erweisen: Wenn die Solarmodule leicht verschneit oder mit einer dünnen Eisschicht bedeckt sind, die Sonne danach zu scheinen beginnt und der Wechselrichter dabei von den Solarmodulen eine Spannung erhält, die er ins öffentliche Netz einspeist, erwärmen sich die Solarzellen und der Schnee oder das Eis taut ab. Die Module erhalten dadurch mehr Sonnenlicht (oder auch nur mehr diffuses Licht) und erzeugen auch unter solchen ungünstigeren Umständen Strom, der ins öffentliche Netz eingespeist wird.
Ist dagegen der Wechselrichter nicht fähig, auch relativ niedrige Solarspannungen ins Netz einzuspeisen, hält er unter den erwähnten Umständen weiterhin seinen „Winterschlaf“. Auch wenn tagsüber die Sonne einige Stunden lang kräftig scheint, erzeugen die vom Schnee bedeckten – und somit beschatteten – Solarzellen eine zu geringe Spannung, um den Wechselrichter zu aktivieren, und die Anlage hält als Ganze ihren Winterschlaf. Ein solcher Wechselrichter erfüllt auch während der wärmeren Jahrszeit seinen Zweck nur eingeschränkt.

Liefernachweise/Fotobezugsquellen:

Conrad Electronic
Klaus Conrad Str. 1, 92240 Hirschau
Tel.: 0180 5312111, Fax: 0180 5312110
www.conrad.de

KACO new energy GmbH
Gottfried-Leibniz-Str. 1, 74172 Neckarsulm
Tel.: 07132 3818-0, Fax: 07132 3818-703
www.kaco-newenergy.de

SMA Solar Technology AG
Sonnenallee 1, 34266 Niestetal
Tel.: 0561 9522-0, Fax: 0561 9522-100
www.SMA.de

Index

G

I

K

L

M

N

T

U

V

W

Z